21世纪高等院校教材
化学基础课实验系列教材

物理化学实验

何 畏 主 编

科 学 出 版 社
北 京

内 容 简 介

　　本书为"化学基础课实验系列教材"之一,是以历年物理化学实验讲义为基础,总结了多年物理化学实验教学经验编写而成的,强调实用性、针对性、前瞻性、新颖性。全书分4章共42个实验,内容主要包括:绪论、物理化学实验技术、基础实验、综合实验、设计实验。书后有主要参考文献和附录(常用物理化学数据)等。

　　本书可作为高等院校化学、化学工程与工艺、制药工程、材料科学与工程、环境科学与工程、生物等专业的实验教材,也可供相关专业的研究人员参考。

图书在版编目(CIP)数据

物理化学实验/何畏主编. —北京:科学出版社,2009
21世纪高等院校教材·化学基础课实验系列教材

ISBN 978-7-03-023753-8

Ⅰ.物…　Ⅱ.何…　Ⅲ.物理化学—化学实验—高等学校—教材
Ⅳ.O64-33

中国版本图书馆 CIP 数据核字(2008)第 204921 号

责任编辑:丁　里　沈晓晶/责任校对:邹慧卿
责任印制:张克忠/封面设计:耕者设计工作室

科学出版社出版
北京东黄城根北街 16 号
邮政编码:100717
http://www.sciencep.com

源海印刷有限责任公司印刷
科学出版社发行　各地新华书店经销

*

2009 年 2 月第　一　版　　开本:B5(720×1000)
2009 年 2 月第一次印刷　　印张:15
印数:1—4 000　　　　　字数:277 000

定价:25.00 元
(如有印装质量问题,我社负责调换〈路通〉)

《化学基础课实验系列教材》编写说明

化学是一门以实验为基础的学科,实验教学在整个化学教学环节中占有重要的、特殊的地位,不仅要使学生加深对基本理论和概念的理解,更重要的是培养学生的实践能力与创新精神。化学实验系列课程是高等学校化学教育中培养实验技能、科学思维与方法、创新意识与能力,全面提高学生化学素质教育的教学形式之一。因此,必须为学生提供一个全新的、科学的实验教学体系,而体现与实施实验教学体系的基础在于实验教材的改革。本系列教材适应培养理论基础扎实、实践能力强、具有创新精神的高素质的新型人才的需要,按照基础性—综合性—设计性的多层次、开放式的化学实验教学模式,打破了传统的化学实验课程设置过多、部分内容交叉重复的教学体系,教材的编写体现了加强基础、拓宽专业知识、注重学科交叉等特点。

本系列教材由《无机及分析化学实验》、《有机化学实验》、《物理化学实验》、《仪器分析实验》和《化工原理实验》等组成。教材适用于高等院校化学及相关专业的化学实验教学。系列教材将各门基础实验课有机地贯穿起来,将化学实验的基础知识、基本原理和操作技术进行了总体优化整合,从而全面提高学生的实验能力,适应社会发展的需要。

系列教材分为三部分,其中,《无机及分析化学实验》、《有机化学实验》、《物理化学实验》着重培养学生的基本实验技能,使其进一步掌握和理解基本理论知识;《仪器分析实验》着重培养学生独立操作和使用大型仪器的能力,掌握现代分析测试手段;《化工原理实验》着重使学生进一步了解化工单元操作的基本原理和相关基础。每个实验的内容设计力求体现分层次的教学理念,以适合不同学生的能力要求。

实验内容主要由基础实验、综合实验和设计实验组成,实施过程可分为如下三个阶段:

第一阶段,基本知识与基本技能训练阶段。从简单的基础实验入手,使学生掌握常用仪器设备的基本操作,熟悉基本实验原理与方法,培养学生观察、记录实验结果及收集、整理实验数据的能力。

第二阶段,分析与综合实验阶段。通过进行较复杂的、实验项目较多并有一定难度的实验,进一步强化实验操作,掌握实验方法,着重对实验结果进行科学分析、逻辑推理,最后得出结论,从而培养学生分析问题与解决问题的能力。

　　第三阶段,设计实验阶段。学生通过自选题目,查阅文献资料,设计实验方案,完成实验,以小型论文形式写出实验报告,激发学生的创新意识,培养学生的综合素质。

　　教材中引入了大量综合实验和设计实验,使教学内容的安排具有一定弹性,便于不同专业按照具体情况和需求灵活安排教学。

　　因编者的水平有限,书中难免有疏漏和不妥之处,敬请专家和广大师生批评指正。

《化学基础课实验系列教材》编写委员会

2008 年 7 月

前　言

　　物理化学实验作为化学实验课程的重要分支,与无机化学实验、分析化学实验和有机化学实验相衔接,是物理化学教学的重要组成部分,是与物理化学课堂理论教学相辅相成的基础实验课程。本书是在总结多年物理化学实验教学经验的基础上,参考国内外物理化学实验教材编写而成的。编者在精选基础实验的同时,增加了内容新颖、体现学科前沿方向的设计实验和具有创新性、前瞻性的综合实验,介绍了新型仪器的设备原理与使用方法以及通用的计算机数据处理方法。本书内容主要包括物理化学实验意义、仪器设备介绍、通用数据处理软件使用介绍、化学热力学实验、电化学实验、化学动力学实验、表面与胶体化学实验、结构化学实验、设计实验等。

　　本书涵盖物理化学实验从课内到课外的各个方面,包括预习准备、实验过程、数据处理、课后思考讨论等,突出实用性、针对性、前瞻性、新颖性。每个实验既对实验所需要的基本理论做简要的介绍,同时详细叙述实验步骤、细节和注意事项,学生阅读本书后,在教师的指导下能独立地进行实验。

　　本书由何畏、齐同喜拟订编写大纲,共分为 4 章,编入 42 个实验。参加编写的有何畏、齐同喜、张颖、隋卫平、王党生、亓新华、冯季军、卢萍、李涛、李晓波。全书由何畏、冯季军统稿、定稿。

　　由于编者水平有限,书中难免有错误和不妥之处,敬请读者批评指正。

编　者

2008 年 11 月

目　　录

绪　　论

第一节　物理化学实验的意义和要求

　　物理化学实验作为化学实验课程的重要分支,是与物理化学课堂理论教学相辅相成的基础实验课程。物理化学实验课的主要目的是使学生初步了解物理化学的研究方法,通过实验手段了解物质的物理化学性质与化学反应规律之间的关系,熟悉重要的物理化学实验技术,掌握实验数据的处理及实验结果的分析、归纳方法,加深对物理化学基本理论和概念的理解,增强解决化学实际问题的能力,为将来工作和进一步深造打下良好的专业基础。

　　早期的物理化学实验教学多数只是以验证物理化学的基本理论为目的。随着物理化学研究方法的形成和发展,其目的扩展为以掌握基本的物理化学实验方法和技术为主。近年来,随着科学技术的迅猛发展,大量的近代仪器引入物理化学实验中,特别是计算机对繁琐的物理化学实验数据快速、准确的处理,促使物理化学实验向纵深发展,实验研究内容不断更新,实验研究方法向综合训练型和科学研究型转化。目前物理化学实验教学的目的,已将培养能力放在首位。能力并不等同于知识技能,在物理化学实验中学习和掌握的实验理论、技能技术、研究方法并不是能力的全部内涵。能力是在掌握知识技能的过程中,逐步有意识地培养和提高的。所以,解决实际问题的能力和掌握的知识技能之间既有区别又有密切联系。能力只有在实践中通过长期、自觉、不懈的努力才能逐渐积累和形成。

　　在物理化学实验中,能力的培养和训练主要表现在三个方面:

　　(1)逻辑思维能力的增强。物理化学实验最后所得的结果往往不是由直接测量得到的,而是通过理论分析,推导出一系列计算公式,再由直接测量到的物理量运算而得到的。因此,要求学生在实验中勤于思考,善于分析,充分发挥想像力,不断提高思维的逻辑性。

　　(2)自学能力的提高。物理化学实验是为大学二、三年级学生开设的一门独立课程,因此,有条件通过多方面来培养学生的自学能力,包括自学教材和实验仪器说明书的能力和习惯,整理、归纳、综合、评价知识的能力,查找文献资料以及使用多种工具书和手册获取所需的新知识的能力。

　　(3)科学研究能力的培养。主要是通过科研实践培养研究和解决问题的创新能力。物理化学实验加强了这方面的初步训练,包括实验研究方案的设计,实验研究方法的比较,实验研究条件的选择,实验数据的正确记录和处理,相关文献资料的查阅,实验研究结果的分析、总结和归纳,实验研究报告的书写等基本科学研究能力的训练,为毕业论文和科研实践打下基础。

为了做好实验,要求做到以下几点:

(1)实验前应认真仔细阅读实验步骤,预先了解实验的目的、原理,了解所用仪器的构造和使用方法,了解实验操作过程,做到心中有数。在预习的基础上写出实验预习报告。预习报告要求写出实验目的、实验所需仪器试剂和实验步骤以及实验时所要记录的数据表格。

(2)实验前应现场熟悉仪器及设备,对不熟悉的仪器设备应仔细阅读说明书或请教指导教师。仪器安装、设置完毕,需经教师检查,方能开始实验。

(3)实验中要仔细观察实验现象,实验数据和现象应随时记录在预习报告本及专用记录纸上,记录数据要求详细准确,且注意整洁清楚,不得任意涂改,尽量采取表格形式,养成良好的记录习惯。实验完毕,将实验数据交给指导教师检查、签字。

(4)实验后,须在规定时间内独立完成实验报告,递交指导教师。实验报告内容主要包括实验目的、原始数据、结果处理以及问题解答及讨论。问题讨论、实验思考题是报告中很重要的方面,主要对实验时所观察到的重要现象、实验原理、操作、实验设计的思路、仪器的使用以及误差来源进行探讨,也可以对实验提出进一步改进的意见。思考题可以让学生通过回顾实验原理和重要的操作步骤掌握该实验的关键知识点。通过撰写实验报告,达到加深理解实验步骤、提高写作能力和培养严谨科学态度的目的。

第二节　物理化学实验室安全知识

化学实验室安全是非常重要的,实验室中常潜藏发生爆炸、着火、中毒、灼伤、割伤、触电等事故的危险。本节主要结合物理化学实验的特点介绍安全用电、使用化学药品的安全防护等知识。

1. 安全用电常识

违章用电常造成人员伤亡、火灾、损坏仪器设备等严重事故。物理化学实验室使用电器较多,特别要注意安全用电。表1列出了50 Hz交流电通过人体的反应情况。

表1　不同电流强度时的人体反应

电流强度/A	1~10	10~25	25~100	100以上
人体反应	麻木感	肌肉强烈收缩	呼吸困难,甚至停止呼吸	心脏心室纤维性颤动,甚至死亡

为了保障人身安全,一定要遵守实验室安全规则。

1) 防止触电

(1) 不用潮湿的手接触电器。

(2) 电源裸露部分应有绝缘装置(如电线接头处应裹上绝缘胶布)。

(3) 所有电器的金属外壳都应保护接地线。

(4) 实验时,应连接好电路后才接通电源。实验结束时,先切断电源再拆线路。

(5) 修理或安装电器时,应先切断电源。

(6) 不能用试电笔试高压电。使用高压电源应有专门的防护措施。

(7) 如有人触电,应迅速切断电源,然后进行抢救。

2) 防止引起火灾

(1) 使用的保险丝要与实验室允许的用电量相符。

(2) 电线的安全通电量应大于用电功率。

(3) 室内若有氢气、煤气等易燃易爆气体,应避免产生电火花。在电器工作和开关电闸时,易产生电火花,要特别小心。电器接触点(如电插头)接触不良时,应及时修理或更换。

(4) 如遇电线起火,立即切断电源,用干沙或二氧化碳、四氯化碳灭火器灭火,禁止用水或泡沫灭火器等导电液体灭火。

3) 防止短路

(1) 线路中各接点应牢固,电路元件两端接头不要互相接触,以防短路。

(2) 电线、电器不要被水淋湿或浸在导电液体中。例如,实验室加热用的灯泡接口不要浸在水中。

4) 电器仪表的安全使用

(1) 在使用前,先了解电器仪表要求使用的电源是交流电还是直流电,是三相电还是单相电以及电压的大小(380 V、220 V、110 V 或 6 V)。须弄清电器功率是否符合要求及直流电器仪表的正、负极。

(2) 仪表量程应大于待测量。若待测量大小不明时,应从最大量程开始测量。

(3) 实验之前检查线路连接是否正确。经教师检查同意后方可接通电源。

(4) 在电器仪表使用过程中,如发现有不正常声响,局部升温或闻到绝缘漆过热产生的焦味,应立即切断电源,并报告教师进行检查。

2. 使用化学药品的安全防护

1) 防毒

(1) 实验前,应了解所用药品的毒性及防护措施。

(2) 操作有毒气体(如 H_2S、Cl_2、Br_2、NO_2、浓 HCl 和 HF 等)应在通风橱内进行。

(3) 苯、四氯化碳、乙醚、硝基苯等的蒸气会引起中毒。它们有特殊气味,久嗅会使人嗅觉减弱,所以应在通风良好的情况下使用。

(4) 有些药品(如苯、有机溶剂、汞等)能透过皮肤进入人体,应避免与皮肤接触。

(5) 氰化物、高汞盐[如 $HgCl_2$、$Hg(NO_3)_2$ 等]、可溶性钡盐($BaCl_2$)、重金属盐(如镉盐、铅盐)、三氧化二砷等剧毒药品应妥善保管,使用时要特别小心。

(6) 禁止在实验室内喝水、吃东西。饮食用具不要带进实验室,以防毒物污染,离开实验室要洗净双手。

2) 防爆

可燃气体与空气混合,当两者比例达到爆炸极限时,受到热源(如电火花)的诱发就会引起爆炸。

(1) 使用可燃性气体时,要防止气体逸出,室内通风要良好。

(2) 操作大量可燃性气体时,严禁同时使用明火,还要防止发生电火花及其他撞击火花。

(3) 有些药品(如叠氮铝、乙炔银、乙炔铜、高氯酸盐、过氧化物等)受震和受热都易引起爆炸,使用时要特别小心。

(4) 严禁将强氧化剂和强还原剂放在一起。

(5) 久置的乙醚使用前应除去其中可能产生的过氧化物。

(6) 进行容易引起爆炸的实验,应有防爆措施。

3) 防火

(1) 许多有机溶剂(如乙醚、丙酮、乙醇、苯等)非常容易燃烧,大量使用时室内不能有明火、电火花或静电放电。实验室内不可存放过多这类药品,用后要及时回收处理,不可倒入下水道,以免聚集引起火灾。

(2) 有些物质(如磷、金属钠、钾、电石及金属氢化物等)在空气中易氧化自燃。还有一些金属(如铁、锌、铝等粉末)比表面积大,也易在空气中氧化自燃。这些物质要隔绝空气保存,使用时要特别小心。

实验室着火不要惊慌,应根据情况进行灭火。常用的灭火剂有水、干沙、二氧化碳灭火器、四氯化碳灭火器、泡沫灭火器和干粉灭火器等。可根据起火的原因选择使用灭火剂:① 金属钠、钾、镁、铝粉、电石、过氧化钠着火,应用干沙灭火;② 比水轻的易燃液体,如汽油、苯、丙酮等着火,可用泡沫灭火器;③ 灼烧的金属或熔融物着火,应用干沙或干粉灭火器;④ 电器设备或带电系统着火,可用二氧化碳灭火器或四氯化碳灭火器。以上几种情况不能用水灭火。

4) 防灼伤

强酸、强碱、强氧化剂、溴、磷、钠、钾、苯酚、冰醋酸等都会腐蚀皮肤,特别要防止溅入眼内。液氧、液氮等低温也会严重灼伤皮肤,使用时要小心。如果灼伤应及时治疗。

3. 汞的安全使用和汞的纯化

汞中毒分急性和慢性两种。急性中毒多为高汞盐(如 $HgCl_2$)入口所致,0.1～0.3 g 即可致死。吸入汞蒸气会引起慢性中毒,症状有:食欲不振、恶心、便秘、贫血、骨骼和关节疼、精神衰弱等。汞蒸气的最大安全浓度为 0.1 mg·m^{-3},而 20 ℃时汞的饱和蒸气压为 0.0012 mmHg(1 mmHg＝1.333 22×10^2 Pa),超过安全浓度 100 倍。所以使用汞时,必须严格遵守安全用汞操作规定。

1) 安全用汞操作规定

(1) 不要让汞直接暴露于空气中,盛汞的容器应在汞面上加盖一层水。

(2) 装汞的仪器下面一律放置浅瓷盘,防止汞滴散落到桌面和地面上。

(3) 一切转移汞的操作也应在浅瓷盘内进行(盘内装水)。

(4) 实验前检查装汞的仪器是否放置稳固。橡皮管或塑料管连接处要缚牢。

(5) 储汞的容器要用厚壁玻璃器皿或瓷器。用烧杯暂时盛汞时,不可多装以防破裂。

(6) 若有汞掉落在桌面或地面上,先用吸汞管尽可能将汞珠收集起来,然后用硫磺盖在汞溅落的地方,并摩擦使之生成 HgS。也可用 $KMnO_4$ 溶液使其氧化。

(7) 擦过汞或汞齐的滤纸或布必须放在有水的瓷缸内。

(8) 盛汞器皿和有汞的仪器应远离热源,严禁把有汞仪器放进烘箱。

(9) 使用汞的实验室应有良好的通风设备,纯化汞应有专用的实验室。

(10) 手上若有伤口,切勿接触汞。

2) 汞的纯化

汞中有两类杂质:① 外部沾污,如盐类或悬浮脏物,可用多次水洗及用滤纸刺一小孔过滤除去;② 汞与其他金属形成的合金。例如,在极谱实验中,金属离子在汞阴极上还原成金属并与汞形成合金。这种杂质可选用下面几种方法纯化。

(1) 酸洗。易氧化的金属(如 Na、Zn 等)可用硝酸溶液氧化除去。把汞倒入装有毛细管或包有多层绸布的漏斗,汞分散成细小汞滴洒落在 10% HNO_3 中,自上而下与溶液充分接触,金属被氧化成离子溶于溶液中,而纯化的汞聚集在底部。汞酸洗一次如果纯度不够,可酸洗数次。

(2) 蒸馏。汞中溶有重金属(如 Cu、Pb 等),可用蒸汞器蒸馏提纯。蒸馏应在严密的通风橱内进行。

4. 气体钢瓶的安全使用

气体钢瓶通常压力较大,使用时应注意以下几点:

(1) 钢瓶应存放在阴凉、干燥、远离热源的地方。可燃性气瓶应与氧气瓶分开存放。

（2）搬运钢瓶要小心轻放，钢瓶帽要旋上。

（3）使用时应装减压阀和压力表。可燃性气瓶（如 H_2、C_2H_2）气门螺丝为反丝；不燃性或助燃性气瓶（如 N_2、O_2）为正丝。各种压力表一般不可混用。

（4）不要让油或易燃有机物沾染气瓶（特别是气瓶出口和压力表上）。

（5）开启总阀门时，不要将身体正对总阀门，防止阀门或压力表冲出伤人。

（6）不可把气瓶内气体用尽，以防重新充气时发生危险。

（7）使用中的气瓶每三年应检查一次，装腐蚀性气体的钢瓶每两年检查一次，不合格的气瓶不可继续使用。

（8）氢气瓶应放在远离实验室的专用室内，用紫铜管引入实验室，并安装防止回火的装置。

5. X 射线的防护

X 射线被人体组织吸收后，对人体键康是有害的。一般晶体 X 射线衍射分析用的软 X 射线（波长较长、穿透能力较低）比医院透视用的硬 X 射线（波长较短、穿透能力较强）对人体组织伤害更大。轻的造成局部组织灼伤，如果长时期接触，严重的可造成白细胞数量下降、毛发脱落，患上严重的放射病。但若采取适当的防护措施，上述危害是可以防止的。最基本的是防止身体各部（特别是头部）受到 X 射线照射，尤其是 X 射线的直接照射。因此，要注意 X 射线管窗口附近用铅皮（厚度在1 mm 以上）挡好，将 X 射线尽量限制在一个局部小范围内，不致散射到整个房间。在进行操作（尤其是对光）时，应戴上防护用具（特别是铅玻璃眼镜）。操作人员应避免直接照射。操作完，用铅屏把人与 X 射线机隔开；暂时不工作时，应关好窗口。非必要时，人员应尽量离开 X 射线实验室。室内应保持良好通风，以减少由于高电压和 X 射线电离作用生成的有害气体对人体的影响。

第三节 实验数据的分析处理

1. 研究误差的目的

物理化学以测量物理量为基本内容，并对所测得的数据加以合理地处理，得出某些重要的规律，从而研究体系的物理化学性质与化学反应间的关系。然而，在物理量的实际测量中，无论是直接测量的量，还是间接测量的量（由直接测量的量通过公式计算而得出的量），由于受测量仪器、方法以及外界条件等因素的限制，测量值与真值（或实验平均值）之间存在一个差值，称为测量误差。

研究误差的目的是：① 在一定的条件下得到更接近于真值的最佳测量结果；② 确定结果的不确定程度；③ 根据预先所需结果，选择合理的实验仪器、实验条件和方法,以降低成本和缩短实验时间。

由于实验方法的可靠程度,所用仪器的精密度和实验者感官的限度等各方面条件的限制,一切测量均有误差。因此,必须对误差产生的原因及其规律进行研究,在合理的人力物力支出条件下,获得可靠的实验结果,再通过实验数据的列表、作图、建立数学关系式等处理步骤,使实验结果变为有参考价值的资料,这在科学研究中是必不可少的。

2. 误差的分类

误差按其性质可分为以下两种。

1) 系统误差

系统误差(恒定误差)是指在相同条件下,多次测量同一物理量时,误差的绝对值和符号保持恒定,或在条件改变时,按某一确定规律变化的误差。产生的原因如下:

(1) 实验方法的缺陷,如使用了近似公式。

(2) 仪器、药品的质量问题,如电表零点偏差、温度计刻度不准、药品纯度不高等。

改变实验条件可以发现系统误差的存在,针对产生原因可采取措施将其消除。

2) 偶然误差

在相同条件下多次测量同一量时,误差的绝对值时大时小,符号时正时负,但随测量次数的增加,其平均值趋近于零,即具有抵偿性,此类误差称为偶然误差(随机误差)。它产生的原因并不确定,一般是由环境条件的改变(如大气压、温度的波动)、操作者感官分辨能力的限制(如对仪器最小分度以内的读数难以读准确等)所致。

3. 准确度与精密度

准确度是指测量值与真值符合的程度,即测量结果偏离真值的程度。测量值越接近真值,则准确度越高。精密度是指测量结果的可重复性,多次测量某物理量时,其数值的重现性好,精密度高。值得注意的是,精密度高的,准确度不一定好;但高准确度必须有高精密度来保证。例如,甲、乙、丙三人使用相同的试剂,进行酸碱中和滴定时用不同的酸式滴定管,分别测得三组数据,如图 1 所示。显然,丙的精密度高,但准确度差;乙的数据离散,精密度和准确度都不好;甲的精密度高且接近真值,所以准确度也好。

应说明的是,真值一般是未知的或不可知的。通常以用正确的测量方法和校正过的仪器进行多次测量所得算术平均值或文献手册提供的公认值作为真值。

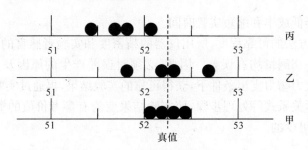

图 1　准确度和精密度

4. 误差的表达方法

误差一般用以下 3 种方法表达：

(1) 平均误差 $\delta = \dfrac{\sum |d_i|}{n}$。其中 d_i 为测量值 x_i 与算术平均值 $\bar{x}$ 之差，n 为测量次数，且 $\bar{x} = \dfrac{\sum x_i}{n}(i = 1, 2, \cdots, n)$。

(2) 标准误差（或称均方根误差）$\sigma = \sqrt{\dfrac{\sum d_i^2}{n-1}}$。

(3) 或然误差 $P = 0.675\sigma$。

平均误差的优点是计算简便，但用这种误差表示时，可能会掩盖质量不高的测量。标准误差对一组测量中的较大误差或较小误差感觉比较灵敏，因此，它是表示精密度的较好方法，在近代科学中多采用标准误差。

为了表达测量的精密度，误差又可分为绝对误差、相对误差两种表达方法。

(1) 绝对误差：表示测量值与真值的接近程度，即测量的准确度。其表示法为 $\bar{x} \pm \delta$ 或 $\bar{x} \pm \sigma$，其中 δ 和 σ 分别为平均误差和标准误差，一般以一位数字（最多两位）表示。

(2) 相对误差：表示测量值的精密度，即各次测量值相互靠近的程度。其表示法为

$$平均相对误差 = \pm \frac{\delta}{x} \times 100\%$$

$$标准相对误差 = \pm \frac{\sigma}{x} \times 100\%$$

5. 偶然误差的统计规律和可疑值的取舍

偶然误差符合正态分布规律，即正、负误差具有对称性。所以，只要测量次数

足够多,在消除系统误差的前提下,测量值的算术平均值趋近于真值,即

$$\lim_{n \to \infty} \overline{x} = x_{真}$$

但是,一般测量次数不可能有无限多次,所以一般测量值的算术平均值也不等于真值。于是人们又常把测量值与算术平均值之差称为偏差,常与误差混用。

如果以误差出现次数 N 对标准误差的数值 σ 作图,得一对称曲线(图2)。统计结果表明,测量结果的偏差大于 3σ 的概率不大于0.3%。因此,根据小概率定理,凡误差大于 3σ 的点均可以剔除。严格地说,测量达到100次以上时才可如此处理,粗略地用于15次以上的测量。对于 $10 \sim 15$ 次时可用 2σ,若测量次数更少,应酌情递减。

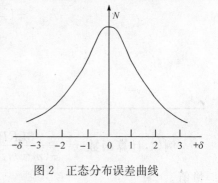

图2　正态分布误差曲线

6. 误差传递——间接测量结果的误差计算

测量分为直接测量和间接测量两种,一切简单易测的量均可直接测出,如用米尺量物体的长度、用温度计测量体系的温度等。对于较复杂不易直接测得的量,可通过直接测定简单量,然后按照一定的函数关系将它们计算出来。例如,在溶解热实验中,测得温度变化 ΔT 和样品质量 m,代入公式 $\Delta H = c\Delta T \dfrac{M}{m}$,就可求出溶解热 ΔH,从而直接测量值 T、m 的误差传递给 ΔH。

误差传递符合一定的基本公式。通过间接测量结果误差的求算,可以知道哪个直接测量值的误差对间接测量结果影响最大,从而有针对性地提高测量仪器的精密度,获得好的结果。

1) 间接测量结果的平均误差和相对平均误差的计算

设有函数 $u = F(x, y)$,其中 x、y 为可以直接测量的变量,则有

$$du = \left(\frac{\partial F}{\partial x}\right)_y dx + \left(\frac{\partial F}{\partial y}\right)_x dy$$

此为误差传递的基本公式。若 Δu、Δx、Δy 为 u、x、y 的测量误差,且设它们足够小,可以代替 du、dx、dy,则得到具体的简单函数及其误差的计算公式,列入表2。

表2　部分函数的平均误差

函数关系	绝对误差	相对误差
$y = x_1 + x_2$	$\pm(\lvert \Delta x_1 \rvert + \lvert \Delta x_2 \rvert)$	$\pm\left(\dfrac{\lvert \Delta x_1 \rvert + \lvert \Delta x_2 \rvert}{x_1 + x_2}\right)$
$y = x_1 - x_2$	$\pm(\lvert \Delta x_1 \rvert + \lvert \Delta x_2 \rvert)$	$\pm\left(\dfrac{\lvert \Delta x_1 \rvert + \lvert \Delta x_2 \rvert}{x_1 - x_2}\right)$

续表

函数关系	绝对误差	相对误差
$y=x_1 x_2$	$\pm(x_1\lvert\Delta x_2\rvert+x_2\lvert\Delta x_1\rvert)$	$\pm\left(\dfrac{\lvert\Delta x_1\rvert}{x_1}+\dfrac{\lvert\Delta x_2\rvert}{x_2}\right)$
$y=\dfrac{x_1}{x_2}$	$\pm\left(\dfrac{x_1\lvert\Delta x_2\rvert+x_2\lvert\Delta x_1\rvert}{x_2^2}\right)$	$\pm\left(\dfrac{\lvert\Delta x_1\rvert}{x_1}+\dfrac{\lvert\Delta x_2\rvert}{x_2}\right)$
$y=x^n$	$\pm(nx^{n-1}\Delta x)$	$\pm\left(n\dfrac{\lvert\Delta x\rvert}{x}\right)$
$y=\ln x$	$\pm\left(\dfrac{\Delta x}{x}\right)$	$\pm\left(\dfrac{\lvert\Delta x\rvert}{x\ln x}\right)$

例如,计算函数 $x=\dfrac{8LRP}{\pi(m-m_0)rd^2}$ 的误差,其中,L、R、P、m、r、d 为直接测量值。

对上式取对数:

$$\ln x=\ln 8+\ln L+\ln R+\ln P-\ln\pi-\ln(m-m_0)-\ln r-2\ln d$$

微分得

$$\frac{\mathrm{d}x}{x}=\frac{\mathrm{d}L}{L}+\frac{\mathrm{d}R}{R}+\frac{\mathrm{d}P}{P}-\frac{\mathrm{d}(m-m_0)}{m-m_0}-\frac{\mathrm{d}r}{r}-\frac{2\mathrm{d}(d)}{d}$$

考虑到误差积累,对每一项取绝对值得

相对误差:

$$\frac{\Delta x}{x}=\pm\left[\frac{\Delta L}{L}+\frac{\Delta R}{R}+\frac{\Delta P}{P}+\frac{\Delta(m-m_0)}{m-m_0}+\frac{\Delta r}{r}+\frac{2\Delta d}{d}\right]$$

绝对误差:

$$\Delta x=\left(\frac{\Delta x}{x}\right)\frac{8LRP}{\pi(m-m_0)rd^2}$$

根据 $\dfrac{\Delta L}{L}$、$\dfrac{\Delta R}{R}$、$\dfrac{\Delta P}{P}$、$\dfrac{\Delta(m-m_0)}{m-m_0}$、$\dfrac{\Delta r}{r}$、$\dfrac{2\Delta d}{d}$ 各项的大小,可以判断间接测量值 x 的最大误差来源。

2) 间接测量结果的标准误差计算

若 $u=F(x,y)$,则函数 u 的标准误差为

$$\sigma_u=\sqrt{\left(\frac{\partial u}{\partial x}\right)^2\sigma_x^2+\left(\frac{\partial u}{\partial y}\right)^2\sigma_y^2}$$

部分函数的标准误差列入表 3。

表 3　部分函数的标准误差

函数关系	绝对误差	相对误差
$u=x\pm y$	$\pm\sqrt{\sigma_x^2+\sigma_y^2}$	$\pm\dfrac{1}{\lvert x\pm y\rvert}\sqrt{\sigma_x^2+\sigma_y^2}$
$u=xy$	$\pm\sqrt{y^2\sigma_x^2+x^2\sigma_y^2}$	$\pm\sqrt{\dfrac{\sigma_x^2}{x^2}+\dfrac{\sigma_y^2}{y^2}}$
$u=\dfrac{x}{y}$	$\pm\dfrac{1}{y}\sqrt{\sigma_x^2+\dfrac{x^2}{y^2}\sigma_y^2}$	$\pm\sqrt{\dfrac{\sigma_x^2}{x^2}+\dfrac{\sigma_y^2}{y^2}}$
$u=x^n$	$\pm nx^{n-1}\sigma_y^2$	$\pm\dfrac{n}{x}\sigma_x$
$u=\ln x$	$\pm\dfrac{\sigma_x}{x}$	$\pm\dfrac{\sigma_x}{x\ln x}$

7. 有效数字

记录测量值时,所记数字的位数应与仪器的精密度符合,即所记数字的最后一位为仪器最小刻度以内的估计值,称为可疑值,其他几位为准确值,这样一个数字称为有效数字,它的位数不可随意增减。例如,普通50 mL的滴定管,最小刻度为0.1 mL,则记录 26.55 mL 是合理的,记录 26.5 mL 和 26.556 mL 都是错误的,因为它们分别缩小和夸大了仪器的精密度。为了方便地表达有效数字位数,一般用科学记数法记录数字,即用一个带小数的个位数乘以 10 的相当幂次表示。例如,0.000 567 可写为 5.67×10^{-4},有效数字为三位;10 680 可写为 1.0680×10^4,有效数字为五位。用以表达小数点位置的零不计入有效数字位数。

在间接测量中,须通过一定公式将直接测量值进行运算,运算中对有效数字位数的取舍应遵循如下规则:

(1) 误差一般只取一位有效数字,最多两位。

(2) 有效数字的位数越多,数值的精确度也越大,相对误差越小。

(3) 若第一位的数值等于或大于 8,则有效数字的总位数可多算一位。例如,9.23 虽然只有三位,但在运算时可以看作四位。

(4) 运算中舍弃过多不定数字时,应用"4 舍 6 入 5 成双"的法则。

(5) 在加减运算中,各数值小数点后所取的位数以其中小数点后位数最少者为准。

(6) 在乘除运算中,各数值保留的有效数字应以其中有效数字最少者为准。

(7) 在乘方或开方运算中,结果可多保留一位。

(8) 对数运算时,对数中的首数不是有效数字,对数的尾数的位数应与各数值的有效数字相当。

(9) 算式中,常数 π、e 及乘子 $\sqrt{2}$ 和某些取自手册的常数(如阿伏伽德罗常量、普朗克常量等)不受上述规则限制,其位数按实际需要取舍。

8. 物理化学实验数据处理的方法

物理化学实验中常用的数据处理方法主要有三种。

(1) 图形分析及公式计算。例如,"燃烧热的测定"、"反应热量的应用"、"凝固点降低法测定摩尔质量"、"差热分析"、"离子迁移数的测定——希托夫法"、"极化曲线的测定"、"电导法测定弱电解质的电离常数"、"电泳"和"磁化率的测定"等实验用此方法。

(2) 用实验数据作图或对实验数据计算后作图,然后线性拟合,由拟合直线的斜率或截距求得需要的参数。例如,"液体饱和蒸气压的测定"、"氢超电势的测定"、"一级反应——蔗糖的转化"、"丙酮碘化反应速率常数的测定"、"乙酸乙酯皂化反应速率常数的测定"、"黏度法测大分子化合物的相对分子质量"、"固体比表面的测定"、"偶极矩的测定"等实验用此方法。

(3) 非线性曲线拟合。作切线,求截距或斜率。例如,"溶液表面吸附的测定"、"沉降分析"等实验用此方法。

第(1)种数据处理方法用计算器即可完成,第(2)种和第(3)种数据处理方法可用软件在计算机上完成。第(2)种数据处理方法即线性拟合,用 Origin 软件很容易完成。第(3)种数据处理方法即非线性曲线拟合。如果已知曲线的函数关系,可直接用函数拟合,由拟合的参数得到需要的物理量;如果不知道曲线的函数关系,可根据曲线的形状和趋势选择合适的函数和参数,以达到最佳拟合效果。多项式拟合适用于多种曲线,通过对拟合的多项式求导得到曲线的切线斜率,由此进一步处理数据。

9. Origin 软件处理物理化学实验数据的操作

Origin 软件数据处理基本功能有:对数据进行函数计算或输入表达式计算,数据排序,选择需要的数据范围,数据统计、分类、计数、关联、t 检验等。Origin 软件图形处理基本功能有:数据点屏蔽、平滑、FFT 滤波,差分与积分,基线校正,水平与垂直转换,多个曲线平均,插值与外推,线性拟合,多项式拟合,指数衰减拟合,指数增长拟合,S形拟合,Gaussian 拟合,Lorentzian 拟合,多峰拟合,非线性曲线拟合等。

物理化学实验数据处理主要用到 Origin 软件的如下功能:对数据进行函数计算或输入表达式计算、数据点屏蔽、线性拟合、插值与外推、多项式拟合、非线性曲线拟合和差分等。

对数据进行函数计算或输入表达式计算的操作如下:在工作表中输入实验数据,右击需要计算的数据行顶部,从快捷菜单中选择 Set Column Values,在文本框中输入需要的函数、公式和参数,点击 OK,即刷新该行的值。

Origin 可以屏蔽单个数据或一定范围的数据,用以去除不需要的数据。屏蔽图形中的数据点操作如下:打开 View 菜单中 Toolbars,选择 Mask,然后点击 Close。点击工具条上 Mask Point Toggle 图标。双击图形中需要屏蔽的数据点,数据点变为红色,即被屏蔽。点击工具条上 Hide/Show Mask Points 图标,隐藏屏蔽数据点。

线性拟合的操作:绘出散点图,选择 Analysis 菜单中的 Fit Linear 或 Tools 菜单中的 Linear Fit,即可对该图形进行线性拟合。结果记录中显示拟合直线的公式、斜率和截距的值及其误差、相关系数和标准偏差等数据。

插值与外推的操作:线性拟合后,在图形状态下选择 Analysis 菜单中的 Interplate/Extrapolte。在对话框中输入最大 x 值和最小 x 值及直线的点数,即可对直线插值和外推。

Origin 提供了多种非线性曲线拟和方式:① 在 Analysis 菜单中提供了如下拟合函数:多项式拟合、指数衰减拟合、指数增长拟合、S 形拟合、Gaussian 拟合、Lorentzian 拟合和多峰拟合;在 Tools 菜单中提供了多项式拟合、S 形拟合;② Analysis 菜单中的 Nonlinear Curve Fit 选项提供了许多拟合函数的公式和图形;③ Analysis 菜单中的 Nonlinear Curve Fit 选项可让用户自定义函数。

多项式拟合适用于多种曲线,且方便易行,操作如下:对数据作散点图,选择 Analysis 菜单中的 Fit Polynomial 或 Tools 菜单中的 Polynomial Fit,打开多项式拟合对话框,设定多项式的级数、拟合曲线的点数、拟合曲线中的范围,点击 OK 或 Fit 即可完成多项式拟合。结果记录中显示拟合的多项式公式、参数的值及其误差、R^2(相关系数的平方)、SD(标准偏差)、N(曲线数据的点数)、P 值($R^2=0$ 的概率)等。

差分即对曲线求导,在需要作切线时用到。可对曲线拟合后,对拟合的函数手工求导,或用 Origin 对曲线差分。操作如下:选择需要差分的曲线,点击 Analysis 菜单中 Calculus/Differentiate,即可对该曲线差分。

另外,Origin 可打开 Microsoft Excel 工作簿,调用其中的数据进行作图、处理和分析。Origin 中的数据表、图形以及结果记录可复制到 Microsoft Word 文档中,并进行编辑处理。

关于 Origin 软件的其他更详细的用法参照 Origin 用户手册及有关参考资料。

第一章　物理化学实验技术

第一节　电学测量技术

电学测量技术在物理化学实验中占有很重要的地位,常用来测量电解质溶液的电导率、原电池电动势等参量。作为基础实验,这里主要介绍传统的电化学测量与研究方法,对于目前利用光、电、磁、声、辐射等非传统的电化学研究方法一般不予介绍。

一、电导的测量及仪器

DDS-11A 型电导率仪的测量范围广,可以测定一般液体和高纯水的电导率,操作简便,可以直接从表上读取数据,并有 0～10 mV 信号输出,可接自动平衡记录仪进行连续记录。

1. 测量原理

电导率仪的工作原理如图 1-1 所示。将振荡器产生的一个交流电压源 E 接入电导池 R_x 与量程电阻(分压电阻)R_m 的串联回路中,电导池中的溶液电导越大,R_x 越小,R_m 获得电压 E_m 也就越大。将 E_m 送至交流放大器放大,再经过信号整流,以获得推动表头的直流信号输出,表头直读电导率。由图 1-1 可知:

$$E_m = \frac{ER_m}{R_m + R_x} = \frac{ER_m}{R_m + \dfrac{K_{cell}}{\kappa}}$$

式中,K_{cell} 为电导池常数。当 E、R_m 和 K_{cell} 均为常数时,电导率 κ 的变化必将引起 E_m 的相应变化,所以测量 E_m 的大小也就测得溶液电导率的数值。

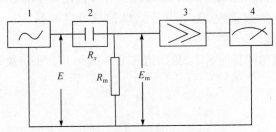

图 1-1　电导率仪工作原理示意图

1. 振荡器；2. 电导池；3. 放大器；4. 指示器

　　本机振荡产生低周(约 140 Hz)及高周(约 1100 Hz)两个频率,分别作为低电导率测量和高电导率测量的信号源频率。振荡器用变压器耦合输出,使信号 E 不随 R_x 变化而改变。因为测量信号是交流电,所以电极极片间及电极引线间均出现不可忽视的分布电容 C_0(大约 60 pF),电导池则有电抗存在。这样将电导池视作纯电阻来测量,则存在较大的误差,特别在 $0 \sim 0.1$ μS·cm^{-1} 低电导率范围内,此项影响较显著,需采用电容补偿消除,其原理如图 1-2 所示。

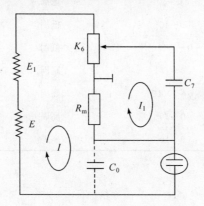

图 1-2　电容补偿原理示意图

2. 测量范围和电极选择

　　(1) 测量范围:$0 \sim 10^5$ μS·cm^{-1},分 12 个量程。

　　(2) 配套电极:DJS-1 型光亮电极,DJS-1 型铂黑电极,DJS-10 型铂黑电极。光亮电极用于测量较小的电导率($0 \sim 10$ μS·cm^{-1}),而铂黑电极用于测量较大的电导率($10 \sim 10^5$ μS·cm^{-1})。通常用铂黑电极,因为它的表面积较大,降低了电流密度,减少或消除了极化。但在测量低电导率溶液时,铂黑对电解质有强烈的吸附作用,出现不稳定的现象,这时宜用光亮电极。

　　信号源输出变压器的次极有两个输出信号 E_1 和 E,E_1 作为电容的补偿电源。E_1 与 E 的相位相反,所以由 E_1 引起的电流 I_1 流经 R_m 的方向与测量信号 I 流过 R_m 的方向相反。测量信号 I 中包括通过纯电阻 R_x 的电流和流过分布电容 C_0 的电流。调节 K_6 可以使 I_1 与流过 C_0 的电流振幅相等,使它们在 R_m 上的影响大体抵消。

　　(3) 电极选择原则列于表 1-1 中。

表 1-1　电极选择

量　程	电导率/(μS·cm^{-1})	测量频率	配套电极
1	$0 \sim 0.1$	低周	DJS-1 型光亮电极
2	$0 \sim 0.3$	低周	DJS-1 型光亮电极

续表

量　程	电导率/(μS·cm^{-1})	测量频率	配套电极
3	0～1	低周	DJS-1 型光亮电极
4	0～3	低周	DJS-1 型光亮电极
5	0～10	低周	DJS-1 型光亮电极
6	0～30	低周	DJS-1 型铂黑电极
7	0～10^2	低周	DJS-1 型铂黑电极
8	0～3×10^2	低周	DJS-1 型铂黑电极
9	0～10^3	高周	DJS-1 型铂黑电极
10	0～3×10^3	高周	DJS-1 型铂黑电极
11	0～10^4	高周	DJS-1 型铂黑电极
12	0～10^5	高周	DJS-10 型铂黑电极

3. 使用方法

DDS-11A 型电导率仪的面板如图 1－3 所示。

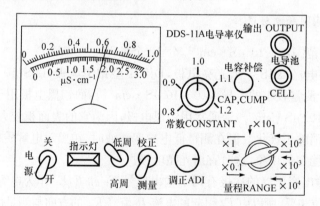

图 1－3　DDS-11A 型电导率仪

（1）打开电源开关前，应观察表针是否指零，若不指零时，可调节表头的螺丝，使表针指零。

（2）将校正、测量开关拨在"校正"位置。

（3）打开电源开关，此时指示灯亮。预热数分钟，待指针完全稳定，调节校正调节器，使表针指向满刻度。

（4）根据待测液电导率的大致范围选用低周或高周，并将高周、低周开关拨向所选位置。

(5) 将量程选择开关拨到测量所需范围。如预先不知道被测溶液电导率的大小，则由最大挡逐挡下降至合适范围。

(6) 根据电极选用原则，选好电极并插入电极插口。各类电极要注意调节配套电极常数，如配套电极常数为 0.95（电极上已标明），则将电极常数调节器调节到相应的位置 0.95 处。

(7) 倒去电导池中的电导水，将电导池和电极用少量待测液洗涤两三次，再将电极浸入待测液中并恒温。

(8) 将校正、测量开关拨向"测量"，这时表头上的指示读数乘以量程开关的倍率即为待测液的实际电导率。

(9) 当量程开关指向黑点时，读表头上刻度（$0 \sim 1 \ \mu S \cdot cm^{-1}$）的数；当量程开关指向红点时，读表头下刻度（$0 \sim 3 \ \mu S \cdot cm^{-1}$）的数值。

(10) 当用 $0 \sim 0.1 \ \mu S \cdot cm^{-1}$ 或 $0 \sim 0.3 \ \mu S \cdot cm^{-1}$ 两挡测量高纯水时，在电极浸入溶液前，调节电容补偿调节器，使表头指示为最小值（此最小值是电极铂片间的漏阻，由于此漏阻的存在，调节电容补偿调节器时表头指针不能达到零点），然后开始测量。

(11) 如需要了解测量过程中电导率的变化情况，将 10 mV 输出接到自动平衡记录仪即可。

4. 注意事项

(1) 电极的引线不能潮湿，否则测量不准确。

(2) 高纯水应迅速测量，否则空气中二氧化碳溶入水中变为碳酸根离子，使电导率迅速增加。

(3) 测定一系列浓度待测液的电导率，应注意按浓度由小到大的顺序测定。

(4) 盛待测液的容器必须清洁，没有离子沾污。

(5) 电极要轻拿轻放，如使用铂黑电极，注意切勿触碰铂黑。

如不知被测液电导的大小范围，则应将旋钮分置于最大量程挡，然后逐挡减小，以保护仪表不被损坏。

DDSJ-308A 型电导率仪是一台智能型的常规分析仪器，具有自动化程度高、适用范围广、操作界面简单等特点。它适用于实验室精确测量水溶液的电导率和温度、总溶解固态量（TDS）和温度及海水淡化处理中的含盐量的测定（以 NaCl 为标准）。DDSJ-308A 型电导率仪的测量原理及测量范围参见 DDS-11A 型电导率仪。

仪器使用方法简介：

(1) 安装电导电极并正确连接电源导线，按"ON/OFF"键开机，仪器依次显示厂标、仪器型号、名称，稍候自动进入上次关机时的测量工作状态。

（2）反复按"模式"键，直到仪器进入"电导率"测量状态，屏幕右下角显示"电导率"。

（3）在"电导率"测量状态下，按"电极常数"键进入电极常数选择界面，按"▲"或"▼"键选择电极挡次并且调节电极常数，按"确认"键，仪器将电极常数自动保存并返回测量状态。

注：如果仪器一直使用同一电极并且在同一种工作模式下工作，（2）、（3）步骤可省略。

（4）将电导电极插入已恒温的待测溶液，待读数稳定，记录测量数值。按"ON/OFF"键关机。

二、原电池电动势的测量及仪器

原电池电动势一般是用直流电位差计并配以饱和式标准电池和检流计来测量。电位差计可分为高阻型和低阻型两类，使用时可根据待测系统的不同选用不同类型的电位差计。通常高电阻系统选用高阻型电位差计，低电阻系统选用低阻型电位差计。但不管电位差计的类型如何，其测量原理都是一样的。此外，随着电子技术的发展，一些新型的电子电位差计也得到广泛应用。下面以 ZD-WC 型数字电位差计为例，说明其原理及使用方法。

ZD-WC 型数字电位差计是采用误差对消法（又称误差补偿法）测量原理设计的一种电压测量仪器，它集标准电压和测量电路于一体，测量准确，操作方便。测量电路的输入端采用高输入阻抗器件（阻抗≥1014 Ω），故流入的电流 $I=$ 被测电动势/输入阻抗（几乎为零），不会影响待测电动势的大小。

1. 测量原理

ZD-WC 型数字电位差计由中央处理器（CPU）控制，将标准电压产生电路、补偿电路和测量电路紧密结合，内标 1 V 产生电路由精密电阻及元器件产生标准 1 V 电压（图 1 - 4）。此电路具有低温漂性能，内标 1 V 电压稳定、可靠。

当测量开关置于内标时，拨动精密电阻箱电阻，通过恒流电路产生电位，经模数转换电路送入 CPU，由 CPU 显示电位，电位显示为 1 V。这时，精密电阻箱产生的电压信号与内标 1 V 电压送至测量电路，由测量电路测量出误差信号，经模数转换电路送入 CPU，由检零显示误差值，由采零按钮控制，并记忆误差值，以便测量待测电动势时进行误差补偿，消除电路误差。

当测量开关置于外标时，由外标标准电池提供标准电压，拨动精密电阻箱和补偿电位器产生电位指示和检零指示。

测量电路经内标或外标电池标定后，将测量开关置于待测电动势，CPU 对采集到的信号进行误差补偿，拨动精密电阻箱和补偿电位器，使检零指示为零。此

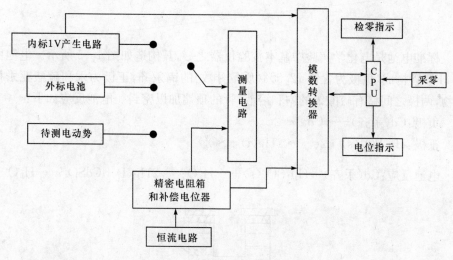

图 1-4　ZD-WC 型数字电位差计

时,电阻箱产生的电压与待测电动势相等,电位指示值为待测电动势。

2. 测量说明

仪器测量电路的输入端采用高输入阻抗器件(阻抗≥1014 Ω),故流入的电流 I=被测电动热/输入阻抗(几乎为零),不会影响待测电动势的大小。若想精密测量电动势,将测量选择开关置于"内标"或"外标",将待测电动势电路与仪器断开,拨动面板旋钮。测量时,再将选择开关置于"测量"即可。

三、其他配套仪器及设备

1. 盐桥

当原电池存在两种电解质界面时,产生一种电动势,称为液体接界电势,它干扰电池电动势的测定。可用盐桥减小液体接界电势。盐桥是在 U 形玻璃管中灌满盐桥溶液,用捻紧的滤纸塞紧管两端,把管插入两个互相不接触的溶液,使其导通。

一般盐桥溶液用正、负离子迁移速率都接近 0.5 的饱和盐溶液,如饱和氯化钾溶液等。当饱和盐溶液与另一种较稀溶液相接界时,主要是盐桥溶液向稀溶液扩散,从而减小了液接电势。

应注意盐桥溶液不能与两端电池溶液产生反应。如果实验中使用硝酸银溶液,则盐桥溶液就不能用氯化钾溶液,而选择硝酸铵溶液较为合适,因为硝酸铵中正、负离子的迁移速率比较接近。

2. 标准电池

标准电池是电化学实验中基本校验仪器之一,其构造如图1-5所示。电池由一H形管构成,负极为含镉12.5%(质量分数)的镉汞齐,正极为汞和硫酸亚汞糊状物,两极之间盛有硫酸镉的饱和溶液,管的顶端加以密封。电池反应如下:

负极:Cd(汞齐)$\longrightarrow$Cd^{2+}+2e

正极:Hg$_2$SO$_4$(s)+2e$\longrightarrow$2Hg(l)+SO$_4^{2-}$

电池反应:Cd(汞齐)+Hg$_2$SO$_4$(s)+$\dfrac{8}{3}$H$_2$O$=\!=$2Hg(l)+CdSO$_4$·$\dfrac{8}{3}$H$_2$O

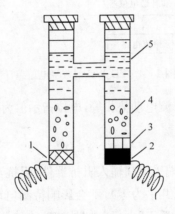

图1-5　标准电池

1. 含镉12.5%的镉汞齐;2. 汞;3. 硫酸亚汞糊状物;4. 硫酸镉晶体;5. 硫酸镉饱和溶液

标准电池的电动势很稳定,重现性好,20 ℃时E_0=1.0186 V,其他温度下的电动势E_t可按下式计算:

$$E_t=E_0-4.06\times10^{-5}(t-20)-9.5\times10^{-7}(t-20)^2$$

使用标准电池时应注意以下几点:

(1) 使用温度4~40 ℃。

(2) 正、负极不能接错。

(3) 不能振荡,不能倒置,携取要平稳。

(4) 不能用万用表直接测量标准电池。

(5) 标准电池只是校验器,不能作为电源使用,测量时间必须短暂,间歇按键,以免电流过大,损坏电池。

(6) 电池若未加套直接暴露于日光,会使硫酸亚汞变质,电动势下降。

(7) 按规定时间,需要对标准电池进行计量校正。

3. 常用电极

1) 甘汞电极

甘汞电极是实验室中常用的参比电极,具有装置简单、可逆性高、制作方便、电势稳定等优点。其构造形状很多,但无论哪一种形状,在玻璃容器的底部均装入少量的汞,然后装汞和甘汞的糊状物,再注入氯化钾溶液,将作为导体的铂丝插入,即构成甘汞电极。甘汞电极表示形式如下:

$$Hg\text{-}Hg_2Cl_2(s)\,|\,KCl(a)$$

电极反应:

$$Hg_2Cl_2(s)+2e \longrightarrow 2Hg(l)+2Cl^-(a_{Cl^-})$$

$$\varphi_{甘汞}=\varphi'_{甘汞}-\frac{RT}{F}\ln a_{Cl^-}$$

可见,甘汞电极的电势随氯离子活度的不同而改变。不同氯化钾溶液浓度的 $\varphi_{甘汞}$ 与温度的关系见表 1-2。

表 1-2　不同氯化钾溶液浓度的 $\varphi_{甘汞}$ 与温度 $t(℃)$ 的关系

氯化钾溶液浓度	电极电势 $\varphi_{甘汞}$/V
饱和	$0.2412-7.6\times10^{-4}(t-25)$
$1.0\ mol \cdot L^{-1}$	$0.2801-2.4\times10^{-4}(t-25)$
$0.1\ mol \cdot L^{-1}$	$0.3337-7.0\times10^{-5}(t-25)$

文献列出的甘汞电极的电势数据常不相符合,这是因为接界电势的变化对甘汞电极电势有影响,由于所用盐桥的介质不同,因而影响甘汞电极电势的数据。

使用甘汞电极时应注意以下几点:

(1) 由于甘汞电极在高温时不稳定,故甘汞电极一般适用于 70 ℃以下的测量。

(2) 甘汞电极不宜用于强酸、强碱性溶液,因为此时的液体接界电势较大,而且甘汞可能被氧化。

(3) 如果被测溶液中不允许含有氯离子,应避免直接插入甘汞电极。

(4) 应注意甘汞电极的清洁,不得使灰尘或其他离子进入电极内部。

(5) 当电极内溶液太少时应及时补充。

2) 铂黑电极

铂黑电极是在铂片上镀一层颗粒较小的黑色金属铂所组成的电极,这是为了增大铂电极的表面积。

电镀前一般需进行铂表面处理。新制的铂电极可放在热的氢氧化钠乙醇溶液中浸洗 15 min 左右,以除去表面油污,然后在浓硝酸中煮几分钟,取出用蒸馏水冲洗。长时间用过的老化的铂黑电极可浸在 40～50 ℃混酸(硝酸:盐酸:水=

1 : 3 : 4,体积比)中,经常摇动电极,洗去铂黑,再用浓硝酸煮 3~5 min,最后用水冲洗。

以处理过的铂电极为阴极,另一铂电极为阳极,在 0.5 mol·L^{-1}硫酸中电解 10~20 min,以消除氧化膜。观察电极表面出氢是否均匀,若有大气泡产生则表明有油污,应重新处理。

在处理过的铂片上镀铂黑,一般采用电解法,电解液的配制方法如下:3 g 氯铂酸(H$_2$PtCl$_6$),0.08 g 乙酸铅(PbAc$_2$·3H$_2$O),100 mL 蒸馏水。电镀时将处理好的铂电极作为阴极,另一铂电极作为阳极。阴极电流密度 15 mA 左右,电镀约 20 min。如所镀的铂黑一洗即落,则需重新处理。铂黑不宜镀得太厚,但太薄又易老化和中毒。

第二节　光学测量技术

光与物质相互作用可以产生各种光学现象,如光的折射、反射、散射、透射、吸收、旋光以及物质受激辐射等。分析研究这些光学现象,可以提供原子、分子及晶体结构等方面的大量信息。所以,在物质的成分分析、结构测定及光化学反应等方面都离不开光学测量。任何一种光学测量系统都包括光源、滤光器、盛样品器和检测器等部件,它们可以用各种方式组合以满足实验需要。下面介绍物理化学实验中常用的几种光学测量仪器。

一、阿贝折射仪

折射率是物质的重要物理常数之一,许多纯物质都具有一定的折射率,如果其中含有杂质则折射率将发生变化,出现偏差,杂质越多,偏差越大。因此,通过测定折射率,可以测定物质的浓度,鉴定液体的纯度。阿贝折射仪是测定物质折射率的常用仪器。下面介绍其工作原理和使用方法。

1. 阿贝折射仪的工作原理

当一束单色光从介质 A 进入介质 B(两种介质的密度不同)时,光线在通过界面时改变方向,这一现象称为光的折射,如图 1-6 所示。

光的折射现象遵从折射定律:

$$\frac{\sin\alpha}{\sin\beta} = \frac{n_B}{n_A} = n_{A,B} \tag{1-1}$$

式中,α 为入射角;β 为折射角;n_A、n_B 分别为交界面两侧两种介质的折射率;$n_{A,B}$ 为介质 B 对介质 A 的相对折射率。

若介质 A 为真空,因规定 $n=1.0000$,故 $n_{A,B}=n_1$ 为绝对折射率。但介质 A 通常为空气,空气的绝对折射率为 1.000 29,这样得到的各物质的折射率称为常用

折射率,也称为对空气的相对折射率。同一物质两种折射率之间的关系为

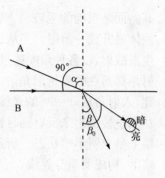

图 1-6 光的折射

$$绝对折射率＝常用折射率×1.000\ 29$$

根据式(1-1)可知,当光线从一种折射率小的介质 A 射入折射率大的介质 B 时($n_A < n_B$),入射角一定大于折射角($\alpha > \beta$)。当入射角增大时,折射角也增大,设当入射角 $\alpha = 90°$时,折射角为 β_0,称为临界折射角。因此,当在两种介质的界面上以不同角度射入光线时(入射角 α 从 0~90°),光线经过折射率大的介质后,其折射角 $\beta \leqslant \beta_0$。其结果是大于临界角的部分无光线通过,成为暗区;小于临界角的部分有光线通过,成为亮区。临界角成为明暗分界线的位置,如图 1-6 所示。

根据式(1-1)可得

$$n_A = n_B \frac{\sin\beta_0}{\sin\alpha} = n_B\sin\beta_0 \tag{1-2}$$

因此,在固定一种介质时,临界折射角 β_0 的大小与被测物质的折射率是简单的函数关系,阿贝折射仪就是根据这个原理而设计的。阿贝折射仪如图 1-7 所示。

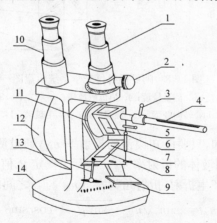

图 1-7 阿贝折射仪

1. 测量望远镜;2. 消色散手柄;3. 恒温水入口;4. 温度计;5. 测量棱镜;6. 铰链;7. 辅助棱镜;
8. 加液槽;9. 反射镜;10. 读数望远镜;11. 转轴;12. 刻度盘罩;13. 闭合旋钮;14. 底座

2. 阿贝折射仪的结构

阿贝折射仪光学系统示意图如图 1-8 所示,它的主要部分是由两个折射率为 1.75 的玻璃直角棱镜所构成,上部为测量棱镜,是光学平面镜,下部为辅助棱镜,

其斜面是粗糙的毛玻璃,两者之间有 0.1~0.15 mm 空隙,用于装待测液体,并使液体展开成一薄层。当从反射镜反射来的入射光进入辅助棱镜至粗糙表面时,产生漫散射,以各种角度透过待测液体,而从各个方向进入测量棱镜发生折射,其折射角都落在临界折射角 β_0 之内。因为棱镜的折射率大于待测液体的折射率,因此,入射角从 0~90° 的光线都通过测量棱镜发生折射。具有临界折射角 β_0 的光线从测量棱镜出来反射到目镜上,此时若将目镜十字线调节到适当位置,则会看到目镜上呈半明半暗状态。折射光都应落在临界折射角 β_0 内,成为亮区,其他部分为暗区,构成明暗分界线。

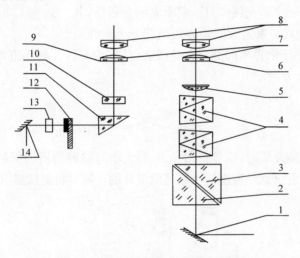

图 1-8　阿贝折射仪光学系统示意图

1. 反射镜;2. 辅助棱镜;3. 测量棱镜;4. 消色散棱镜;5. 物镜;6、9. 分划板;7、8. 目镜;
10. 物镜;11. 转向棱镜;12. 照明度盘;13. 毛玻璃;14. 小反光镜

根据式(1-2)可知,只要已知棱镜的折射率 $n_{棱}$,通过测定待测液体的临界折射角 β_0,就能求得待测液体的折射率 $n_{液}$。实际上测定 β_0 值很不方便,当折射光从棱镜出来进入空气又产生折射,折射角为 β_0'。$n_{液}$ 与 β_0' 之间的关系为

$$n_{液} = \sin r \sqrt{n_{棱}^2 - \sin^2\beta_0'} - \cos r \sin\beta_0 \qquad (1-3)$$

式中,r 为常数;$n_{棱}$＝1.75。测出 β_0' 即可求出 $n_{液}$。因为在设计折射仪时已将 β_0' 换算成 $n_{液}$ 值,故从折射仪的标尺上可直接读出液体的折射率。

在实际测量折射率时,使用的入射光不是单色光,而是由多种单色光组成的普通白光,因不同波长的光的折射率不同而产生色散,在目镜中看到一条彩色的光带,没有清晰的明暗分界线。为此,在阿贝折射仪中安置了一套消色散棱镜(又称补偿棱镜)。调节消色散棱镜,使测量棱镜出来的色散光线消失,明暗分界线清晰,此时测得的液体的折射率相当于用单色光钠光 D 线所测得的折射率 n_D。

3. 阿贝折射仪的使用方法

(1) 仪器安装：将阿贝折射仪安放在光亮处，但应避免阳光的直接照射，以免液体试样受热迅速蒸发。将超级恒温槽与其相连接使恒温水通入棱镜夹套内，检查棱镜上温度计的读数是否符合要求，一般选用(20.0±0.1)℃或(25.0±0.1)℃。

(2) 加样：旋开测量棱镜和辅助棱镜的闭合旋钮，使辅助棱镜的磨砂斜面处于水平位置，若棱镜表面不清洁，可滴加少量丙酮，用擦镜纸顺同一方向轻擦镜面(不可来回擦)。待镜面洗净干燥后，用滴管滴加数滴试样于辅助棱镜的毛镜面上，迅速合上辅助棱镜，旋紧闭合旋钮。若液体易挥发，动作要迅速，或先将两棱镜闭合，然后用滴管从加液孔中注入试样(注意切勿将滴管折断在孔内)。

(3) 对光：转动手柄，使刻度盘标尺上的示值为最小，调节反射镜，使入射光进入棱镜组。同时，从测量望远镜中观察，使示场最亮。调节目镜，使视场准丝最清晰。

(4) 粗调：转动手柄，使刻度盘标尺上的示值逐渐增大，直至观察到视场中出现彩色光带或黑白分界线为止。

(5) 消色散：转动消色散手柄，使视场内呈现一清晰的明暗分界线。

(6) 精调：再仔细转动手柄，使分界线正好处于"×"形准丝交点上。

(7) 读数：从读数望远镜中读出刻度盘上的折射率数值。常用的阿贝折射仪可读至小数点后的第四位，为了使读数准确，一般应将试样重复测量三次，每次读数相差不能超过 0.0002，然后取平均值。

(8) 仪器校正：折射仪刻度盘上的标尺的零点有时会发生移动，须加以校正。校正的方法是用一种已知折射率的标准液体(一般是用纯水)按上述方法进行测定，将平均值与标准值比较，其差值即为校正值。纯水在 20 ℃时的折射率为 1.3325，在 15~30 ℃的温度系数为 $-0.0001\ \text{℃}^{-1}$。在精密的测量工作中，须在所测范围内用几种不同折射率的标准液体进行校正，并画出校正曲线，以供测试时对照使用。

4. 阿贝折射仪的使用注意事项

阿贝折射仪是一种精密的光学仪器，使用时应注意以下几点：

(1) 使用时要注意保护棱镜，清洗时只能用擦镜纸而不能用滤纸等。加试样时不能将滴管口触及镜面。酸、碱等腐蚀性液体不得使用阿贝折射仪测量。每次测定时，试样不可加得太多，一般只需加 2~3 滴即可。

(2) 注意保持仪器清洁，保护刻度盘。每次实验完毕，在镜面上加几滴丙酮，并用擦镜纸擦干。最后将两层擦镜纸夹在两棱镜镜面之间，以免镜面损坏。

(3) 读数时，有时在目镜中观察不到清晰的明暗分界线，而是畸形的，这是由

于棱镜间未充满液体;若出现弧形光环,则可能是由于光线未经过棱镜而直接照射
到聚光透镜上。

(4)若待测试样折射率不为1.3~1.7,则阿贝折射仪不能测定,也看不到明暗
分界。

5. 数字阿贝折光仪

数字阿贝折光仪的工作原理与上述完全相同,都是基于测定临界折射角。它
由角度-数字转换系统将角度量转换成数字量,再输入计算机系统进行数据处理,
而后数字显示出被测样品的折光率。下面介绍 WAY-S 型数字阿贝折光仪,其结
构如图 1-9 所示。

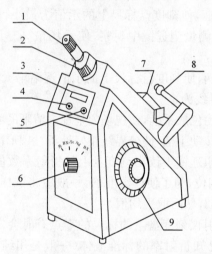

图 1-9　WAY-S 型数字阿贝折射仪结构示意图

1. 目镜;2. 色散校正手轮;3. 液晶显示窗;4. 电源开关;5. 读数选择键;6. 测量模式旋钮;
7. 折射棱镜;8. 聚光照明器;9. 调节手轮

该仪器使用方便,内部具有恒温结构,并装有温度传感器,按温度显示按钮可
显示温度;按测量显示按钮可显示折光率。

仪器的维护与保养如下:

(1)仪器应放在干燥、空气流通和温度适宜的地方,以免仪器的光学零件受潮
发霉。

(2)仪器使用前后及更换试样时,必须先清洗擦净折射棱镜的工作表面。

(3)被测液体试样中不可含有固体杂质,测试固体样品时应防止折射镜工作
表面拉毛或产生压痕,严禁测试腐蚀性较强的样品。

(4)仪器应避免强烈振动或撞击,防止光学零件震碎、松动而影响精度。

(5)仪器不用时应用塑料罩将仪器盖上或放入箱内。

(6) 使用者不得随意拆装仪器,如发生故障,或达不到精度要求时,应及时送修。

二、旋光仪

1. 基本原理

1) 旋光现象、旋光度和比旋光度

一般光源发出的光,其光波在垂直于传播方向的所有方向上振动,这种光称为自然光,或称非偏振光;而只在一个方向上有振动的光称为平面偏振光。当一束平面偏振光通过某些物质时,其振动方向会发生改变,此时光的振动面旋转一定的角度,这种现象称为物质的旋光现象。这个角度称为旋光度,以 α 表示。物质的这种使偏振光的振动面旋转的性质称为物质的旋光性。凡有旋光性的物质称为旋光物质。

偏振光通过旋光物质时,我们对着光的传播方向看,如果使偏振面向右(顺时针方向)旋转的物质,称为右旋性物质;如果使偏振面向左(逆时针方向)旋转的物质,称为左旋性物质。

物质的旋光度是旋光物质的一种物理性质,主要取决于物质的立体结构,并且因实验条件的不同而有很大的不同。因此,人们又提出"比旋光度"的概念作为度量物质旋光能力的标准。规定以钠光 D 线作为光源,温度为 293.15 K 时,一根 10 cm 的样品管中装满旋光物质浓度为 1 g·mL^{-1} 的溶液后产生的旋光度称为该溶液的比旋光度($[\alpha]_t^D$),即

$$[\alpha]_t^D = \frac{10\alpha}{lc} \tag{1-4}$$

式中,D 表示光源,通常为钠光 D 线;t 为实验温度(℃);α 为旋光度;l 为液层厚度(cm);c 为被测物质的浓度(g·mL^{-1})。为区别右旋和左旋,常在左旋光度前加"-"号。例如,蔗糖 $[\alpha]_t^D = 52.5°$ 表示蔗糖是右旋物质,而果糖的比旋光度为 $[\alpha]_t^D = -91.9°$,表示果糖为左旋物质。

2) 旋光仪的构造和测试原理

旋光度是由旋光仪进行测定的,旋光仪的主要元件是两块尼科尔棱镜。尼科尔棱镜是由两块方解石直角棱镜沿斜面用加拿大树脂黏合而成,如图 1-10 所示。

当一束单色光照射到尼科尔棱镜时,分解为两束相互垂直的平面偏振光,一束折射率为 1.658 的寻常光,一束折射率为 1.486 的非寻常光,这两束光线到达加拿大树脂黏合面时,折射率大的寻常光(加拿大树脂的折射率为 1.550)被全反射到底面上的黑色涂层而被吸收,而折射率小的非寻常光则通过棱镜,获得一束单一的平面偏振光。用于产生平面偏振光的棱镜称为起偏镜,如使起偏镜产生的偏振光照射到另一个透射面与起偏镜透射面平行的尼科尔棱镜,则这束平面偏振光也能通过第二个棱镜,如果第二个棱镜的透射面与起偏镜的透射面垂直,则由起偏镜出来的偏振光完全

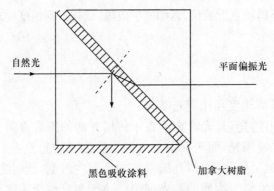

自然光

平面偏振光

黑色吸收涂料　　　　　　　加拿大树脂

图 1 - 10　尼科尔棱镜

不能通过第二个棱镜。如果第二个棱镜的透射面与起偏镜的透射面之间的夹角 θ 为 0～90°,则光线部分通过第二个棱镜,称为检偏镜。调节检偏镜,能使透过的光线强度在最强和零之间变化。如果在起偏镜与检偏镜之间放有旋光性物质,则由于物质的旋光作用,使来自起偏镜的光的偏振面改变了某一角度,只有检偏镜也旋转同样的角度,才能补偿旋光线改变的角度,使透过光的强度与原来相同。旋光仪就是根据上述原理设计的,其结构如图 1 - 11 所示。

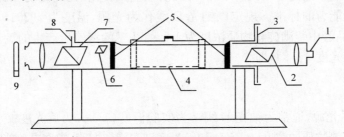

图 1 - 11　旋光仪构造示意图
1. 目镜;2. 检偏镜;3. 圆形标尺;4. 样品管;5. 窗口;6. 半暗角器件;
7. 起偏镜;8. 半暗角调节;9. 灯

　　通过检偏镜用肉眼判断偏振光通过旋光物质前后的强度是否相同是十分困难的,这样会产生较大的误差,为此设计了一种在视野中分出三分视界的装置,原理是:在起偏镜后放置一块狭长的石英片,由起偏镜透过来的偏振光通过石英片时,由于石英片的旋光性,偏振光旋转了一个角度,通过镜前观察,光的振动方向如图 1 - 12 所示。A 是通过起偏镜的偏振光的振动方向,A' 是又通过石英片旋转一个角度后的振动方向,此两偏振方向的夹角 $\varPhi$ 称为半暗角($\varPhi=2°\sim3°$),如果旋转检偏镜使透射光的偏振面与 A' 平行,在视野中将观察到中间狭长部分较明亮,而两旁较暗,这是由于两旁的偏振光不经过石英片,如图 1 - 12(a)所示。如果检偏镜的偏振面与起偏镜的偏振面平行(在 A 的方向时),在视野中将观察到中间狭长部分较暗而两旁较亮,如图 1-12(b)所示。当检偏镜的偏振面处于 $\Phi/2$ 时,两边直接来自起偏镜的光偏振面被检偏镜旋转了 $\Phi/2$,而中间被石英片转过角度 Φ 的偏振面相对被检偏镜旋转角度 $\Phi/2$,这样中间和两边的光偏振面都被旋转了 $\Phi/2$,故视野呈微暗状态,且三分视野内的暗度是相同的,如图 1-12(c)所示。将这一位置作为仪器的零点,每次测定时,调节检偏镜使三分视野的暗度相同,然后读数。

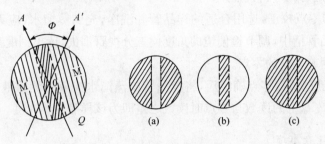

图 1-12 三分视野示意图

3) 影响旋光度的因素

(1) 浓度的影响。由式(1-4)可知,对于具有旋光性物质的溶液,当溶剂不具旋光性时,旋光度与溶液浓度和溶液厚度成正比。

(2) 温度的影响。温度升高会使旋光管膨胀而长度增加,从而导致待测液体的密度降低。另外,温度变化还会使待测物质分子间发生缔合或离解,使旋光度发生改变。通常温度对旋光度的影响可表示为

$$[\alpha]_t^\lambda = [\alpha]_t^D + Z(t - 20) \tag{1-5}$$

式中,t 为测定时的温度;Z 为温度系数。不同物质的温度系数不同,一般为 $0.01\sim 0.04\ ℃^{-1}$。为此在实验测定时必须恒温,旋光管上装有恒温夹套,与超级恒温槽连接。

(3) 浓度和旋光管长度对比旋光度的影响。在一定的实验条件下,将比旋光度作为常数,因此旋光物质的旋光度与浓度视为成正比。而旋光度和溶液浓度之间并不是严格的线性关系,因此比旋光度并非常数,在精密测定中比旋光度和浓度间的关系可用下式之一表示:

$$[\alpha]_t^\lambda = A + Bw \tag{1-6}$$

$$[\alpha]_t^\lambda = A + Bq + Cw^2 \tag{1-7}$$

$$[\alpha]_t^\lambda = A + \frac{Bq}{C + w} \tag{1-8}$$

式中,w 为溶液中溶质的质量分数;A、B、C 为常数,可以通过不同浓度的几次测量来确定。

旋光度与旋光管的长度成正比。旋光管通常有 10 cm、20 cm、22 cm 三种规

格,经常使用的为 10 cm 规格的。但对旋光能力较弱或者较稀的溶液,为提高准确度,降低读数的相对误差,需用 20 cm 或 22 cm 的旋光管。

2. 圆盘旋光仪的使用方法

(1) 调节望远镜焦距:打开钠光灯,稍等几分钟,待光源稳定后,从目镜中观察视野,如不清楚可调节目镜焦距。

(2) 仪器零点校正:选用合适的样品管并洗净,充满蒸馏水(应无气泡),放入旋光仪的样品管槽中,调节检偏镜的角度使三分视野消失,读出刻度盘上的刻度并将此角度作为旋光仪的零点。

(3) 旋光度测定:零点确定后,将样品管中蒸馏水换成待测溶液,按同样方法测定,此时刻度盘上的读数与零点时读数之差即为该样品的旋光度。

3. 使用注意事项

(1) 旋光仪在使用时,需通电预热几分钟,但钠光灯使用时间不宜过长。

(2) 旋光仪是比较精密的光学仪器,使用时,仪器金属部分切忌沾上酸碱,以免腐蚀。

(3) 光学镜片部分不能与硬物接触,以免损坏镜片。

(4) 不能随意拆卸仪器,以免影响精度。

4. 自动指示旋光仪结构及测试原理

目前国内生产的旋光仪,其三分视野检测、检偏镜角度的调整采用光电检测器,通过电子放大及机械反馈系统自动进行,最后数字显示。该旋光仪体积小,灵敏度高,读数方便,减少人为观察三分视野明暗度相同时产生的误差,对弱旋光性物质同样适应。

WZZ 型自动数字显示旋光仪结构原理如图 1－13 所示。该仪器用 20 W 钠光灯为光源,并通过可控硅自动触发恒流电源点燃,光线通过聚光镜、小孔光柱和物镜后形成一束平行光,经过起偏镜后产生平行偏振光,这束偏振光经过有法拉第效应的磁旋线圈时,其振动面产生 50 Hz 的一定角度的往复振动,该偏振光线通过检偏镜透射到光电倍增管上,产生交变的光电信号。当检偏镜的透光面与偏振光的振动面正交时,即为仪器的光学零点,此时出现平衡指示。而当偏振光通过一定旋光度的测试样品时,偏振光的振动面转过一个角度 α,此时光电信号驱动工作频率为 50 Hz 的伺服电机,并通过蜗轮蜗杆带动检偏镜转动 α 角度而使仪器回到光学零点,此时读数盘上的示值即为所测物质的旋光度。

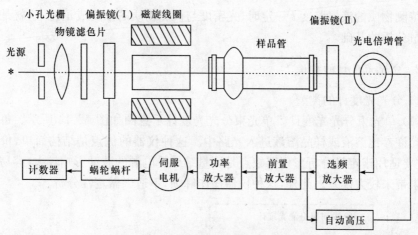

图 1-13 WZZ 型自动数字显示旋光仪结构原理图

三、分光光度计

1. 吸收光谱原理

物质中分子内部的运动可分为电子的运动、分子内原子的振动和分子自身的转动,因此具有电子能级、振动能级和转动能级。

当分子被光照射时,将吸收能量引起能级跃迁,即从基态能级跃迁到激发态能级。而三种能级跃迁所需能量是不同的,需用不同波长的电磁波激发。电子能级跃迁所需的能量较大,一般为 120 eV,吸收光谱主要处于紫外及可见光区,这种光谱称为紫外-可见光谱。如果用红外光(能量为 1~0.025 eV)照射分子,此能量不足以引起电子能级的跃迁,而只能引发振动能级和转动能级的跃迁,得到的光谱为红外光谱。若以能量更低的远红外光(0.025~0.003 eV)照射分子,只能引起转动能级的跃迁,这种光谱称为远红外光谱。由于物质结构不同对上述各能级跃迁所需能量都不一样,对光的吸收也不一样,各种物质都有各自的吸收光带,因此可以对不同物质进行鉴定分析,这是光度法进行定性分析的基础。

根据朗伯-比尔定律:当入射光波长、溶质、溶剂以及溶液的温度一定时,溶液的光密度和溶液层厚度及溶液的浓度成正比,若液层的厚度一定,则溶液的光密度只与溶液的浓度有关。

$$T = \frac{I}{I_0}$$

$$A = -\lg T = \lg \frac{1}{T} = \varepsilon l c$$

式中,c 为溶液浓度;A 为某一单色波长下的光密度(又称吸光度);I_0 为入射光强度;I 为透射光强度;T 为透光率;ε 为摩尔吸收系数;l 为液层厚度。

...

待测物质的液层厚度 l 一定时,光密度与被测物质的浓度成正比,这就是光度法定量分析的基础。

2. 分光光度计的构造

1) 分光光度计的类型

(1) 单光束分光光度计。单光束分光光度计示意图如图 1-14 所示。每次测量只允许参比溶液或样品溶液进入光路中。这种仪器的优点是结构简单,价格便宜,主要适用于定量分析。仪器缺点是测量结果受电源的波动影响较大,容易给定量结果带来较大误差。此外,这种仪器操作麻烦,不适于做定性分析。

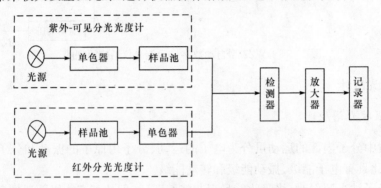

图 1-14　单光束分光光度计示意图

(2) 双光束分光光度计。双光束分光光度计示意图如图 1-15 所示。由于两光

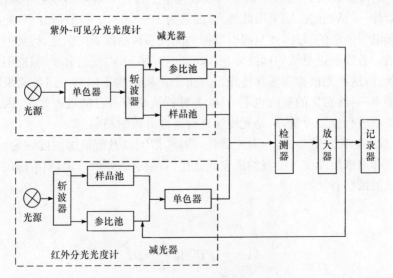

图 1-15　双光束分光光度计示意图

束同时分别通过参比溶液和样品溶液,因而可以消除光源强度变化带来的误差。目前较高档的仪器都采用这种构造。

以上两类仪器测得的光谱图如图 1-16 所示。

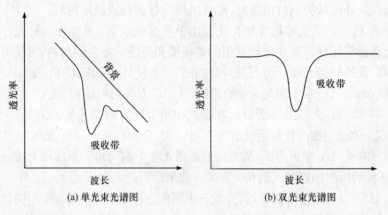

(a) 单光束光谱图　　　　　　(b) 双光束光谱图

图 1-16　光谱图

(3) 双波长分光光度计。双波长分光光度计示意图如图 1-17 所示。在紫外-可见类单光束和双光束分光光度计中,就测量波长而言都是单波长的,它们测得参比溶液和样品溶液吸光度之差。而双波长分光光度计由同一光源发出的光被分成两束,分别经过两个单色器,从而可以同时得到两个不同波长(λ_1 和 λ_2)的单色光。它们交替地照射同一液体,得到的信号是两波长处吸光度之差 ΔA($\Delta A = A_{\lambda_1} - A_{\lambda_2}$),当两个波长保持 1~2 nm 同时扫描时,得到的信号将是一阶导数,即吸光度的变化率曲线。

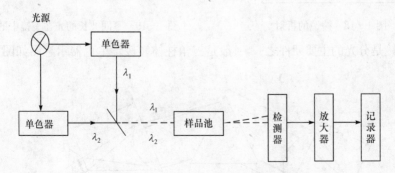

图 1-17　双波长分光光度计系统图

用双波长法测量可以消除因吸收池的参数不同、位置不同、污垢以及制备参比溶液等带来的误差。它不仅能测量高浓度试样、多组分试样,而且能测定一般分光光度计不宜测定的浑浊试样。测定相互干扰的混合试样时,操作简单且精度高。

2) 光学系统部件简述

(1) 光源。对光源的主要要求是：对整测定波长领域要有均一且平滑的连续的强度分布，不随时间而变化，光散射后到达检测器的能量不能太弱。一般可见区域为钨灯，紫外区域为氘灯或氢灯，红外区域为硅碳棒或能斯特灯。

(2) 单色器。单色器是将复合光分出单色光的装置，一般可用滤光片、棱镜、光栅、全息栅等元件。现在比较常用的是棱镜和光栅。单色器材料，可见分光光度计为玻璃，紫外分光光度计为石英，而红外分光光度计为 LiF、CaF_2 及 KBr 等。

棱镜：光线通过一个顶角为 θ 的棱镜，从 AC 方向射向棱镜，在 C 点发生折射，如图 1-18 所示。光线经过折射后在棱镜中沿 CD 方向到达棱镜的另一个界面，在 D 点又一次发生折射，最后光在空气中 DB 方向行进。这样光线经过此棱镜后，传播方向从 AA' 变为 BB'，两方向的夹角 δ 称为偏向角。偏向角与棱镜的顶角 θ、棱镜材料的折射率以及入射角 i 有关。如果平行的入射光由 λ_1、λ_2、λ_3 三色光组成，且 $\lambda_1<\lambda_2<\lambda_3$，通过棱镜后，就分成三束不同方向的光，且偏向角不同。波长越短，偏向角越大，如图 1-19 所示。$\delta_1>\delta_2>\delta_3$，这即为棱镜的分光作用，又称光的色散，棱镜分光器就是根据此原理设计的。

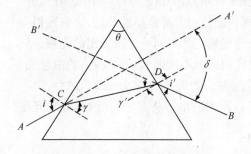

图 1-18　棱镜的折射

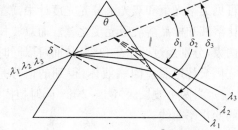

图 1-19　不同波长的光在棱镜中的色散

棱镜是分光的主要元件之一，一般是三角柱体。棱镜单色器示意图如图 1-20 所示。

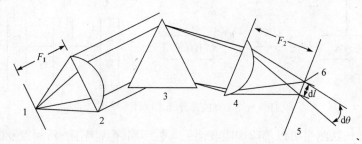

图 1-20　棱镜单色器示意图

1. 入射狭缝；2. 准直透镜；3. 色散元件；4. 聚焦透镜；5. 焦面；6. 出射狭缝

光栅:单色器还可以用光栅作为色散元件。反射光栅是在磨平的金属表面上刻划许多平行的、等距离的槽,辐射由每一刻槽反射,反射光束之间的干涉造成色散。

反射式衍射光栅是在衬底上周期性重复地刻划很多微细的刻槽,一系列平行刻槽的间隔与波长相当,光栅表面涂上一层高反射率金属膜。光栅沟槽表面反射的辐射相互作用产生衍射和干涉。对某波长,在大多数方向消失,只在一定的有限方向出现,这些方向确定了衍射级次。如图 1-21 所示,光栅刻槽垂直辐射入射平面,辐射与光栅法线入射角为 α,衍射角为 β,衍射级次为 m,d 为刻槽间距,在下列条件下得到干涉的极大值:

$$m\lambda = d(\sin\alpha + \sin\beta)$$

定义 φ 为入射光线与衍射光线夹角的一半,即 $\varphi = (\alpha - \beta)/2$;$\theta$ 为相对与零级光谱位置的光栅角,即 $\theta = (\alpha + \beta)/2$,得到更简便的光栅方程:

$$m\lambda = 2d\cos\varphi\sin\theta$$

从该光栅方程可看出:对一给定方向 β,可以有几个波长与级次 m 相对应 λ 满足光栅方程。例如,600 nm 的一级辐射和 300 nm 的二级辐射、200 nm 的三级辐射有相同的衍射角。衍射级次 m 可正可负。对相同级次的多波长在不同的 β 分布开。含多波长的辐射方向固定,旋转光栅,改变 α,则在 $\alpha + \beta$ 不变的方向得到不同的波长。

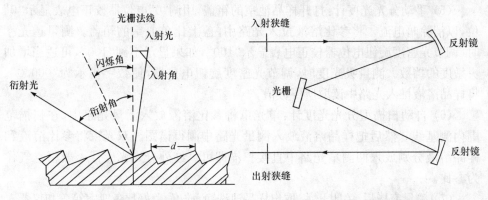

图 1-21　光栅截面高倍放大示意图　　　　图 1-22　简单的光栅单色器

当一束复合光线进入光谱仪的入射狭缝,首先由光学准直镜准直成平行光,再通过衍射光栅色散为分开的波长(颜色)。利用不同波长离开光栅的角度不同,由聚焦反射镜再成像于出射狭缝(图 1-22)。通过计算机控制可精确地改变出射波长。

(3) 斩波器。斩波器功能是将单束光分成两束光。

(4) 样品池。在紫外-可见分光光度计中一般使用液体试样,对样品池的要求主要是能透过有关辐射线。通常,可见区域可以用玻璃样品池,紫外区域用石英样品池。而上述两种材料都在红外区域有吸收,因此不能用作红外区域的透光材料。红外区域一般选用 NaCl、KBr 及 KRS-5 等材料,因此液体样品中不能有水。

（5）减光器。减光器分为楔形和光圈形两种。目前绝大多数采用楔形减光器。当样品在光路中发生吸收时,减光器可以平衡能量,要求减少光束强度时要均匀且呈线性变化。

（6）狭缝。狭缝放在分光系统的入口和出口,其开启间隔（狭缝宽度）直接影响分辨率。狭缝大,光的能量增加,但分辨率下降。

（7）检测器。在紫外-可见分光光度计中,一般灵敏度要求低的用光电管作检测器,较高的用光电倍增管作检测器。红外分光光度计则用高真空管热电偶、测热辐射计、高莱池、光电导检测器以及热释电检测器。

3. 操作步骤

测量基本步骤如下:

（1）开启电源,预热仪器。

（2）选择测量方式,一般为吸光度或透光率。

（3）选择测试波长。

（4）选择合适的样品池,加入参比溶液和样品溶液,并放在样品池室的支架上。

（5）手动分光光度计:打开样品池室的箱盖,用调"0"电位器校正电表显示"0"位,以消除暗电流。将参比溶液拉入光路中,盖上比色皿室的箱盖。测量透光率时,调节光密度旋钮电位器校正电表显示"100",如果显示不到"100",可适当增加灵敏度的挡数。测量吸光度时,调节光密度旋钮电位器,使数字显示为"000.0"。将样品溶液推入光路中读取所要数值。

（6）自动扫描型分光光度计:单光束将参比溶液放入测量光路中,在扫描范围内测基线。然后把样品溶液放入测量光路中测得谱图。双光束将参比溶液和样品溶液分别放入两测量光路中直接扫描即可。红外分光光度计一般用空气作为参比。

（7）测量完毕后,关闭开关,取出样品池洗净、放好,盖好比色皿室箱盖和仪器。

4. 注意事项

（1）正确选择样品池材质。

（2）不能用手触摸样品池的光面。

（3）仪器配套的比色皿不能与其他仪器的比色皿单个调换。如需增补,应校正后方可使用。

（4）开关样品室盖时,应小心操作,防止损坏光门开关。

（5）不测量时,应使样品室盖处于开启状态,否则会使光电管疲劳,数字显示不稳定。

（6）当光线波长调整幅度较大时，需稍等数分钟才能工作。因光电管受光后，需有一段响应时间。

（7）仪器要保持干燥、清洁。

（8）仪器使用半年或搬动后，要检查波长的精确性。

第三节　温度、压强测量技术

一、温度计

水银温度计是实验室常用的温度计。它的结构简单，价格低廉，具有较高的精确度，直接读数，使用方便；但是易损坏，损坏后无法修理。水银温度计适用范围为 $-35 \sim 360\ ^\circ\!C$（水银的熔点为 $-38.7\ ^\circ\!C$，沸点为 $356.7\ ^\circ\!C$），如果用石英玻璃作管壁，充入氮气或氩气，最高使用温度可达到 $800\ ^\circ\!C$。常用的水银温度计刻度间隔有 $2\ ^\circ\!C$、$1\ ^\circ\!C$、$0.5\ ^\circ\!C$、$0.2\ ^\circ\!C$、$0.1\ ^\circ\!C$ 等，与温度计的量程范围有关，可根据测定精度选用。

1. 水银温度计

1）水银温度计的种类和使用范围

（1）一般使用 $-5 \sim 105\ ^\circ\!C$、$-5 \sim 150\ ^\circ\!C$、$-5 \sim 250\ ^\circ\!C$、$-5 \sim 360\ ^\circ\!C$ 等，每分度 $1\ ^\circ\!C$ 或 $0.5\ ^\circ\!C$。

（2）供量热学使用有 $9 \sim 15\ ^\circ\!C$、$12 \sim 18\ ^\circ\!C$、$15 \sim 21\ ^\circ\!C$、$18 \sim 24\ ^\circ\!C$、$20 \sim 30\ ^\circ\!C$ 等，每分度 $0.01\ ^\circ\!C$。

（3）贝克曼（Beckmann）温度计是一种移液式的内标温度计，测量范围 $-20 \sim 150\ ^\circ\!C$，专用于测量温差。

（4）电接点温度计可以在某一温度点上接通或断开，与电子继电器等装置配套，可以用来控制温度。

（5）分段温度计从 $-10 \sim 220\ ^\circ\!C$，共有 23 支。每支温度范围 $10\ ^\circ\!C$，每分度 $0.1\ ^\circ\!C$，另外有 $-40 \sim 400\ ^\circ\!C$，每隔 $50\ ^\circ\!C$ 1 支，每分度 $0.1\ ^\circ\!C$。

2）注意事项

（1）读数校正：① 以纯物质的熔点或沸点作为标准进行校正；② 以标准水银温度计为标准，与待校正的温度计同时测定某一体系的温度，将对应值一一记录，作出校正曲线。标准水银温度计由多支温度计组成，各支温度计的测量范围不同，交叉组成 $-10 \sim 360\ ^\circ\!C$，每支都经过计量部门的鉴定，读数准确。

（2）露茎校正。水银温度计有全浸式和非全浸式两种。非全浸式水银温度计常刻有校正时浸入量的刻度，在使用时若室温和浸入量均与校正时一致，所示温度是正确的。全浸式水银温度计使用时应当全部浸入被测体系中，如图 1-23 所示，达到热平衡后才能读数。全浸式水银温度计如不能全部浸没在被测体系中,则因露出部分与体系温度不同,必然存在读数误差,因此必须进行校正。这种校正称为露茎校正。如图 1-24 所示,校正公式为

$$\Delta t = \frac{kn}{1-kn}(t_{测} - t_{环}) \tag{1-9}$$

式中,$\Delta t = t_{实} - t_{测}$ 为读数校正值;$t_{实}$ 为温度的正确值;$t_{测}$ 为温度计的读数值;$t_{环}$ 为露出待测体系外水银柱的有效温度(从放置在露出一半位置处的另一支辅助温度计读出);n 为露出待测体系外部的水银柱长度,称为露茎高度,以温度差值表示;k 为水银对于玻璃的膨胀系数,使用摄氏度时,$k=0.000\ 16$,式(1-9)中 $kn \ll 1$,所以 $\Delta t \approx kn(t_{测} - t_{环})$。

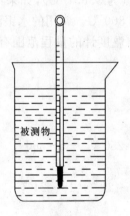
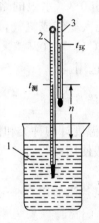

图 1-23　全浸式水银温度计的使用　　　图 1-24　温度计露茎校正

1. 被测体系；2. 测量温度计；3. 辅助温度计

2. 贝克曼温度计

1) 主要特点

贝克曼温度计是精确测量温差的温度计,它的最小刻度为 0.01 ℃,用放大镜可以读准到 0.002 ℃,测量精度较高;还有一种最小刻度为 0.002 ℃,可以估计读准到 0.0004 ℃。一般只有 5 ℃量程,0.002 ℃刻度的贝克曼温度计量程只有 1 ℃。基于不同用途,其刻度方式有两种:① 0 ℃刻在下端;② 0 ℃刻在上端。其结构(图 1-25)与普通温度计不同,在毛细管上端加装了一个水银储管,用来调节水银球中的水银量。因此虽然量程只有 5 ℃,但可以在不同范围内使用。一般可以在 -6~120 ℃使用。

由于水银球中的水银量是可变的,因此水银柱的刻度值不是温度的绝对值,只是在量程范围内的温度变化值。

2) 使用方法

首先根据实验的要求确定贝克曼温度计的类型。使用时需经过以下步骤：

(1) 测定贝克曼温度计的 R 值。将贝克曼温度计与一支普通温度计(最小刻度 0.1 ℃)同时插入盛水或其他液体的烧杯中加热,贝克曼温度计的水银柱上升,由普通温度计读出从贝克曼温度计最高刻度 a 到毛细管末端 b 相当的温度值,称为 R 值。一般取几次测量值的平均值。

(2) 水银球中水银量的调节。在使用贝克曼温度计时,首先应将其插入一杯与待测体系温度相同的水中,达到热平衡以后,如果毛细管内水银面在所要求的合适刻度附近,说明水银球中的水银量合适,不必进行调节。否则,就应当调节水银球中的水银量。若球内水银过多,毛细管水银量超过 b 点,则左手握贝克曼温度计中部,将温度计倒置,右手轻击左手手腕,使水银储管内水银与 b 点处水银相连接,再将温度计轻轻倒转放置在温度为 t' 的水中,平衡后用左手握住温度计的顶部,迅速取出,离开水面和实验台,立即用右手轻击左手手腕,使水银储管内水银在 b 点处断开。此步骤要特别小心,切勿使温度计与硬物碰撞,以免损坏温度计。温度 t' 的选择可以按照下式计算：

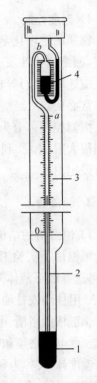

图 1-25　贝克曼温度计
1. 水银球；2. 毛细管；3. 温度标尺；4. 水银储管

$$t' = t + R + (5 - x)$$

式中,t 为实验温度；x 为温度为 t 时贝克曼温度计的设定读数。若水银球中的水银量过少,左手握住贝克曼温度计中部,将温度计倒置,右手轻击左手腕,水银在毛细管中向下流动,待水银储管内水银与 b 点处水银相接后,再按上述方法调节。

调节后,将贝克曼温度计放在实验温度为 t 的水中,观察温度计水银柱是否在所要求的刻度 x 附近,如相差太大,再重新调节。

3) 注意事项

(1) 贝克曼温度计由薄玻璃制成,易损坏,一般只能安装在使用仪器上、放在温度计盒内或握在手中,不能随意放置。

(2) 调节时,应注意防止骤冷或骤热,还应避免重击。

(3) 已经调节好的温度计,注意不要使毛细管中水银再与水银储管中水银相连接。

(4) 使用夹子固定温度计时,必须垫有橡胶垫,不能用铁夹直接夹温度计。

4）温度控制

物质的物理化学性质（如黏度、密度、蒸气压、表面张力、折光率等）都随温度而改变，测定这些性质必须在恒温条件下进行。一些物理化学常数（如平衡常数、化学反应速率常数）等也与温度有关，这些常数的测定也需恒温。因此，掌握恒温技术非常必要。

恒温控制可分为两类：① 利用物质的相变点温度来获得恒温，但温度的选择受到很大限制；② 利用电子调节系统进行温度控制，此方法控温范围宽，可以任意调节设定温度。

3. 恒温槽

1）恒温槽的结构及原理

恒温槽是实验工作中常用的一种以液体为介质的恒温装置，根据温度控制范围，可选择以下液体介质：−60～30 ℃用乙醇或乙醇水溶液；0～90 ℃用水；80～160 ℃用甘油或甘油水溶液；70～300 ℃用液体石蜡、汽缸润滑油、硅油。

恒温槽由浴槽、电接点温度计、继电器、加热器、搅拌器和温度计组成，如图1-26所示。继电器必须和电接点温度计、加热器配套使用。电接点温度计是可以导电的特殊温度计，又称为导电表，如图 1-27 所示。它有两个电极，一个固定与底部的水银球相连，另一个可调电极是金属丝，由上部伸入毛细管内。顶端有一磁铁，可以旋转螺旋丝杆，用以调节金属丝的高低位置，从而调节设定温度。当温度升高时，毛细管中水银柱上升与一金属丝接触，两电极导通，使继电器线圈中电流断开，加热器停止加热；当温度降低时，水银柱与金属丝断开，继电器线圈通过电流，使加热器线路接通，温度又回升。如此不断反复，恒温槽温度控制在一个微小的温度区间波动，被测体系的温度也就限制在一个相应的微小区间内，从而达到恒温的目的。

恒温槽的温度控制装置属于"通""断"类型，当加热器接通后，恒温介质温度上升，热量的传递使水银温度计中的水银柱上升。但热量的传递需要时间，因此常出现温度传递的滞后。

通常是加热器附近介质的温度超过设定温度，所以恒温槽的温度超过设定温度。同理，降温时也会出现滞后现象。由此可知，恒温槽控制的温度有一个波动范围，并不是控制在某一固定不变的温度。控温效果可以用灵敏度 Δt 表示：

$$\Delta t = \pm \frac{t_1 - t_2}{2}$$

式中，t_1 为恒温过程中水浴的最高温度；t_2 为恒温过程中水浴的最低温度。

从图 1-28 可以看出：曲线(a)表示恒温槽灵敏度较高；(b)表示恒温槽灵敏度较低；(c)表示加热器功率太大；(d)表示加热器功率太小或散热太快。

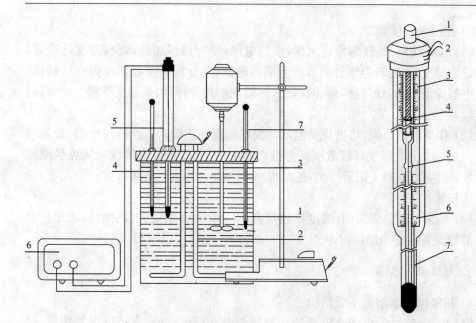

图 1-26　恒温槽装置示意图

1. 浴槽；2. 加热器；3. 搅拌器；4. 温度计；5. 电接点温度计；6. 继电器；7. 贝克曼温度计

图 1-27　电接点温度计

1. 磁性螺旋调节器；2. 电极引出线；3. 指示螺母；4. 可调电极；5. 上标尺；6. 下标尺；7. 水银储球

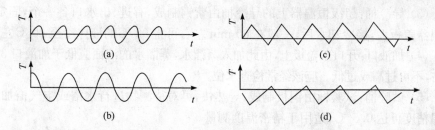

图 1-28　控温灵敏度曲线

2) 影响恒温槽灵敏度的因素

影响恒温槽灵敏度的因素很多,主要有如下几种:

(1) 介质流动性好,传热性能好,控温灵敏度就高。

(2) 加热恒温器功率适宜,热容量小,控温灵敏度就高。

(3) 搅拌器搅拌速率足够大,才能保证恒温槽内温度均匀。

(4) 继电器电磁吸引电键,后者发生机械作用的时间越短,断电时线圈中的铁芯剩磁越小,控温灵敏度越高。

(5) 电接点温度计热容小,对温度的变化敏感,则灵敏度高。

(6) 环境温度与设定温度的差值越小,控温效果越好。

3）控温灵敏度测定

（1）接好线路，经教师检查无误，接通电源，使加热器加热，观察温度计读数，到达设定温度时，旋转温度计调节器上端的磁铁，使金属丝刚好与水银面接触（此时继电器应当跳动，绿灯亮，停止加热），然后观察几分钟，如果温度不符合要求，则需继续调节。

（2）作灵敏度曲线：将贝克曼温度计的起始温度读数调节在标尺中部，放入恒温槽。当 0.1 分度温度计读数刚好为设定温度时，立即用放大镜读取贝克曼温度计读数，然后每隔 30 s 记录一次，连续观察 15 min。如有时间可改变设定温度，重复上述步骤。

（3）结果处理。将时间、温度读数列表，用坐标纸作温度-时间曲线，求出该套设备的控温灵敏度并加以讨论。

4. 超级恒温水浴

1）超级恒温水浴的主要结构

（1）电子继电器：电子继电器装在控制盒内，由真空管和直流继电器构成，接触温度计控制栅极电流，当继电器接通时，两加热器开始工作。

（2）电加热器：两个电加热器固定于面板上，一个为 500 W，另一个为 1000 W，其中 500 W 为恒温加热用，加热器工作时指示灯亮。

（3）导冷桶：超级恒温器上的导冷桶由紫铜制成，有进、出水口各一个，固定于恒温器盖板上，接冷却水后，一般在 60 min 左右可将 95 ℃ 的液体冷至 20 ℃ 左右。

（4）加液口：开口于盖板上，由此加入蒸馏水，蒸馏水的液面应低于加液口 3 cm 左右，不可过高或过低。应该经常检查水位。

（5）试验桶：试验桶由铜板制成，导热快，可对待测物进行水浴或空气浴加热，控温精度可达 0.5 ℃，适用于精密温度测量。

（6）外接恒温水浴：超级恒温器的水泵可作外界恒温水浴使用，使用时用橡皮管连接恒温器的进、出水口，然后开动水泵即可。

（7）电接点温度计防震架：防止电接点温度计工作时的振动，提高控温灵敏度。

2）使用方法

首先加蒸馏水到一定高度，低于加液口 3 cm 左右为宜。打开电动泵开关，使蒸馏水循环流动。然后调节电接点温度计至所需恒温温度，开启加热开关，直到恒温指示灯处于明灭状态，表示温度已经恒定，可以进行恒温操作。一般在试验桶中经过 10 min 温度方能稳定。

二、压强测量技术

压强是描述体系状态的重要参数。许多物理化学性质，如熔点、沸点、蒸气压几乎都与压强有关。在化学热力学和化学动力学研究中,压强也是一个很重要的因素。因此,压强的测量具有重要意义。压强通常可分为高压(钢瓶)、常压和负压(真空系统)。压强范围不同,测量方法不一样,精确度要求不同,所使用的单位也有不同的传统习惯。

1. 压强的测量及装置

1) 压强的测量

压强的表示方法:国际单位制(SI)用帕斯卡作为通用的压强单位,以 Pa 或帕表示。当作用于 $1 \, m^2$(平方米)面积上的力为 $1 \, N$(牛顿)时就是 $1 \, Pa$(帕斯卡),$1 \, Pa = 1 \, N \cdot m^{-2}$。但是,原来的许多压强单位,如标准大气压(或称物理大气压,简称大气压)、工程大气压($kg \cdot cm^{-2}$)、巴(bar)等现在仍在使用。物理化学实验中还常选用一些标准液体(如汞)制成液体压力计,压强大小就直接以液体的高度来表示。它的意义是作用在液柱单位底面积上的液体质量与气体的压力相平衡或相等。例如,$1 \, atm$ 可以定义如下:在 $0 \, ℃$、重力加速度等于 $9.806 \, 65 \, m \cdot s^{-2}$ 时,$760 \, mm$ 汞柱垂直作用于底面积上的压力。此时汞的密度为 $13.5951 \, g \cdot cm^{-3}$。因此,$1 \, atm$ 又等于 $1.033 \, 23 \, kg \cdot cm^{-2}$。上述压强单位之间的换算关系如表 $1 - 3$ 所示。

表 1-3　常用压强单位换算表

压强单位	Pa	kg · cm^{-2}	atm	bar	mmHg
Pa	1	$1.019 \, 716 \times 10^{-2}$	$0.986 \, 923 \, 6 \times 10^{-5}$	1×10^{-5}	7.5006×10^{-3}
kg · cm^{-2}	$9.800 \, 665 \times 10^{-4}$	1	$0.967 \, 841$	$0.980 \, 665$	753.559
atm	$1.013 \, 25 \times 10^5$	$1.033 \, 23$	1	$1.013 \, 25$	760.0
bar	1×10^5	$1.019 \, 716$	$6.986 \, 923$	1	750.062
mmHg	133.3224	$1.359 \, 51 \times 10^{-3}$	$1.315 \, 789 \, 5 \times 10^{-3}$	$1.333 \, 22 \times 10^{-3}$	1

除了所用单位不同之外,压强还可用绝对压强、表压和真空度来表示。图 $1 - 29$ 说明三者的关系。显然,在压强高于大气压时,有

$$\text{绝对压} = \text{大气压} + \text{表压} \quad \text{或} \quad \text{表压} = \text{绝对压} - \text{大气压}$$

在压强低于大气压的时候,有

$$\text{绝对压} = \text{大气压} - \text{真空度} \quad \text{或} \quad \text{真空度} = \text{大气压} - \text{绝对压}$$

当然,上述等式两端各项都必须采用相同的压强单位。

2) 压强测量装置

(1) 液柱式压力计。液柱式压力计是物理化学实验中用得最多的压力计。它构造简单、使用方便,能测量微小压差,测量准确度较高,且制作容易,价格低廉,但是测量范围不大,示值与工作液密度有关。它的结构不牢固,耐压程度较差。现简

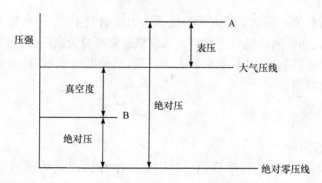

图 1-29　绝对压、表压与真空度的关系
A、B 为实际压强线

单介绍 U 形压力计。液柱式 U 形压力计由两端开口的垂直 U 形玻璃管及垂直放置的刻度标尺构成。管内下部盛有适量工作液体作为指示液。图 1-30 中 U 形

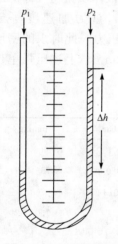

图 1-30　U 形压力计

管的两支管分别连接两个测压口。因为气体的密度远小于工作液的密度，所以由液面差 Δh 及工作液的密度 ρ、重力加速度 g 可以得到下式：

$$p_1 = p_2 + \rho g \Delta h \quad 或 \quad \Delta h = \frac{p_1 - p_2}{\rho g}$$

U 形压力计可用来测量两气体压差、气体的表压（p_1 为测量气压，p_2 为大气压）、气体的绝对压强（令 p_2 为真空，p_1 所示即为绝对压强）、气体的真空度（p_1 通大气，p_2 为负压，可测其真空度）。

（2）福廷式气压计。福廷式气压计的构造如图 1-31 所示。它的外部是一黄铜管，管的顶端有悬环，用以悬挂在实验室的适当位置。气压计内部是一根一端封闭的装有水银的长玻璃管。玻璃管封闭的一端向上，管中汞面的上部为真空，管下端插在水银槽内。水银槽底部是一皮袋，下端由螺旋支持，转动此螺旋可调节槽内水银面的高低。水银槽的顶盖上有一倒置的象牙针，其针尖是黄铜标尺刻度的零点。此黄铜标尺上附有游标尺，转动游标调节螺旋，可使游标尺上下游动。

福廷式气压计是一种真空压力计，其原理如图 1-32 所示。它以汞柱产生的静压强平衡大气压 p，汞柱的高度即可度量大气压的大小。实验室通常用毫米汞柱（mmHg）作为大气压的单位，它的定义是：当汞的密度为 13.5951 g·cm^{-3}（0 ℃时汞的密度，通常作为标准密度，用符号 ρ_0 表示），重力加速度为 980.665 cm·s^{-2}（纬度 45°的海平面上的重力加速度，通常作为标准重力加速度，用符号 g_0 表示）时，1 mm 汞柱所产生的静压强为 1 mmHg。mmHg 与 Pa 单位之间的换算关系为

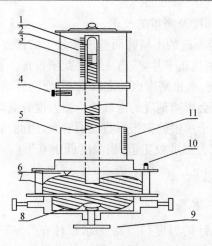
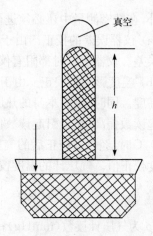

图 1-31　福廷式气压计　　　　图 1-32　福廷式气压计原理示意图

1. 玻璃管；2. 黄铜标尺；3. 游标尺；4. 调节螺栓；

5. 黄铜管；6. 象牙针；7. 汞槽；8. 皮袋；9. 调

节汞面的螺栓；10. 气孔；11. 温度计

$$1 \text{ mmHg} = 10^{-3} \text{ m} \times \frac{13.5915 \times 10^{-3}}{10^{-6}} \text{ kg} \cdot \text{cm}^{-3} \times 980.665 \text{ cm} \cdot \text{s}^{-2} = 133.322 \text{ Pa}$$

福廷式气压计的使用方法如下：

（a）调节水银槽内水银面的高度。慢慢旋转螺旋，调节水银槽内水银面的高度，使槽内水银面升高。利用水银槽后面磁板的反光，注视水银面与象牙尖的空隙，直至水银面与象牙尖刚刚接触，然后用手轻轻扣一下铜管上面，使玻璃管上部水银面凸面正常。稍等几秒钟，待象牙针尖与水银面的接触无变动为止。

（b）调节游标尺。转动气压计旁的螺旋，使游标尺升起，并使下沿略高于水银面。然后慢慢调节游标，直到游标尺底边及其后边金属片的底边同时与水银面凸面顶端相切。这时观察者眼睛的位置应和游标尺前后两个底边的边缘在同一水平线上。

（c）读取汞柱高度。当游标尺的零线与黄铜标尺中某一刻度线恰好重合时，则黄铜标尺上该刻度的数值便是大气压值，不需使用游标尺。当游标尺的零线不与黄铜标尺上任何一刻度重合时，则游标尺零线所对标尺上的刻度是大气压值的整数部分（mm）。再从游标尺上找出一根恰好与标尺上的刻度相重合的刻度线，则游标尺上刻度线的数值便是气压值的小数部分。

（d）整理工作。记下读数后，将气压计底部螺旋向下移动，使水银面离开象牙针尖。记下气压计的温度及所附卡片上气压计的仪器误差值，然后进行校正。

气压计读数的校正：水银气压计的刻度是以温度为 0 ℃、纬度为 45° 的海平面高度为标准的。若不符合上述规定，从气压计上直接读出的数值除进行仪器误差校正外,在精密测量中还必须进行温度、纬度及海拔的校正。

（a）仪器误差的校正。由于仪器本身制造的不精确而造成读数上的误差称为仪器误差。仪器出厂时都附有仪器误差的校正卡片,应首先加上此项校正。

（b）温度影响的校正。由于温度改变,水银密度也随之改变,因而会影响水银柱的高度。同时,铜管本身的热胀冷缩也会影响刻度的准确性。当温度升高时,前者引起读数偏高,后者引起读数偏低。由于水银的膨胀系数比铜管大,因此当温度高于 0 ℃时,经仪器校正后的气压值应减去温度校正值;当温度低于 0 ℃时,要加上温度校正值。气压计的温度校正公式如下:

$$p_0 = \frac{1+\beta t}{1+\alpha t}p = p - p\frac{\alpha - \beta}{1+\alpha t}t$$

式中,p 为气压计读数(mmHg);t 为气压计的温度(℃);α 为水银柱在 0~5 ℃的平均体膨胀系数($\alpha=0.000\,181\,8$);β 为黄铜的线膨胀系数($\beta=0.000\,018\,4$);p_0 为读数校正到 0 ℃时的气压值(mmHg)。显然,温度校正值即为 $p\dfrac{\alpha-\beta}{1+\alpha t}$。其数值列有数据表,实际校正时,读取 p、t 后可查表 1-4 求得。

表 1-4　气压计读数的温度校正值(℃)

温　度	740 mmHg	750 mmHg	760 mmHg	770 mmHg	780 mmHg
1	0.12	0.12	0.12	0.13	0.13
2	0.24	0.25	0.25	0.25	0.15
3	0.36	0.37	0.37	0.38	0.38
4	0.48	0.49	0.50	0.50	0.51
5	0.60	0.61	0.62	0.63	0.64
6	0.72	0.73	0.74	0.75	0.76
7	0.85	0.86	0.87	0.88	0.89
8	0.97	0.98	0.99	1.01	1.02
9	1.09	1.10	1.12	1.13	1.15
10	1.21	1.22	1.24	1.26	1.27
11	1.33	1.35	1.36	1.38	1.40
12	1.45	1.47	1.49	1.51	1.53
13	1.57	1.59	1.61	1.63	1.65
14	1.69	1.71	1.73	1.76	1.78
15	1.81	1.83	1.86	1.88	1.91
16	1.93	1.96	1.98	2.01	2.03
17	2.05	2.08	2.10	2.13	2.16
18	2.17	2.20	2.23	2.26	2.29
19	2.29	2.32	2.35	2.38	2.41
20	2.41	2.44	2.47	2.51	2.54

温　度	740 mmHg	750 mmHg	760 mmHg	770 mmHg	780 mmHg
21	2.53	2.56	2.60	2.63	2.67
22	2.65	2.69	2.72	2.76	2.79
23	2.77	2.81	2.84	2.88	2.92
24	2.89	2.93	2.97	3.01	3.05
25	3.01	3.05	3.09	3.13	3.17
26	3.13	3.17	3.21	3.26	3.30
27	3.25	3.29	3.34	3.38	3.42
28	3.37	3.41	3.46	3.51	3.55
29	3.49	3.54	3.58	3.63	3.68
30	3.61	3.66	3.71	3.75	3.80
31	3.73	3.78	3.83	3.88	3.93
32	3.85	3.90	3.95	4.00	4.05
33	3.97	4.02	4.07	4.13	4.18
34	4.09	4.14	4.20	4.25	4.31
35	4.21	4.26	4.32	4.38	4.43

　　(3) 数字式低真空压力测试仪。数字式低真空压力测试仪是运用压阻式压力传感器原理测定实验系统与大气压之间压差的仪器。它可取代传统的 U 形汞压力计,无汞污染现象,对环境保护和人类健康极为有利。该仪器的测压接口在仪器后的面板上。使用时,先将仪器按要求连接在实验系统上(注意实验系统不能漏气),再打开电源预热10 min;然后选择测量单位,调节旋钮,使数字显示为零;最后开动真空泵,仪器上显示的数字即为实验系统与大气压之间的压差值。

　　2. 真空技术

　　真空是指压强小于 1 atm 的气态空间。真空状态下气体的稀薄程度常以压强值表示,习惯上称为真空度。不同的真空状态表示该空间具有不同的分子密度。真空度的单位与压强的单位均为帕斯卡(Pa)。

　　在物理化学实验中,按真空度的获得和测量方法的不同,通常将真空区域划分为粗真空(101 325～1333 Pa)、低真空(1333～0.1333 Pa)、高真空(0.1333～1.333×10^{-6} Pa)、超高真空($< 1.333 \times 10^{-6}$ Pa)。为了获得真空,必须设法将气体分子从容器中抽出。凡是能从容器中抽出气体使气体压强降低的装置均可称为真空泵,如水流泵、机械真空泵、油泵、扩散泵、吸附泵、钛泵等。

　　实验室常用的真空泵为旋片式真空泵,如图 1-33 所示。它主要由泵体和偏心转子组成。经过精密加工的偏心转子下面安装有带弹簧的滑片,由电动机带动偏心转子紧贴泵腔壁旋转。滑片靠弹簧的压力也紧贴泵腔壁。滑片在泵腔中连续运转,使泵腔被滑片分成的两个不同的容积呈周期性扩大和缩小。气体从进气嘴进入,被压缩后经过排气阀排出泵体外。如此循环往复,将系统内的压强减小。

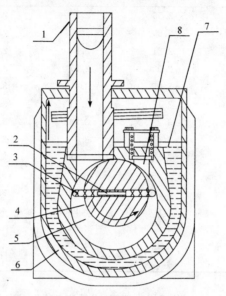

图 1-33　旋片式真空泵

1. 进气嘴;2. 旋片弹簧;3. 旋片;4. 转子;5. 泵体;6. 油箱;7. 真空泵油;8. 排气嘴

　　旋片式机械泵的整个机件浸在真空油中,这种油的蒸气压很低,既可起润滑作用,又可封闭微小的漏气和冷却机件。

　　使用机械泵时应注意以下几点:

　　(1) 机械泵不能直接抽含可凝性气体的蒸气、挥发性液体等。因为这些气体进入泵后会破坏泵油的品质,降低油在泵内的密封和润滑作用,甚至会导致泵的机件生锈,所以可凝性气体进泵前必须先通过纯化装置。例如,用无水氯化钙、五氧化二磷、分子筛等吸收水分,用石蜡吸收有机蒸气,用活性炭或硅胶吸收其他蒸气等。

　　(2) 机械泵不能用来抽含腐蚀性成分(如含氯化氢、氯气、二氧化氮等)的气体。因为这类气体能迅速侵蚀泵中精密加工的机件表面,使泵漏气,不能达到所要求的真空度。遇到这种情况时,应使气体在进泵前先通过装有氢氧化钠固体的吸收瓶,以除去腐蚀性气体。

　　(3) 机械泵由电动机带动。使用时应注意马达的电压。若是三相电动机带动的泵,第一次使用时特别要注意三相马达旋转方向是否正确。正常运转时不应有摩擦、金属碰击等异响。运转时电动机温度不能超过 $50\sim60$ ℃。

　　(4) 机械泵的进气口前应安装一个三通活塞。停止抽气时应使机械泵与抽空系统隔开而与大气相通,然后关闭电源。这样既可保持系统的真空度,又避免泵油倒吸。

3. 气体钢瓶及其使用

1）气体钢瓶的颜色标记

我国气体钢瓶常用的标记如表 1-5 所示。

表 1-5　我国气体钢瓶常用的标记

气体类别	瓶体颜色	标字颜色	字　样
氮气	黑	黄	氮
氧气	天蓝	黑	氧
氢气	深蓝	红	氢
压缩空气	黑	白	压缩空气
二氧化碳	黑	黄	二氧化碳
氦	棕	白	氦
液氨	黄	黑	氨
氯	草绿	白	氯
乙炔	白	红	乙炔
氟氯烷	铝白	黑	氟氯烷
石油气体	灰	红	石油气
粗氩气体	黑	白	粗氩
纯氩气体	灰	绿	纯氩

2）气体钢瓶的使用

（1）在钢瓶上装上配套的减压阀。检查减压阀是否关紧，方法是逆时针旋转调压手柄至螺杆松动为止。

（2）打开钢瓶总阀门，此时高压表显示出瓶内储气总压强。

（3）慢慢地顺时针转动调压手柄，至低压表显示出实验所需压强为止。

（4）停止使用时，先关闭总阀门，待减压阀中余气逸尽后，再关闭减压阀。

3）注意事项

使用气体钢瓶的注意事项见绪论。

4）氧气减压阀的工作原理

氧气减压阀的结构及工作原理分别如图 1-34 和图 1-35 所示。

氧气减压阀的高压腔与钢瓶连接，低压腔为气体出口，并通往使用系统。高压表的示值为钢瓶内储存气体的压强。低压表的出口压强可由调节螺杆控制。

使用时先打开钢瓶总开关，然后顺时针转动低压表压强调节螺杆，使其压缩

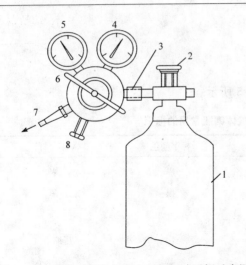 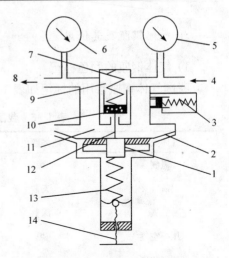

图 1-34　安装在气体钢瓶上的氧气减压阀示意图　　　图 1-35　氧气减压阀工作原理示意图

1. 钢瓶；2. 钢瓶开关；3. 钢瓶与减压表连接　　　1. 弹簧垫块；2. 传动薄膜；3. 安全阀；4. 进
螺母；4. 高压表；5. 低压表；6. 低压表压强　　　口(接气体钢瓶)；5. 高压表；6. 低压表；7. 压
调节螺杆；7. 出口；8. 安全阀　　　　　　　　缩弹簧；8. 出口(接使用系统)；9. 高压气室；
　　　　　　　　　　　　　　　　　　　　　　　10. 活门；11. 低压气室；12. 顶杆；13. 主弹
　　　　　　　　　　　　　　　　　　　　　　　簧；14. 低压表压强调节螺杆

主弹簧并传动薄膜、弹簧垫块和顶杆而将活门打开。进口的高压气体由高压室经
节流减压后进入低压室,并经出口通往工作系统。转动调节螺杆,改变活门开启的
高度,从而调节高压气体的通过量并达到所需的压强值。

减压阀都装有安全阀。它是保护减压阀并保证其安全使用的装置,也是减压
阀出现故障的信号装置。如果由于活门垫、活门损坏或由于其他原因,导致出口压
强自行上升并超过一定许可值时,安全阀会自动打开排气。

5) 氧气减压阀的使用方法

(1) 按使用要求的不同,氧气减压阀有多种规格。最高进口压强大多为
150 kg·cm^{-2}(约 150×10^5 Pa),最低进口压强不小于出口压强的 2.5 倍。出口压强
规格较多,一般为 0~1 kg·cm^{-2}(1×10^5 Pa),最高出口压强为 40 kg·cm^{-2}(约 40×
10^5 Pa)。

(2) 安装减压阀时,应确定其连接规格是否与钢瓶和使用系统的接头一致。
减压阀与钢瓶采用半球面连接,靠旋紧螺母使二者完全吻合。因此,在使用时应保
持两个半球面的光洁,以确保良好的气密效果。安装前可用高压气体吹除灰尘。
必要时也可用聚四氟乙烯等材料作垫圈。

(3) 氧气减压阀应严禁接触油脂,以免发生火警事故。

(4) 停止工作时,应将减压阀中余气放净,然后拧松调节螺杆,以免弹性元件
长久受压变形。

（5）减压阀应避免撞击振动,不可与腐蚀性物质相接触。

6）其他气体减压阀

有些气体(如氮气、空气、氩气等永久性气体)可以采用氧气减压阀。还有一些气体(如氨等腐蚀性气体)则需要专用减压阀。常见的有氮气、空气、氢气、氨、乙炔、丙烷、水蒸气等专用减压阀。这些减压阀的使用方法及注意事项与氧气减压阀基本相同。但是专用减压阀一般不用于其他气体。为了防止误用,有些专用减压阀与钢瓶之间采用特殊连接口。例如,氢气和丙烷均采用左旋螺纹,也称反向螺纹,安装时应特别注意。

第二章 基础实验

实验 1 液体饱和蒸气压的测定

一、实验目的

(1) 掌握测量液体饱和蒸气压的方法(静态法)。

(2) 学习通过图解法获取液体的平均摩尔汽化热和正常沸点。

(3) 掌握纯液体的饱和蒸气压与温度的关系及克劳修斯-克拉贝龙(Clausius-Clapeyron)方程的意义。

(4) 了解循环水泵、恒温槽、精密数字压力计的使用及注意事项。

二、实验原理

通常温度下(距离临界温度较远时),纯液体与其蒸气达平衡时的蒸气压称为该温度下液体的饱和蒸气压,简称蒸气压。蒸发 1 mol 液体所吸收的热量称为该温度下液体的摩尔汽化热。当蒸气压等于外压时,液体沸腾,此时的温度称为沸点,外压不同时,液体沸点将相应改变,当外压为 101.325 kPa 时,液体的沸点称为该液体的正常沸点。

液体的饱和蒸气压与温度的关系用克劳修斯-克拉贝龙方程表示:

$$\frac{\mathrm{d}\ln p}{\mathrm{d}T} = \frac{\Delta_{\mathrm{vap}} H_{\mathrm{m}}}{RT^2} \qquad (2-1)$$

假定 $\Delta_{\mathrm{vap}} H_{\mathrm{m}}$ 与温度无关,或因温度范围较小,$\Delta_{\mathrm{vap}} H_{\mathrm{m}}$ 可以近似作为常数,积分式(2-1)得

$$\ln p = -\frac{\Delta_{\mathrm{vap}} H_{\mathrm{m}}}{R} \frac{1}{T} + C \qquad (2-2)$$

式中,C 为积分常数。由式(2-2)可以看出,以 $\ln p$ 对 $\frac{1}{T}$ 作图应为一直线,直线的斜率为 $-\dfrac{\Delta_{\mathrm{vap}} H_{\mathrm{m}}}{R}$,由斜率可求算该液体的 $\Delta_{\mathrm{vap}} H_{\mathrm{m}}$。

测定饱和蒸气压常用的方法有静态法和动态法两种,本实验采用静态法。静态法是将待测物质放在一个封闭体系中,在不同的温度下,蒸气压与外压相等时直接测定外压;或在不同外压下测定液体的沸点。动态法常见的有饱和气流法,即通

过一定体积的已被待测物质所饱和的气流,待测物质被某吸附剂完全吸收后称量吸附剂增加的质量,求出的蒸气分压力即为该物质的饱和蒸气压。

本实验采用升温法测定不同温度下纯液体的饱和蒸气压,测定装置原理如图 2-1 所示。平衡管由 A 球和 U 形管 B、C 组成。平衡管上接一冷凝管。A 内装待测液体,当 A 球的液面上纯粹是待测液体的蒸气,而 B 管与 C 管的液面处于同一水平时,则表示 B 管液面上的压强(A 球液面上的蒸气压)与加在 C 管液面上的外压相等,测量 C 管液面上的外压即可得到该液体的蒸气压。此时,体系气、液两相平衡的温度称为该液体在此外压下的沸点。

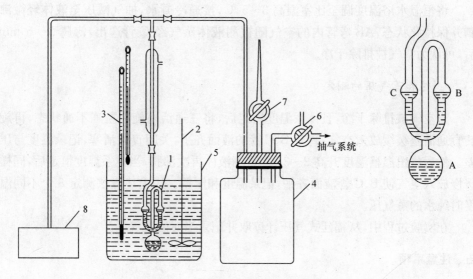

图 2-1 液体饱和蒸气压测定装置图

1. 平衡管;2. 搅拌器;3. 温度计;4. 缓冲瓶;5. 恒温水浴;6. 三通活塞;7. 直通活塞;
8. 精密数字压差计

三、仪器与试剂

恒温水浴;平衡管;数字式压差计;循环水式多用真空泵。纯水。

四、实验步骤

1. 装置仪器

将待测液体装入平衡管,A 球约 2/3 体积,B 和 C 球各 1/2 体积,然后按图 2-1 安装实验装置。

2. 系统气密性检查

旋转三通活塞使系统与水泵连通,开动水泵,抽气减压至压力计显示压差约为 50 kPa 时,将三通活塞旋转至三不通状态,停止对系统减压。观察压力计示数,如果压力计示数在 3～5 min 内维持不变,则表明系统不漏气。否则应对各接口进行检查,找出漏气原因并消除。

3. 排除 AB 弯管空间内的空气

将恒温水浴温度调至比室温高 3～5 ℃,接通冷凝水,抽气减压至液体轻微沸腾并保持此状态,AB 弯管内的空气随被测液体蒸气经 C 管逸出,沸腾 3～5 min 后,可认为空气被排除干净。

4. 饱和蒸气压的测定

当空气被排除干净,且体系温度恒定后,将三通活塞旋转至三不通状态,再旋转直通活塞缓缓放入空气,直至 B、C 管的液面齐平,关闭直通活塞,记录温度与压差。然后将恒温槽温度升高 2～3 ℃,待测液体再次沸腾,当体系温度恒定后,同样缓慢放入空气使 B、C 管液面齐平,记录温度和压差。用上述方法测定 8 个不同温度时纯水的蒸气压。

在实验过程中,从福廷式气压计读取并记录当时的大气压。

五、注意事项

(1) 减压系统不能漏气,否则抽气时可能达不到本实验要求的真空度,且无法稳定读数。

(2) 抽气速度要合适,必须防止平衡管内液体剧烈沸腾,致使平衡管内液体被抽尽。

(3) 实验过程中,必须充分排除净 AB 弯管空间中全部空气,使 B 管液面上方只含待测液体的蒸气。

(4) 平衡管必须置于恒温水浴的水面以下,否则其温度与水浴温度有差异。

(5) 升温法测定中,打开进气活塞时切不可太快,以免空气倒灌入 AB 弯管中。如果发生倒灌,则必须重新排除空气。

(6) 在水泵停止前,应当首先与大气相通,否则因系统内压强低,水泵中的水倒流。

六、数据处理指导

(1) 自行设计实验数据记录表，包括室温、大气压、实验温度、压差等。

(2) 用 Origin 软件，以 $\ln p$ 对 $1/T$ 作图并进行线性拟合，由斜率算出此温度间隔内水的平均摩尔汽化热 $\Delta_{vap} H_m$，利用拟合公式计算纯水的正常沸点，与实际的正常沸点比较并分析。

七、问题与讨论

(1) 试分析引起本实验误差的因素。

(2) 为什么 AB 弯管中的空气要排除净？如何操作？

(3) 本实验方法能否用于测定溶液的饱和蒸气压？为什么？

(4) 试说明压力计中所读数值是否为纯液体的饱和蒸气压。

(5) 为什么实验完毕后必须使水泵与大气相通才能关闭水泵？

(6) 汽化热与温度是否有关系？

(7) 克劳修斯-克拉贝龙方程在什么条件下才能使用？

(8) 举例说明本实验装置还能测哪些液体的饱和蒸气压。

(9) 静态法和动态法测定饱和蒸气压各有什么优缺点？

(10) 温度计读数须作露茎校正吗？如何校正？

实验 2　完全互溶双液系的平衡相图

一、实验目的

(1) 掌握使用仪器测定浓度、跟踪浓度变化的实验方法。

(2) 掌握通过回流冷凝法绘制常压下环己烷-乙醇双液系沸点-组成图的方法。

(3) 了解沸点的测定方法。

(4) 掌握超级恒温槽的使用方法。

(5) 掌握阿贝折射仪的测量原理及使用方法。

二、实验原理

两种液态物质混合而成的双组分系统称为双液系。根据两组分间溶解度的不同，可分为完全互溶、部分互溶和完全不互溶三种情况。两种挥发性液体混合构成完全互溶体系时，如果该两组分的蒸气压不同，则混合物的组成与平衡时气相的组成不同。当压强保持一定，沸点(沸程)与两组分的相对含量有关，双液系的沸点与组成的 T-x 关系图称为相图。一般有下列三种情况，如图 2-2 所示。

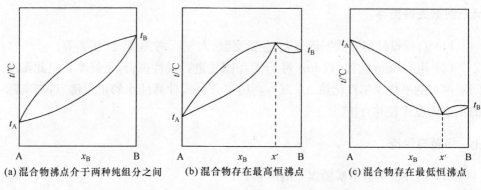

(a) 混合物沸点介于两种纯组分之间　(b) 混合物存在最高恒沸点　(c) 混合物存在最低恒沸点

图 2-2　完全互溶双液系的沸点-组成图

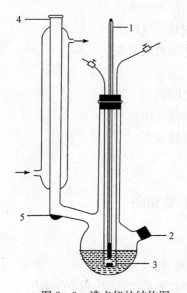

图 2-3　沸点仪的结构图

1. 温度计；2. 加样口；3. 电热丝；
4. 气相冷凝液取样口；5. 凹形小槽

图 2-2(b)和(c)为具有恒沸点的双液系相图，在最低或最高恒沸点时的气相和液相的组成相同。因而不能像图 2-2(a)那样可以通过分馏方法使双液系的两个组分完全分离，只能采取精馏的方法分离出一种纯物质和恒沸混合物。为了测定双液系的 T-x 图，在气、液两相平衡后，需同时测定双液系的沸点和液相、气相的平衡组成。实验中通过沸点仪实现气、液平衡组分的分离，通过阿贝折射仪测量折射率进行各相组成的准确测定。

本实验测定的环己烷-乙醇双液系相图属于具有最低恒沸点的系统。方法是利用沸点仪(图 2-3)直接测定一系列不同组成混合物的气、液平衡温度(沸点)，并收集少量气相和液相冷凝液，分别用阿贝折射仪测定其折射率，然后根据折射率与样品浓度之间的工作曲线，获得所对应的气相、液相组成。

沸点仪有多种，均有各自的特点，但主要都是达到测量沸点和分离平衡时气相、液相的目的。本实验使用的沸点仪是一个带有回流冷凝管的长颈圆底蒸馏瓶。冷凝管底部有一凹形小槽，可收集少量冷凝的气相样品。通入的电流由直流稳压电源调压控制，浸没在溶液中的电热丝对溶液加热，以防止暴沸和过热现象。

三、仪器与试剂

沸点仪；超级恒温槽；阿贝折射仪；直流稳压电源；移液管(1 mL、10 mL)；小高脚称量瓶;长、短滴管。无水乙醇(分析纯);环己烷(分析纯)。

四、实验步骤

(1) 调节恒温水浴温度比室温高 5 ℃,通恒温水于阿贝折射仪中。

(2) 纯液体折光率和沸点的测定。分别测定乙醇和环己烷的折光率,重复两三次。测定乙醇和环己烷的沸点。

(3) 测定折射率与组成的关系,绘制工作曲线。将 9 个称量瓶编号,先依次移入 0.100 mL、0.200 mL、…、0.900 mL 环己烷,然后依次移入 0.900 mL、0.800 mL、…、0.100 mL 无水乙醇,轻轻摇动,混合均匀,配成 9 份已知浓度的溶液(浓度需用各自的密度求算)。用阿贝折射仪测定每份溶液的折射率。以浓度对折射率作图,得到工作曲线。

(4) 测定环己烷-乙醇体系的沸点与组成的关系。打开冷却水,加热使沸点仪中液体轻微沸腾(注意:加热电压一般不超过 12 V)。用滴管将凹形小槽最初的冷凝液体(不能代表平衡时的气相组成)倾回蒸馏瓶,并反复两三次,待溶液沸腾且回流正常,温度读数恒定后,记录溶液沸点后停止加热。用干燥滴管从取样口吸取气相冷凝液样品,迅速滴入阿贝折射仪中,测其折射率 n_g。再用另一支滴管吸取沸点仪中冷却的溶液,测其折射率 n_l。

本实验以恒沸点为界,将相图分成左右两半支,分两次绘制相图。具体方法如下:

(1) 右半支沸点-组成关系的测定。取 20 mL 无水乙醇加入沸点仪中,然后依次加入 0.5 mL、1.0 mL、1.5 mL、2.0 mL、4.0 mL、14.0 mL 环己烷。用上述方法分别测定溶液沸点及气相组分折射率 n_g、液相组分折射率 n_l。

(2) 左半支沸点-组成关系的测定。取 25 mL 环己烷加入沸点仪中,然后依次加入 0.1 mL、0.2 mL、0.3 mL、0.4 mL、0.5 mL、5.0 mL 无水乙醇,用上述方法分别测定溶液沸点及气相组分折射率 n_g、液相组分折射率 n_l。

五、注意事项

(1) 沸点仪中,温度计水银球应一半浸在溶液中,一半露在蒸气中。随着溶液量的增加还应不断调节水银球的位置。

(2) 实验中可调节加热电压来控制回流速率,电压不可过大,使待测液体轻微沸腾即可。电阻丝不能露出液面,一定要被待测液体浸没。

(3) 在每份样品的蒸馏过程中,由于整个体系的成分不可能保持恒定,因此平衡温度会略有变化。每加入一次样品后,只要待溶液沸腾,正常回流 2 min 后即可取样测定,等待时间不宜过长。

　　(4) 每次取样量不宜过多,取样时滴管要干燥,不能留有上次的残液,气相部分的样品要尽量取干净。

　　(5) 进行工作曲线测定时,配制的溶液要保持密封性,防止因液体挥发而导致浓度变化。

　　(6) 取样时应先关闭电源,停止加热。

　　(7) 实验中必须在冷凝管中通入冷凝水,以尽量使气相充分冷凝。

　　(8) 使用折射仪时,棱镜不可触及硬物(如滴管),棱镜清理可用洗耳球。

　　(9) 整个实验过程都是非水体系,所有实验用具不可用水洗涤,可用洗耳球吹干净。

六、数据处理指导

　　(1) 将实验中测得的折射率-组成数据列表,绘制工作曲线。从工作曲线上查得气、液相的组成,获得沸点与组成的关系。

　　(2) 绘制环己烷-乙醇双液系 T-x 图,并标明最低恒沸点和恒沸点组成。

七、问题与讨论

　　(1) 测定工作曲线时折射仪的恒温温度与测定样品时折射仪的恒温温度是否需要保持一致? 为什么?

　　(2) 过热现象对实验产生什么影响? 如何在实验中尽可能避免过热现象?

　　(3) 在连续测定法实验中,样品的加入量应十分精确吗? 为什么?

　　(4) 蒸馏瓶气相冷凝液取样口处收集冷凝液的小球太大、太小都不好,为什么? 每次蒸馏取样为什么先取气相冷凝液?

　　(5) 沸点仪通电加热前为什么一定要通大气并通冷却水?

　　(6) 由于温度计的一部分露出容器,因此这部分的温度比所测体系的温度低,是否有必要对水银温度计作露茎校正?

实验 3　热分析法绘制铅-锡相图

一、实验目的

　　(1) 用热分析法测绘铅-锡二组分金属相图。

　　(2) 掌握热电偶测量温度的原理及校正方法。

　　(3) 了解热分析法测量技术。

二、实验原理

　　相图就是通过图形来描述多相平衡体系的宏观状态与温度、压力及组成的相互关系,具有重要的生产实践意义。

对于二组分体系,$C=2$,$f=4-\Phi$。由于我们所讨论的体系至少有一个相,因此自由度数 f 最多为 3,即二组分体系的状态可以由 3 个独立变量决定,这 3 个变量通常为温度、压力和组成,所以二组分体系的状态图要用有 3 个坐标的立体图来表示。由于立体图在平面纸上表示起来很不方便,因此一般固定一个变量(如压力),得到两个变量的状态图。在二组分体系中,温度-组成(T-x)图表示体系状态与组成之间的相互关系。

测绘金属相图常用的实验方法是热分析法,其原理是将一种金属或合金熔融后,使之均匀冷却,每隔一定时间记录一次温度,表示温度与时间关系的曲线称为步冷曲线。当熔融体系在均匀冷却过程中无相变化时,其温度将连续均匀下降得到一光滑的冷却曲线;当体系内发生相变时,则因体系产生的相变热与自然冷却时体系放出的热量相抵,冷却曲线出现转折或水平线段,转折点所对应的温度即为该组成合金的相变温度。利用冷却曲线得到的一系列组成和所对应的相变温度数据,以横坐标表示混合物的组成,纵坐标上标出开始出现相变的温度,将这些点连接起来就可绘出相图。

二元简单低共熔体系的步冷曲线具有如图 2-4 所示的形状。

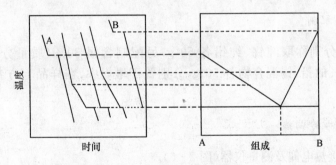

图 2-4　从步冷曲线绘制相图

用热分析法测绘相图时,被测体系必须一直处于或接近相平衡状态。因此,必须保证冷却速率足够慢,才能得到较好的效果。此外,在冷却过程中,一个新的固相出现以前常发生过冷现象,轻微过冷有利于测量相变温度;但严重过冷现象会使折点发生起伏,使相变温度的确定产生困难,如图 2-5 所示。遇此情况,可延长 dc 线与 ab 线相交,交点 e 即为转折点。

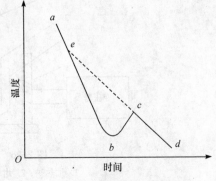

图 2-5　有过冷现象时的步冷曲线

三、仪器与试剂

立式加热炉;冷却保温炉;长图自动平衡记录仪;调压器;镍铬-镍硅热电偶;样品坩埚;玻璃套管;烧杯(250 mL);玻璃棒。锡(化学纯);铅(化学纯);石蜡油;石墨粉。

四、实验步骤

1. 热电偶的制备

取 60 cm 镍铬丝和镍硅丝各一段,将镍铬丝用小绝缘瓷管穿好,将其一端与镍硅丝的一端紧密地扭合在一起(扭合头为 0.5 cm),将扭合头稍稍加热立即沾以硼砂粉,并用小火熔化,然后放在高温焰上小心烧结,直到扭头熔成一光滑的小珠,冷却后将硼砂玻璃层除去。

若配有商业镍铬-镍硅热电偶,可省略本步骤。

2. 热电偶的校正

用纯铅、纯锡的熔点及水的沸点对热电偶进行校正。

3. 样品配制

用台秤分别称取纯锡、纯铅各 50 g,另配制含锡 30%(质量分数,下同)、61.9%、80%的铅、锡混合物各 50 g,分别置于坩埚中,在样品上方各覆盖一层石墨粉。

4. 绘制步冷曲线

(1) 连接热电偶及测量仪器(图 2-6)。

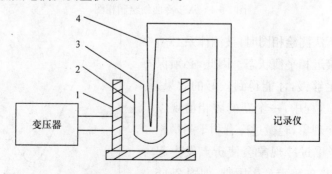

图 2-6　步冷曲线测量装置
1. 加热炉;2. 坩埚;3. 玻璃套管;4. 热电偶

（2）将盛样品的坩埚放入加热炉内加热。待样品熔化后停止加热,用玻璃棒将样品搅拌均匀,并将石墨粉拨至样品表面,以防止样品氧化。

（3）将坩埚移至保温炉中冷却,此时热电偶的尖端应置于样品中央,以便反映体系的真实温度,同时开启记录仪绘制步冷曲线,直至水平线段以下为止。

（4）用上述方法绘制所有样品的步冷曲线。

（5）用小烧杯装一定量的水,在电炉上加热,将热电偶插入水中,绘制水沸腾时的水平线。

五、注意事项

（1）用电炉加热样品时,注意温度要适当,温度过高样品易氧化变质;温度过低或加热时间不够则样品没有全部熔化,测不出步冷曲线转折点。

（2）热电偶热端应插到样品中心部位,在套管内注入少量石蜡油,将热电偶浸入油中,以改善其导热情况。搅拌时要注意勿使热端离开样品,金属熔化后常使热电偶玻璃套管浮起,这些因素都会导致测温点变动,必须消除。

（3）在测定一个样品时,可将另一个待测样品放入加热炉内预热,以便节约时间。合金有两个温度转折点,必须待第二个转折点测完后方可停止实验,否则须重新测定。

六、数据处理指导

（1）以已知纯铅、纯锡的熔点及水的沸点为横坐标,以纯物质步冷曲线中的平台温度为纵坐标作图,绘制热电偶的工作曲线。

（2）找出步冷曲线中拐点和平台对应的温度值。

（3）从热电偶的工作曲线上查出各拐点温度和平台温度,以温度为纵坐标,以组成为横坐标,绘制锡-铅合金相图。

七、问题与讨论

（1）对于不同成分的混合物的步冷曲线,其水平段有什么不同?

（2）作相图还有哪些方法?

（3）通常认为体系发生相变时的热效应很小,用热分析法很难测得确准相图。为什么? 在30%和80%的两个样品的步冷曲线中的第一个转折点哪个明显? 为什么?

（4）步冷曲线上为什么会出现转折点? 纯金属、低共熔物及合金等的转折点各有几个? 曲线形状有什么不同? 为什么?

【附注】

本实验数据文献值如下:

（1）铅-锡相图的最低共熔点：

$$T = 456 \text{ K } (180 \text{ ℃}) \qquad x_{Sn} = 0.47 \qquad w_{Sn} = 61.9\%$$

（2）铅及锡的熔点及相应的熔化焓：

$$T_{Pb} = 599 \text{ K } (326 \text{ ℃}) \qquad \Delta H_m^{\ominus} = 5.12 \text{ kJ} \cdot \text{mol}^{-1}$$

$$T_{Sn} = 505 \text{ K } (323 \text{ ℃}) \qquad \Delta H_m^{\ominus} = 7.196 \text{ kJ} \cdot \text{mol}^{-1}$$

实验 4　偏摩尔体积

一、实验目的

（1）掌握用比重瓶测定溶液密度的方法。

（2）加深理解偏物质的量的物理意义。

（3）测定乙醇-水溶液中各组分的偏摩尔体积。

二、实验原理

在 T、p 不变的多组分体系中，某组分 i 的偏摩尔体积定义为

$$V_{i,m} = \left(\frac{\partial V}{\partial n_i}\right)_{T,p,n_j} \tag{2-3}$$

若为二组分体系，则有

$$V_{1,m} = \left(\frac{\partial V}{\partial n_1}\right)_{T,p,n_2} \tag{2-4}$$

$$V_{2,m} = \left(\frac{\partial V}{\partial n_2}\right)_{T,p,n_1} \tag{2-5}$$

体系总体积为

$$V = n_1 V_{1,m} + n_2 V_{2,m} \tag{2-6}$$

式中，n_1 和 n_2 分别为溶液中组分 1 和 2 的物质的量。将式（2-6）两边同除以溶液质量 m，有

$$\frac{V}{m} = \frac{m_1}{M_1}\frac{V_{1,m}}{m} + \frac{m_2}{M_2}\frac{V_{2,m}}{m} \tag{2-7}$$

式中，m_1 和 m_2 分别为溶液中组分 1 和 2 的质量；M_1 和 M_2 分别为溶液中组分 1 和 2 的摩尔质量。令

$$\frac{V}{m} = \alpha \tag{2-8}$$

$$\frac{V_{1,m}}{m_1} = \alpha_1 \tag{2-9}$$

$$\frac{V_{2,m}}{m_2} = \alpha_2 \tag{2-10}$$

式中,α 为溶液的比体积;α_1、α_2 分别为组分 1、2 的偏质量体积。将式(2-8)~式(2-10)代入式(2-7)可得

$$\alpha = w_1\alpha_1 + w_2\alpha_2 = (1-w_2)\alpha_1 + w_2\alpha_2 = \alpha_1 + (\alpha_2 - \alpha_1)w_2 \qquad (2-11)$$

式中,w_1 和 w_2 分别为溶液中组分 1 和 2 的质量分数。将式(2-11)对 w_2 微分:

$$\frac{\partial\alpha}{\partial w_2} = -\alpha_1 + \alpha_2 \qquad (2-12)$$

即

$$\alpha_2 = \alpha_1 + \frac{\partial\alpha}{\partial w_2} \qquad (2-13)$$

将式(2-13)代入式(2-11),整理得

$$\alpha = \alpha_2 - w_2\frac{\partial\alpha}{\partial w_2} \qquad (2-14)$$

$$\alpha = \alpha_1 + w_1\frac{\partial\alpha}{\partial w_2} \qquad (2-15)$$

所以,实验求出不同浓度溶液的比体积 α,作 α-w_2 关系图,得曲线 CC'(图 2-7)。如欲求浓度为 M 的溶液中各组分的偏摩尔体积,可在 M 点作切线,此切线在两边的截距 AB 和 $A'B'$ 分别为 α_1 和 α_2,再由式(2-9)和式(2-10)就可求出 $V_{1,\mathrm{m}}$ 和 $V_{2,\mathrm{m}}$。

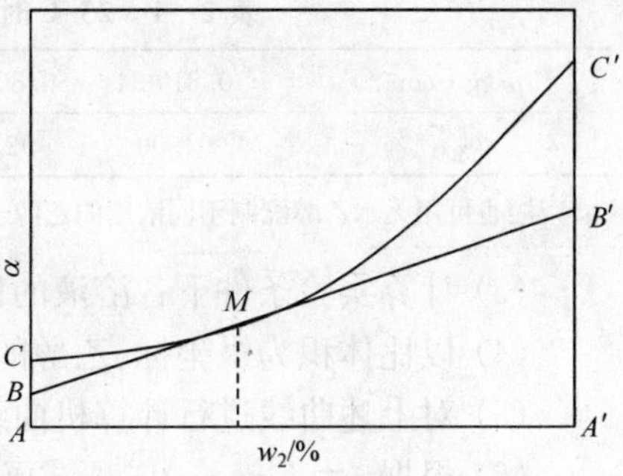

图 2-7 比体积-质量分数关系图

三、仪器与试剂

恒 温 设 备;分 析 天 平;比 重 瓶(10 mL);电子天平;磨口三角瓶(50 mL)。95%乙醇(分析纯);纯水。

四、实验步骤

调节恒温槽温度为 (25.0±0.1)℃。

以 95%乙醇(A)及纯水(B)为原液,在磨口三角瓶中用电子天平称量,分别配制含 A 质量分数为 0、20%、40%、60%、80%、100%的乙醇水溶液,每份溶液的总体积控制在 40 mL 左右。配好后盖紧塞子,以防挥发。

摇匀后测定每份溶液的密度,其方法如下:用分析天平精确称量两个预先洗净烘干的比重瓶,然后盛满纯水(注意不得存留气泡)置于恒温槽中恒温 10 min。用滤纸迅速擦去毛细管膨胀出来的水。取出比重瓶,擦干外壁,迅速称量。

同法测定每份乙醇-水溶液的密度。恒温过程应密切注意毛细管出口液面,如

因挥发液滴消失,可滴加少量被测溶液,以防止挥发造成的误差。

五、注意事项

(1) 实际仅需配制 4 份溶液,可用移液管加液,但乙醇含量根据称量算得。

(2) 为减少挥发误差,实验操作要迅速。每份溶液用两比重瓶进行平行测定或每份样品重复测定两次,结果取其平均值。

(3) 拿比重瓶应手持其颈部。

六、数据处理指导

(1) 根据 25 ℃时水的密度和称量结果,求出比重瓶的容积。

(2) 根据表 2 - 1 数据,由下式计算所配溶液中乙醇的准确质量分数:

$$w_{乙醇} = \frac{w_{乙醇}}{w_{乙醇} + w_{水}} y \qquad (2-16)$$

式中,y 为根据测得的密度值查表 2 - 1 得 95％乙醇(A)中纯乙醇的准确含量。

表 2 - 1　25 ℃时乙醇的密度与质量分数的关系

$\rho/(g \cdot cm^{-3})$	0.810 94	0.808 23	0.805 49	0.802 72	0.799 91	0.797 06
$w_{乙醇}/\%$	91.00	92.00	93.00	94.00	95.00	96.00

注:也可用无水乙醇配制不同浓度的乙醇-水溶液,根据称量结果直接确定其浓度。

(3) 计算实验条件下各溶液的比体积。

(4) 以比体积为纵坐标、乙醇的质量分数为横坐标作曲线。

(5) 对上述曲线进行计算机曲线拟合,求得 $\alpha = f(w_{乙醇})$ 二项式函数。

(6) 根据 $\alpha = f(w_{乙醇})$ 二项式函数和式(2 - 11)或式(2 - 13)和式(2 - 15),分别计算 30％、50％、70％乙醇溶液的 α_1 和 α_2。然后计算含乙醇 30％、50％、70％的溶液中各组分的偏摩尔体积及 100 g 该溶液的总体积。

溶 液	30%	50%	70%
$\alpha_{水}$			
$\alpha_{乙醇}$			
$V_{水,m}$			
$V_{乙醇,m}$			
100 g 溶液的总体积			

七、问题与讨论

(1) 使用比重瓶应注意哪些问题?

（2）如何使用比重瓶测量粒状固体物的密度？

（3）为提高溶液密度测量的精度，可进行哪些改进？

【附注】

比重瓶如图 2-8 所示，可用于测定液体和固体的密度。

1) 液体密度的测定

（1）将比重瓶洗净干燥，称量空瓶质量 m_0。

（2）取下毛细管塞，将已知密度 $\rho_1(t\ ℃)$ 的液体注满比重瓶。轻轻塞好毛细管塞，使瓶内液体经由塞 B 毛细管溢出，注意瓶内不得留有气泡，将比重瓶置于 $t\ ℃$ 的恒温槽中，使水面浸没瓶颈。

图 2-8　比重瓶

（3）恒温 10 min 后，用滤纸迅速吸去塞 B 毛细管口上溢出的液体。将比重瓶从恒温槽中取出（注意只可用手拿瓶颈处）。用吸水纸擦干瓶外壁后称其总质量 m_1。

（4）用待测液冲洗净比重瓶后（如果待测液与水不互溶时，则用乙醇洗两次、乙醚洗一次后吹干），注满待测液。重复步骤（2）和（3）的操作，称得总质量 m_2。

（5）根据下式计算待测液的密度 $\rho(t\ ℃)$：

$$\rho = \frac{m_2 - m_0}{m_1 - m_0}\rho_1 \tag{2-17}$$

2) 固体密度的测定

（1）将比重瓶洗净干燥，称量空瓶质量 m_0。

（2）注入已知密度 ρ_1 的液体（注意：该液体应不溶解待测固体，但能够浸润它）。

（3）将比重瓶置于恒温槽中恒温 10 min，用滤纸吸去塞 B 毛细管口溢出的液体。取出比重瓶擦干外壁，称得质量为 m_1。

（4）倒去液体将瓶吹干，装入一定量研细的待测固体（装入量视瓶大小而定），称得质量为 m_2。

（5）先向瓶中注入部分已知密度为 $\rho(t\ ℃)$ 的液体，将瓶敞口放入真空干燥器内，用真空泵抽气约 10 min，将吸附在固体表面的空气全部除去。然后向瓶中注满液体，塞上毛细管塞。同步骤（3）恒温 10 min 后称得质量为 m_3。

（6）根据下式计算待测固体的密度 $\rho_s(t\ ℃)$：

$$\rho_s = \frac{m_2 - m_0}{(m_1 - m_0) - (m_3 - m_2)}\rho_1 \tag{2-18}$$

实验 5　燃烧热的测定

一、实验目的

(1) 掌握氧弹式量热计测定萘的燃烧热的方法。

(2) 学习高压钢瓶的有关知识及实验技术。

(3) 进一步认识恒压燃烧热与恒容燃烧热的区别。

二、实验原理

量热法是热力学实验的一个基本方法。直接测得恒容过程热 $Q_V(\Delta U)$ 和恒压过程热 $Q_p(\Delta H)$ 中任一个数据,应用下列热力学关系式:

$$\Delta H = \Delta U + \Delta(pV) \qquad\qquad (2-19)$$

便可计算另一个数据。本实验在氧弹量热计(恒容)中测定恒容燃烧热,根据上述关系式,可将测得的恒容燃烧热换算成恒压燃烧热。

1 mol 物质完全氧化时的反应热称为燃烧热。例如,碳氧化成一氧化碳不能认为完全氧化,必须氧化成二氧化碳才认为完全氧化。

测定燃烧热可以在恒容条件下,也可以在恒压条件下。由热力学第一定律可知:恒容燃烧热 (Q_V) 等于热力学能变 ΔU,恒压燃烧热 (Q_p) 等于焓变 ΔH,因此有下面的关系:

$$Q_p = Q_V + \Delta nRT \qquad\qquad (2-20)$$

式中,Δn 为反应前后生成物与反应物中气体的物质的量之差;R 为摩尔气体常量;T 为反应温度(K)。

在实际测量中,燃烧反应常在恒容条件(如弹式量热计)下进行,这样直接测得的是反应恒容热效应 Q_V。在盛有定量水的容器中,放入内装有一定量的样品和氧气的密闭氧弹,然后使样品完全燃烧,由能量守恒定律,样品完全燃烧放出的热量通过氧弹传给水及仪器,引起温度上升,测量燃烧前后水温的变化,就可以求算出该样品的恒容燃烧热。燃烧前、后的温度分别为 t_0 和 t_n,则质量为 m 的样品燃烧热为

$$Q' = W_量(t_n - t_0) \qquad\qquad (2-21)$$

其摩尔燃烧热为

$$Q = \frac{M}{m}W_量(t_n - t_0) \qquad\qquad (2-22)$$

式中,m 为样品质量;M 为样品的摩尔质量;Q 为样品的摩尔燃烧热;$W_量$ 表示量热计(包括介质)每升高 1 ℃所需吸收的热量,可用已知燃烧热的标准物质(如苯甲

酸)来标定。在精确测量实验时,金属丝的燃烧热、氧气中含有的微量氮等影响因素都要考虑。

热化学实验常用的量热计有环境恒温式量热计和绝热式量热计两种。本实验采用环境恒温式量热计,构造如图 2-9 所示。环境恒温式量热计的最外层是温度恒定的水夹套,当氧弹中的样品开始燃烧时,内桶与外层水夹套之间有少量热交换,因此不能直接测出初始温度和最高温度,必须经过作图法进行校正,通过温度-时间曲线(雷诺曲线)确定。

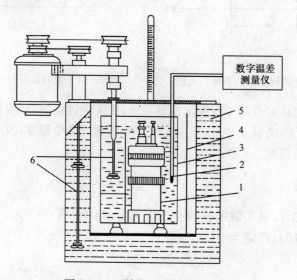

数字温差
测量仪

图 2-9 环境恒温式氧弹量热计
1. 氧弹;2. 温度传感器;3. 内筒;4. 空气隔层;5. 外筒;6. 搅拌

称取适量待测物质,使燃烧后水温升高 1.5～2.0 ℃。预先调节水温低于室温 0.5～1.0 ℃。然后将燃烧前后观察的水温对时间作图,联成 $FHIDG$ 折线(图 2-10),图中 H 相当于开始燃烧的点,D 为观察到的最高温度读数点,作相当于室温的平行线 JI 交折线于 I,过 I 点作 ab 垂线,然后将 FH 线和 GD 线外延交 ab 线于 A、C 两点,A 点与 C 点所表示的温度差即为欲求温度的升高 ΔT。图中 AA' 为温度上升至室温这一段时间(Δt_1)内,由环境辐射和搅拌引进的能量而造成体系温度的升高,必须扣除,CC' 为温度由室温升高到最高点 D 这一段时间(Δt_2)内,体系向环境辐射出能量而造成体系温度的降低,因此需要加上。由此可见,AC 两点的温差较客观地表示了由于样品燃烧致使量热计温度升高的数值。有时量热计的绝热情况良好,热漏小,而搅拌器功率大,不断引进能量使得燃烧后的最高点不出现(图 2-11)。这种情况下 ΔT 仍然可以按照同样方法校正。

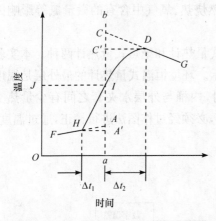

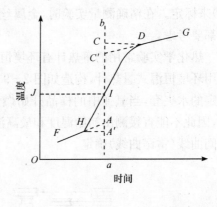

图 2-10　绝热较差时的雷诺校正图　　　　图 2-11　绝热良好时的雷诺校正图

绝热式量热计的外筒中有温度控制系统,在实验过程中,环境与实验体系的温度始终相同或始终略低 0.3 ℃,热损失可以降低到极微小程度,因而可以直接测出初始温度和最高温度。

三、仪器与试剂

氧弹式量热计;氧气钢瓶(带氧气表);台秤;电子天平(0.0001 g)。苯甲酸(分析纯);萘(分析纯);燃烧丝;棉线。

四、实验步骤

1. $W_{量}$ 的测定

(1) 样品压片。在台秤上粗称 0.7～0.8 g 苯甲酸,在压片机中压成片状;取约 10 cm 燃烧丝和棉线各一根,分别在电子天平上准确称量;用棉线把燃烧丝绑在苯甲酸片上,准确称量。

(2) 氧弹充氧。将氧弹的弹头放在弹头架上,把燃烧丝的两端分别紧绕在氧弹头上的两根电极上;在氧弹中加入 10 mL 蒸馏水,把弹头放入弹杯中,拧紧。当充氧时,开始先充约 0.5 MPa 氧气,然后开启出口,借以赶出氧弹中的空气。再充入 1 MPa 氧气。氧弹放入量热计中,接好点火线。

(3) 调节水温。准确量取较环境温度低 0.5～1.0 ℃的水 2300～3000 mL,顺筒壁小心倒入内筒,水的量以内筒大小而定,应控制在将氧弹淹没,但不超过其顶部。然后检查氧弹是否漏气,如有气泡产生,则表示氧弹漏气,须将氧弹取出,将各部分旋紧,重新放入。

(4) 测定 $W_{量}$。打开搅拌器,搅拌几分钟,使水温稳定上升(每分钟温度变化小于 0.002 ℃),然后开启秒表,作为实验开始时间,1 min 读取温度一次,这样继续 10 min。自开启秒表到点火称为前期,相当于图 2-10 中的 *FH*。开启"点火"按钮,当温度明显升高时,说明点火成功,之后 30 s 记录一次;到温度升至最高点后,再记录 10 次,停止实验。

前期		反应期		后期	
时间	温度	时间	温度	时间	温度

(5) 关闭电源,然后取出氧弹,旋开放气阀门,泄去废气,打开弹盖,观察弹内,如果有黑色残物或未燃尽的试样,说明燃烧不完全,实验失败。如果没有这种情况,则实验成功。用蒸馏水洗涤氧弹内壁 3 次,将洗涤液收集在 250 mL 锥形瓶内,煮沸片刻,冷却后,用 0.100 mol·L^{-1} 氢氧化钠溶液滴定。称量剩余的燃烧丝,将氧弹洗净,擦干备用。将内筒水倒掉,擦干备用。

2. 测量萘的燃烧热

称取 0.6～0.8 g 萘,重复上述步骤测定。

五、注意事项

(1) 使用氧气钢瓶一定要按照要求操作,注意安全。往氧弹内充入氧气时,一定不能超过指定的压力,以免发生危险。

(2) 燃烧丝与两电极及样品片一定要接触良好,而且不能有短路。

(3) 测定仪器热容与测定样品的条件应该一致。

(4) 在燃烧过程中,当氧弹内存在微量空气时,氮气的氧化会产生热效应,在精确的实验中,这部分热效应应予校正。方法如下:用 0.100 mol·L^{-1} 氢氧化钠溶液滴定洗涤氧弹内壁的蒸馏水,每毫升 0.100 mol·L^{-1} 氢氧化钠溶液相当于 5.983 J(放热)。

(5) 在精确计算时,考虑金属丝的燃烧热:

$$Q = \frac{M}{m}(W_{量} \Delta T - Q_{点火丝} m_{点火丝})$$

六、数据处理指导

(1) 将每次实验结果分别列表:

样品质量_____ g;燃烧丝质量_____ g;剩余燃烧丝质量_____ g;

V_{NaOH}_____ mL。

(2) 利用表中的时间-温度关系,作雷诺校正曲线,并求出 ΔT。

(3) 计算 $W_{量}$(已知苯甲酸在 298.2 K 的燃烧热 $Q_p = -3226.8$ kJ·mol^{-1})。

（4）将实验结果与文献值进行比较,对本实验进行误差分析,计算最大相对误差,并指出哪个测量值的误差对实验的结果影响最大。

七、问题与讨论

（1）在氧弹里加 10 mL 蒸馏水起什么作用?

（2）本实验中,哪些为体系? 哪些为环境? 实验过程中有无热损耗? 如何降低热损耗?

（3）在环境恒温式量热计中,为什么内筒水温要比外筒水温低? 低多少合适?

（4）欲测定液体样品的燃烧热,有什么测定方法?

实验 6 凝固点降低法测摩尔质量

一、实验目的

（1）测定水的凝固点降低值,计算尿素（或蔗糖）的摩尔质量。

（2）掌握溶液凝固点的测定技术,并加深对稀溶液依数性质的理解。

（3）掌握精密数字温度（温差）测量仪的使用方法。

二、实验原理

当稀溶液凝固析出纯固体溶剂时,则溶液的凝固点低于纯溶剂的凝固点,其降低值与溶液的质量摩尔浓度成正比,即

$$\Delta T_f = T_f^* - T_f = K_f m_B \qquad (2-23)$$

式中,ΔT_f 为凝固点降低值;T_f^* 为纯溶剂的凝固点;T_f 为溶液的凝固点;m_B 为溶液中溶质 B 的质量摩尔浓度;K_f 为溶剂的质量摩尔凝固点降低常数,它的数值仅与溶剂的性质有关。

若称取一定质量的溶质 m_B 和溶剂 m_A,配成稀溶液,则此溶液的质量摩尔浓度为

$$m = \frac{m_B}{M_B m_A} \times 10^{-3} \qquad (2-24)$$

式中,M_B 为溶质的摩尔质量。将式（2-24）代入式（2-23）,整理得

$$M_B = K_f \frac{m_B}{m_A \Delta T_f} \times 10^{-3} \qquad (2-25)$$

若已知某溶剂的凝固点降低常数 K_f 值,通过实验测定此溶液的凝固点降低值 ΔT_f,即可根据式（2-25）计算溶质的摩尔质量 M_B。

显然,全部实验操作归结为凝固点的精确测量。其方法是:将溶液逐渐冷却成为过冷溶液,然后通过搅拌或加入晶种促使溶剂结晶,放出的凝固热使体系温度回

升,当放热与散热达到平衡时,温度不再改变,此固、液两相平衡共存的温度即为溶液的凝固点。本实验测纯溶剂与溶液凝固点之差,由于差值较小,所以测温采用精密数字温度(温差)测量仪。

从相律看,溶剂与溶液的冷却曲线形状不同。纯溶剂两相共存时,自由度 $f^* = 1 - 2 + 1 = 0$,冷却曲线形状如图 2-12(a)所示,水平线段对应纯溶剂的凝固点。溶液两相共存时,自由度 $f^* = 2 - 2 + 1 = 1$,温度仍可下降,但由于溶剂凝固时放出凝固热而使温度回升,并且回升到最高点又开始下降,其冷却曲线如图 2-12(b)所示,所以不出现水平线段。由于溶剂析出后,剩余溶液浓度逐渐增大,溶液的凝固点也要逐渐下降,在冷却曲线上得不到温度不变的水平线段。如果溶液的过冷程度不大,可以将温度回升的最高值作为溶液的凝固点;若过冷程度太大,则回升的最高温度不是原浓度溶液的凝固点,严格的做法应作冷却曲线,并按图 2-12(b)中所示的方法加以校正。

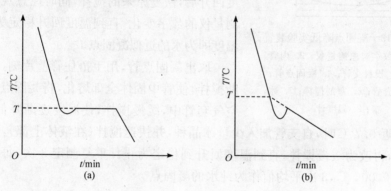

图 2-12 溶剂(a)与溶液(b)的冷却曲线

三、仪器与试剂

凝固点测定仪;精密数字温度(温差)测量仪(0.001 ℃);分析天平;普通温度计(0~50 ℃);压片机;移液管(50 mL)。尿素(或蔗糖)(分析纯);粗盐;冰。

四、实验步骤

1. 调节精密数字温度(温差)测量仪

按照精密数字温度(温差)测量仪的调节方法调节测量仪(参阅第一章)。

2. 调节寒剂的温度

取适量粗盐与冰水混合,使寒剂温度为 -3~-2 ℃,在实验过程中不断搅拌并不断补充碎冰,使寒剂保持此温度。

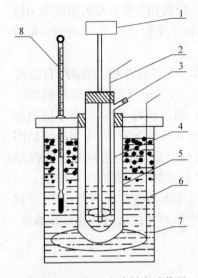

图 2-13　凝固点降低实验装置
1. 精密数字温差测量仪；2. 内管
搅棒；3. 投料支管；4. 凝固点管；
5. 空气套管；6. 寒剂搅棒；7. 冰
槽；8. 温度计

3. 溶剂凝固点的测定

实验装置如图 2-13 所示。用移液管向清洁、干燥的凝固点管内加入 30 mL 纯水，并记下水的温度，插入调节好的精密数字温度（温差）测量仪的温度传感器，且拉动搅拌，同时应避免碰壁及产生摩擦。

先将盛水的凝固点管直接插入寒剂中，上下移动搅棒（勿拉过液面，约每秒钟一次），使水的温度逐渐降低。当过冷到水冰点以后，要快速搅拌（以搅棒下端擦管底），幅度要尽可能小，待温度回升后，恢复原来的搅拌，同时注意观察温差测量仪的数字变化，直到温度回升稳定为止，此温度即为水的近似凝固点。

取出凝固点管，用手捂住管壁片刻，同时不断搅拌，使管中固体全部熔化，将凝固点管放在空气套管中，缓慢搅拌，使温度逐渐降低，当温度降至近 0.7 ℃时，自支管加入少量冰晶种，并快速搅拌（在液体上部），待温度回升后，再改为缓慢搅拌，直到温度回升到稳定为止。重复测定 3 次，每次之差不超过 0.006 ℃，3 次平均值作为纯水的凝固点。

4. 溶液凝固点的测定

取出凝固点管，如前将管中冰溶化，用压片机将尿素（或蔗糖）压成片，用分析天平准确称量（约 0.48 g），其质量约使凝固点下降 0.3 ℃，自凝固点管的支管加入样品，待全部溶解后，测定溶液的凝固点。测定方法与纯水相同，先测近似凝固点，再精确测定，但溶液凝固点是取回升后所达到的最高温度。重复 3 次，取平均值。

五、注意事项

（1）搅拌速率的控制是本实验的关键，每次测定应按要求的速率搅拌，并且测溶剂与溶液凝固点时搅拌条件要完全一致。此外，准确读取温度也是非常重要的，应读准至小数点后第三位。

（2）寒剂温度对实验结果也有很大影响，过高会导致冷却太慢，过低则测不出正确的凝固点。

（3）纯水过冷度 0.7～1 ℃（视搅拌快慢），为了减少过冷度，可加入少量冰晶种,每次加入冰晶种大小应尽量一致。

六、数据处理指导

(1) 由水的密度计算所取水的质量 m_A。

(2) 由所得数据计算尿素(或蔗糖)的摩尔质量,并计算与理论值的相对误差。

七、问题与讨论

(1) 为什么要先测近似凝固点?

(2) 根据什么原则考虑加入溶质的量? 太多或太少有什么影响?

(3) 为什么会产生过冷现象? 如何控制过冷程度?

(4) 为什么测定溶剂的凝固点时,过冷程度大一些对测定结果影响不大,而测定溶液的凝固点时却必须尽量减少过冷现象?

(5) 在冷却过程中,冷冻管内固、液相之间和寒剂之间有哪些热交换? 它们对凝固点的测定有什么影响?

实验 7　差 热 分 析

一、实验目的

(1) 用差热仪绘制 $CuSO_4 \cdot 5H_2O$ 等样品的差热图。

(2) 了解差热分析仪的工作原理及使用方法。

(3) 了解热电偶的测温原理和如何利用热电偶绘制差热图。

二、实验原理

物质在受热或冷却过程中,当达到某一温度时,往往会发生熔化、凝固、晶形转变、分解、化合、吸附、脱附等物理或化学变化,并伴随焓的改变,因而产生热效应,其表现为物质与环境(样品与参比物)之间有温度差。差热分析(differential thermal analysis,DTA)就是通过温差测量来确定物质的物理化学性质的一种热分析方法。

差热分析仪的结构如图 2-14 所示,包括带有控温装置的加热炉、放置样品和参比物的坩埚、用以盛放坩埚并使其温度均匀的保持器、测温热电偶、差热信号放大器和信号接收系统(记录仪或计算机)。差热图的绘制是通过两支型号相同的热电偶,分别插入样品和参比物中,并将其相同端连接在一起(并联),如图 2-14所示。A、B 两端引入记录笔 1,记录炉温信号。若炉子等速升温,则记录笔 1 记录下一条倾斜直线,如图 2-15 中 MN;A、C 端引入记录笔 2,记录差热信号。

若样品不发生任何变化,样品和参比物的温度相同,两支热电偶产生的热电势大小相等,方向相反,所以 $\Delta V_{AC}=0$,记录笔 2 划出一条垂直直线,如图 2-15 中 ab、de、gh 段,是平直的基线。反之,样品发生物理化学变化时,$\Delta V_{AC}\neq 0$,记录笔 2 发生左右偏移(视热效应正、负而异),记录差热峰,如图 2-15 中 bcd、efg 所示。两支笔记录的时间-温度(温差)图称为差热图,或称为热谱图。

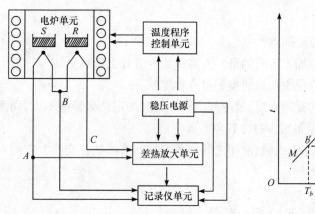

图 2-14　差热分析原理图　　　　　图 2-15　典型的差热图

　　从差热图上可清晰地看到差热峰的数目、位置、方向、宽度、高度、对称性以及峰面积等。峰的数目表示物质发生物理化学变化的次数;峰的位置表示物质发生变化的转化温度(图 2-15 中 T_b);峰的方向表明体系发生热效应的正、负;峰面积说明热效应的大小,相同条件下,峰面积大的表示热效应也大。在相同的测定条件下,许多物质的热谱图具有特征性,即一定的物质就有一定的差热峰的数目、位置、方向、峰温等,因此,可通过与已知的热谱图比较来鉴别样品的种类、相变温度、热效应等物理化学性质。因此,差热分析广泛应用于化学、化工、冶金、陶瓷、地质和金属材料等领域的科研和生产部门。理论上讲,可通过峰面积的测量对物质进行定量分析。

　　样品的相变热 ΔH 可按下式计算:

$$\Delta H=\frac{K}{m}\int_b^d \Delta T\mathrm{d}\tau$$

式中,m 为样品质量;b、d 分别为峰的起始、终止时刻;ΔT 为时间 τ 内样品与参比物的温差;$\int_b^d \Delta T\mathrm{d}\tau$ 代表峰面积;K 为仪器常数,可用数学方法推导,但较麻烦,本实验用已知热效应的物质进行标定。已知纯锡的熔化热为 59.36×10^{-3} J·mg^{-1},可由锡的差热峰面积求得 K 值。

三、仪器与试剂

差热分析仪（CRY-1 型、CRY-2P 型、CDR 系列或自装差热分析仪等）。$BaCl_2 \cdot 2H_2O$（分析纯）；$CuSO_4 \cdot 5H_2O$（分析纯）；$NaHCO_3$（分析纯）；Sn（分析纯）；α-Al_2O_3（分析纯）。

四、实验步骤

1. CDR 系列差热分析仪

1）准备工作

(1) 取两只空坩埚放在样品杆上部的两个托盘上。

(2) 通水、通气：接通冷却水，开启水源使水流畅通，保持冷却水流量 200～300 mL $\cdot$ min^{-1}；根据需要在通气口通入一定流量的保护气体。

(3) 开启仪器电源开关，然后开启计算机和打印机电源开关。

(4) 零位调整：将差热放大器单元的量程选择开关置于"短路"位置，转动"调零"旋钮，使"差热指示"表头指在"0"位。

(5) 将升温速率设定为 5 ℃ $\cdot$ min^{-1} 或 10 ℃ $\cdot$ min^{-1}。

(6) 斜率调整：将差热放大单元量程选择开关置于 $\pm50~\mu V$ 或 $\pm100~\mu V$ 挡，然后开始升温，同时记录温差曲线，该曲线应为一条直线，称为基线。如发现基线漂移，则可用"斜率调整"旋钮进行校正。基线调好后，一般不再调整。

2）差热测量

(1) 将待测样品（约 5 mg）放入一只坩埚中精确称量，在另一只坩埚中放入质量基本相等的参比物，如 α-Al_2O_3。然后将其分别放在样品托的两个托盘上，盖好保温盖。

(2) 微伏放大器量程开关置于适当位置，如 $\pm50~\mu V$ 或 $\pm100~\mu V$。

(3) 在一定的气氛下，将升温速率设定为 5 ℃ $\cdot$ min^{-1} 或 10 ℃ $\cdot$ min^{-1}，开始升温。

(4) 记录升温曲线和差热曲线，直至温度升至发生要求的相变且基线平稳后，停止记录。

(5) 打开炉盖，取出坩埚，待炉温降至 50 ℃ 以下时，换另一样品，按上述步骤操作。

2. 自装差热分析仪

(1) 仪器预热：放大器（微瓦功率计）放大倍数选择 300 μW；记录仪走纸速率为 300 mm $\cdot$ h^{-1}。仪器预热 20 min 后，调节放大器粗调旋钮，使记录笔 2（蓝笔）处于记录纸左边适当位置。

（2）装样品：在干净的坩埚内装入 $1/2 \sim 2/3$ 坩埚高度的 $CuSO_4 \cdot 5H_2O$ 粉末，并将其填实。放入保持器的样品孔中；另一只装 Al_2O_3 的坩埚（可连续使用）放入保持器的参比物孔中。盖上保持器盖，套上炉体，盖好炉盖。

（3）测量：开启程序升温仪，开始测量。待 $CuSO_4 \cdot 5H_2O$ 的 3 个脱水峰记录完毕，关闭程序升温仪，取下加热炉；待保持器温度降至 50 ℃ 时，将装有纯 Sn 样品的坩埚（可反复使用）放入样品孔中。另换一台加热炉（冷的），同法测锡熔化的差热图。实验完毕关闭仪器电源。

（4）换用计算机记录显示重复作 $CuSO_4 \cdot 5H_2O$ 的差热图。

五、注意事项

（1）坩埚一定要清洗干净，否则埚垢不仅影响导热，并且杂质在受热过程中也会发生物理化学变化，影响实验结果的准确性。

（2）样品必须磨细，否则差热峰不明显；但也不要太细。一般差热分析样品研磨到 200 目为宜。

（3）双笔记录仪的两支笔并非平行排列，为防二者在运动中相碰，制作仪器时，二者位置上下平移一段距离，称为笔距差。因此，求解转化温度时应加以校正。

六、数据处理指导

（1）由所测样品的差热图求出各峰的起始温度和峰温，将数据列表记录。

（2）求出所测样品的热效应值。

（3）样品 $CuSO_4 \cdot 5H_2O$ 的 3 个峰各代表什么变化？写出反应方程式。根据实验结果，结合无机化学知识，推测 $CuSO_4 \cdot 5H_2O$ 中 5 个结晶水的结构状态。

七、问题与讨论

（1）DTA 实验中如何选择参比物？常用的参比物有哪些？

（2）差热曲线的形状与哪些因素有关？影响差热分析结果的主要因素是什么？

（3）DTA 和简单热分析（步冷曲线法）有什么异同？

实验 8　氨基甲酸铵分解反应平衡常数的测定

一、实验目的

（1）测定各温度下氨基甲酸铵的分解压力，计算各温度下分解反应的平衡常数 K_p 及有关的热力学函数。

（2）熟悉用等压计测定平衡压力的方法。

（3）掌握氨基甲酸铵分解反应平衡常数的计算及其与热力学函数间的关系。

二、实验原理

氨基甲酸铵是尿素合成的中间产物,为白色固体,很不稳定,其分解反应式为

$$NH_2COONH_4(s) \rightleftharpoons 2NH_3(g) + CO_2(g)$$

该反应为复相反应,在封闭体系中很容易达到平衡。在实验条件下可将氨和二氧化碳看成理想气体,常压下平衡常数可近似表示为

$$K_p^\ominus = \left(\frac{p_{NH_3}}{p^\ominus}\right)^2 \left(\frac{p_{CO_2}}{p^\ominus}\right) \tag{2-26}$$

式中,p_{NH_3} 和 p_{CO_2} 分别表示反应温度下 NH_3 和 CO_2 平衡时的分压;$p^\ominus$ 为标准大气压。在压力不大时,气体的逸度近似为 1,且纯固态物质的活度为 1,体系的总压 $p = p_{NH_3} + p_{CO_2}$。从化学反应计量方程式可知

$$p_{NH_3} = \frac{2}{3}p \qquad p_{CO_2} = \frac{1}{3}p \tag{2-27}$$

将式(2-27)代入式(2-26)得

$$K_p^\ominus = \left(\frac{2p}{3p^\ominus}\right)^2 \left(\frac{p}{3p^\ominus}\right) = \frac{4}{27}\left(\frac{p}{p^\ominus}\right)^3 \tag{2-28}$$

因此,当体系达平衡后,测量其总压 p,即可计算出平衡常数 $K_p^\ominus$。

温度对平衡常数的影响可表示为

$$\frac{d\ln K_p^\ominus}{dT} = \frac{\Delta_r H_m^\ominus}{RT^2} \tag{2-29}$$

式中,T 为热力学温度;$\Delta_r H_m^\ominus$ 为标准反应热效应。氨基甲酸铵分解反应是一个热效应很大的吸热反应,温度对平衡常数的影响较大。当温度在不大的范围内变化时,$\Delta_r H_m^\ominus$ 可视为常数,由式(2-29)积分得

$$\ln K_p^\ominus = -\frac{\Delta_r H_m^\ominus}{RT} + C \quad (C \text{ 为积分常数}) \tag{2-30}$$

以 $\ln K_p^\ominus$ 对 $1/T$ 作图,得一直线,其斜率为 $-\dfrac{\Delta_r H_m^\ominus}{R}$,由此可求出 $\Delta_r H_m^\ominus$。由实验求得某温度下的平衡常数 $K_p^\ominus$ 后,可按下式计算该温度下反应的标准吉布斯自由能变 $\Delta_r G_m^\ominus$:

$$\Delta_r G_m^\ominus = -RT\ln K_p^\ominus \tag{2-31}$$

利用实验温度范围内反应的平均定压热效应 $\Delta_r H_m^\ominus$ 和某温度下的 $\Delta_r G_m^\ominus$,可近似计算出该温度下的熵变 $\Delta_r S_m^\ominus$:

$$\Delta_r S_m^\ominus = \frac{\Delta_r H_m^\ominus - \Delta_r G_m^\ominus}{T} \tag{2-32}$$

因此,通过测定一定温度范围内某温度的氨基甲酸铵的分解压(平衡总压),就可以利用上述公式分别求出 $K_p^\ominus$、$\Delta_r H_m^\ominus$、$\Delta_r G_m^\ominus$、$\Delta_r S_m^\ominus(T)$。

三、仪器与试剂

实验装置;真空泵;低真空测压仪。氨(钢瓶);二氧化碳(钢瓶);硅油。

四、实验步骤

1. 氨基甲酸铵的制备

制备方法为氨和二氧化碳接触后生成氨基甲酸铵。如果氨和二氧化碳都是干燥的,则生成氨基甲酸铵;若有水存在,还会生成$(NH_4)_2CO_3$ 或 NH_4HCO_3,因此,在制备时必须保持氨、CO_2 及容器都是干燥的。

氨气应依次经 CaO、固体 NaOH 脱水。也可用钢瓶中的氨气经 CaO 干燥。CO_2 可依次经 $CaCl_2$、浓硫酸脱水。

合成反应在双层塑料袋中进行,在塑料袋一端插入一支进氨气管,一支进二氧化碳气管,另一端有一支废气导管通向室外。合成反应开始时先通 CO_2 气体于塑料袋中,约 10 min 后再通入氨气,用流量计或气体在干燥塔中的鼓泡速率控制 NH_3 气流速为 CO_2 两倍,通气 2 h,可在塑料袋内壁上生成固体氨基甲酸铵。反应完毕,在通风橱中将塑料袋一头橡皮塞松开,将固体氨基甲酸铵从塑料袋中倒出研细,放入密封容器内,于冰箱中保存备用。

2. 检漏

按图 2 - 16 所示安装仪器。将烘干的小球和玻璃等压计相连,将活塞 5、6 放在合适位置,开动真空泵,当测压仪读数约为 53 kPa 时,关闭三通活塞。检查系统是否漏气,待 10 min 后,若测压仪读数没有变化,则表示系统不漏气,否则说明漏气,应仔细检查各接口处,直到不漏气为止。

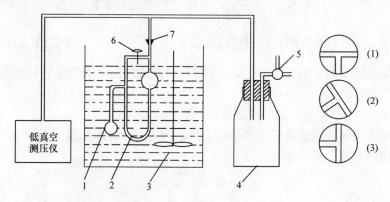

图 2 - 16　实验装置图

1. 装样品的小球;2. 玻璃等压计;3. 玻璃恒温槽;4. 缓冲瓶;5. 三通活塞;6. 二通活塞;7. 磨口接头

3. 装样品

确定系统不漏气后,使系统与大气相通,然后取下小球装入氨基甲酸铵,再用吸管吸取纯净的硅油放入已干燥好的等压计中,使之形成液封,再按图 2-16 所示装好。

4. 测量

调节恒温槽温度为 (25.0±0.1)℃。开启真空泵,将系统中的空气排出,约 15 min 后,关闭活塞 6,然后缓缓开启三通活塞,将空气慢慢分次放入系统,直至等压计两边液面处于水平,立即关闭三通活塞 6,若 5 min 内两液面保持不变,即可读取测压仪的读数。

5. 重复测量

为了检查小球 1 内的空气是否已完全排净,可重复步骤 4 操作,如果两次测定结果差值小于 270 Pa,经指导教师检查后,方可进行下一步实验。

6. 升温测量

调节恒温槽温度为 (27.0±0.1)℃,在升温过程中小心地调节三通活塞,缓缓放入空气,使等压计两边液面水平,保持 5 min 不变,即可读取测压仪读数,然后用同样的方法继续测定 30.0 ℃、32.0 ℃、35.0 ℃、37.0 ℃时的压差。

实验完毕后,将空气放入系统中至测压仪读数为零。

五、注意事项

(1) 在实验开始前,务必掌握图 2-16 中两个活塞(5 和 6)的正确操作。
(2) 必须充分排净小球 1 内的空气。
(3) 体系必须达平衡后,才能读取测压仪读数。

六、数据处理指导

(1) 计算各温度下氨基甲酸铵的分解压。
(2) 计算各温度下氨基甲酸铵分解反应的平衡常数 $K_p^\ominus$。
(3) 根据实验数据,以 $\ln K_p^\ominus$ 对 $1/T$ 作图,并由直线斜率计算氨基甲酸铵分解反应的 $\Delta_r H_m^\ominus$。
(4) 计算 25 ℃时氨基甲酸铵分解反应的 $\Delta_r G_m^\ominus$ 及 $\Delta_r S_m^\ominus$。

七、问题与讨论

(1) 测压仪读数是否是体系的压力(分解压)?

（2）为什么一定要排净小球中的空气？若体系有少量空气,对实验有什么影响？

（3）如何判断氨基甲酸铵分解已达平衡？未达平衡时测数据将有什么影响？

（4）在实验装置中安装缓冲瓶的作用是什么？

（5）玻璃等压计中的封闭液如何选择？

（6）$K_p = p_{NH_3}^2 \, p_{CO_2}$ 和 $K_p^\ominus = \left(\dfrac{p_{NH_3}}{p^\ominus}\right)^2 \left(\dfrac{p_{CO_2}}{p^\ominus}\right)$ 有什么不同？

实验 9　原电池电动势的测定及应用

一、实验目的

（1）掌握对消法测定电动势的原理。

（2）掌握电位差计的使用方法及电镀、电极处理和制备盐桥等操作技能。

（3）了解可逆电池电动势测定的应用。

二、实验原理

凡是能使化学能转变为电能的装置都称为电池(或原电池)。若此转化是以热力学可逆方式进行的,则称为可逆电池。此时,电池两电极间的电势差可达最大值,称为该电池的电动势 E。

可逆电池应满足如下条件：① 电池反应可逆；② 所通过的电流为无限小；③ 没有液接电势差。即可逆电池在充、放电时,物质的转变和能量的转变均是可逆的。

为满足上述条件,应使用电位差计测量电池电动势,其原理是采用对消法使电池无电流(或极小电流)通过；并用正、负离子迁移数比较接近的盐类构成"盐桥"来消除液接电势。

可逆电池电动势的测量在物理化学实验中占有重要地位,应用十分广泛,如测定电池的标准电动势及标准电极电势、化学反应的平衡常数、弱电解质的电离平衡常数、难溶盐的活度积、溶液的 pH、电解质溶液的离子平均活度系数、溶液中离子的迁移数、化学反应的热力学函数($\Delta_r H$、$\Delta_r S$、$\Delta_r G$)、化学反应速率常数,还可以进行电位滴定等。

1. 电极电势的测定

可逆电池的电动势可看作正、负两个电极的电势差。设正极电势为 φ_+,负极电势为 φ_-,则有

$$E = \varphi_+ - \varphi_-$$

以标准氢电极(其电极电势规定为零)作为负极,与待测电极组成电池,所测电池电动势就是待测电极的电极电势。由于标准氢电极使用不便,常用电极电势已

知且稳定的易制备电极作为参比电极,如甘汞电极、银-氯化银电极等。

例如,测量金属电极的电极电势时,将待测电极与饱和甘汞电极组成如下电池:

$$Hg(l)\text{-}Hg_2Cl_2(s)\,|\,KCl\text{(饱和溶液)}\,\|\,M^{n+}(a)\,|\,M(s)$$

则电池电动势为

$$E=\varphi_+ - \varphi_- = \varphi^{\ominus}_{M^{n+},M} + \frac{RT}{nF}\ln a(M^{n+}) - \varphi\text{(饱和甘汞)}$$

式中,$\varphi\text{(饱和甘汞)}=0.242\,40-7.6\times10^{-4}(t-25)$,其中 t 为温度(℃);$a=\gamma m$。

2. 溶液 pH 的测定

用电动势法测量溶液的 pH,组成电池时必须有一个电极是已知电极电势的参比电极,通常用甘汞电极;另一个电极是对 H^+ 可逆的电极,常用的有氢电极、玻璃电极和醌-氢醌($Q\cdot QH_2$)电极等。$Q\cdot QH_2$ 为醌(Q)与氢醌(QH_2)等物质的量混合物,在水溶液中部分分解。

它在水中溶解度很小。在待测 pH 溶液中加入适量 $Q\cdot QH_2$ 后得饱和溶液,再插入一支光亮 Pt 电极就构成了 $Q\cdot QH_2$ 电极。另一端加入参比电极,即可构成如下电池:

$$Hg(l)\text{-}Hg_2Cl_2(s)\,|\,\text{饱和 KCl 溶液}\,\|\,\text{由 }Q\cdot QH_2\text{ 饱和的待测 pH 溶液}(H^+)\,|\,Pt(s)$$

$Q\cdot QH_2$ 电极反应为

$$Q+2H^+ +2e \longrightarrow QH_2$$

因为在稀溶液中 $a_{H^+}=c_{H^+}$,则有

$$\varphi_{Q\cdot QH_2}=\varphi^{\ominus}_{Q\cdot QH_2}-\frac{2.303RT}{F}pH \tag{2-33}$$

可见,$Q\cdot QH_2$ 电极的作用相当于一个氢电极,电池的电动势为

$$E=\varphi_+ - \varphi_- = \varphi^{\ominus}_{Q\cdot QH_2}-\frac{2.303RT}{F}pH - \varphi\text{(饱和甘汞)} \tag{2-34}$$

$$pH = \varphi^{\ominus}_{Q\cdot QH_2}-E-\varphi\text{(饱和甘汞)} \Big/ \left(\frac{2.303RT}{F}\right) \tag{2-35}$$

式中,$\varphi^{\ominus}_{Q\cdot QH_2}=0.6994-7.4\times10^{-4}(t-25)$。

3. 化学反应热力学函数的测定

电池电动势与电池反应热力学函数的关系:

$$(\Delta_r G_m)_{T,p} = -nFE \tag{2-36}$$

$$\Delta_r S_m = nF\left(\frac{\partial E}{\partial T}\right)_p \tag{2-37}$$

$$\Delta_r H_m = -nFE + nFT\left(\frac{\partial E}{\partial T}\right)_p \tag{2-38}$$

$$\Delta_r G_m = -nFE = -RT\ln\frac{1}{K_{sp}} \tag{2-39}$$

式中, $\left(\frac{\partial E}{\partial T}\right)_p$ 为电池电动势的温度系数。由此可知,只要测定电池的电动势及其温度系数,就可以很方便地求得电池反应的 $\Delta_r G_m$、$\Delta_r S_m$、$\Delta_r H_m$。由于 E 及 $\left(\frac{\partial E}{\partial T}\right)_p$ 的测量比较准确,因此,用此法测得的热力学函数往往比热化学方法测得的数据准确。

三、仪器与试剂

电位差计;超级恒温槽;稳压电源;电流表;铂电极;银电极;铜电极;锌电极;饱和甘汞电极;盐桥。0.100 mol·L^{-1} AgNO$_3$ 溶液;0.100 mol·L^{-1} CuSO$_4$ 溶液;0.100 mol·L^{-1} ZnSO$_4$ 溶液;镀铜溶液;镀银溶液;饱和 KCl 溶液;醌-氢醌;未知pH 溶液。

四、实验步骤

1. 处理电极

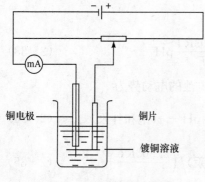

铜电极　　铜片　　镀铜溶液

图 2-17　电镀铜示意图

(1)铜电极的处理:将铜电极在稀硝酸(约 6 mol·L^{-1})内浸洗,取出后用蒸馏水冲洗干净。然后把它作为阴极,另取一铜电极作阳极,在镀铜液内进行电镀,其装置如图 2-17 所示。电流密度控制在 20～25 mA·cm^{-2},电镀 20 min,使铜电极表面有一致密的镀层。取出铜电极,用蒸馏水冲洗干净。

(2)锌电极的处理:将锌电极在稀硫酸

溶液中浸泡片刻,取出洗净,浸入汞或饱和硝酸亚汞溶液中约 10 s,表面上即生成一层光亮的汞齐,用蒸馏水冲洗干净。

(3) Ag-AgCl 电极的制备:把洗净的 Ag 丝插入镀 Ag 溶液内作为阴极,另取一 Ag 丝(或 Pt 片)作阳极进行电镀。电流密度为 $3 \sim 5$ mA·cm^{-2},电镀 30 min。取出阴极,用蒸馏水洗净。镀 Ag 溶液的配方:3 g AgNO$_3$,6 g KI,7 mL 氨水配成 100 mL 溶液。

用上述新镀的 Ag 丝作阳极,铂作阴极,在 1 mol·L^{-1} HCl 中进行电镀。电流密度为 $3 \sim 5$ mA·cm^{-2},电镀约 15 min,待阳极变成紫褐色,取出用蒸馏水洗净,插入盛有 1 mol·L^{-1} KCl 的电极管中,即得 Ag-AgCl 电极。

2. 制备盐桥

琼脂-饱和 KCl 盐桥:在 1 个锥形瓶中加入 3 g 琼脂和 100 mL 蒸馏水,水浴加热直到完全溶解,再加入 30 g KCl,充分搅拌后,趁热用滴管将此溶液装入 U 形管内,静置,待琼脂凝结后即可使用。

简易法:将盐桥液(饱和 KNO$_3$ 或 KCl)注入 U 形管中,加满后用捻紧的滤纸塞紧 U 形管两端即可,管中不能存有气泡。

3. 测定电池电动势

(1) Zn(s)|ZnSO$_4$(0.100 mol·L^{-1}) ‖ KCl(饱和)溶液|Hg$_2$Cl$_2$(s)-Hg(l)。

烧杯中加入 0.100 mol·L^{-1} ZnSO$_4$ 溶液,将刚制备的锌电极和饱和甘汞电极浸入溶液中,并连接到电位差计测定其电动势,平行测定 3 次取平均值。

(2) Zn(s)|ZnSO$_4$(0.100 mol·L^{-1}) ‖ CuSO$_4$(0.100 mol·L^{-1})|Cu(s)。

取两个烧杯,分别加入 0.100 mol·L^{-1} ZnSO$_4$ 溶液和 0.100 mol·L^{-1} CuSO$_4$ 溶液,将刚制备的锌电极和铜电极分别浸入溶液中,并连接到电位差计测定其电动势,平行测定 3 次取平均值。测量装置如图 2-18 所示。

(3) Hg(l)-Hg$_2$Cl$_2$(s)|饱和 KCl 溶液 ‖ 由 Q·QH$_2$ 饱和的待测 pH 溶液(H$^+$)|Pt(s)。

将少量醌-氢醌固体加入待测的未知 pH 溶液中,搅拌使其成淡黄色饱和溶液,然后插入干净的铂电极和饱和甘汞电极,并连接到电位差计测定其电动势,平行测定 3 次取平均值。

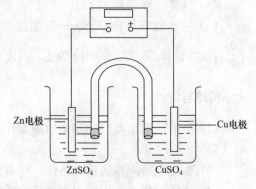

图 2-18 Zn-Cu 电池示意图

(4) $Cu(s)|CuSO_4(0.0100\ mol \cdot L^{-1}) \parallel CuSO_4(0.100\ mol \cdot L^{-1})|Cu(s)$。

分别配制 $0.100\ mol \cdot L^{-1}$ 和 $0.0100\ mol \cdot L^{-1}$ $CuSO_4$ 溶液,加入两个烧杯中,将两支铜电极分别浸入溶液中,并连接到电位差计测定其电动势,平行测定 3 次取平均值。

(5) $Ag(s)\text{-}AgCl(s)|HCl(0.100\ mol \cdot L^{-1}) \parallel AgNO_3(0.100\ mol \cdot L^{-1})|Ag(s)$。

取两个烧杯,分别加入 $0.100\ mol \cdot L^{-1}$ HCl 溶液和 $0.100\ mol \cdot L^{-1}$ $AgNO_3$ 溶液,将刚制备的 Ag-AgCl 电极和 Ag 电极分别浸入溶液中,并连接到电位差计,分别测定其在 25 ℃、30 ℃、35 ℃、40 ℃、45 ℃时的电动势。

五、注意事项

(1) 连接仪器时,防止将正、负极接错。

(2) 汞齐化时应注意,汞蒸气有毒,用过的滤纸应放到盛有水的盆中,不能随意丢弃。

(3) 确定 KCl 溶液达到饱和。

(4) 测定开始时,电池电动势值较不稳定,应每隔一定时间测定一次,直到稳定为止。

六、数据处理指导

(1) 由电池(1)计算锌电极的标准电极电势,并与文献值比较。

(已知:$0.100\ mol \cdot L^{-1}$ $ZnSO_4$ 的 $\gamma_{Zn^{2+}} = \gamma_\pm = 0.15$)

(2) 计算电池(2)中铜电极的电极电势。

(3) 根据公式 $E = \dfrac{RT}{2F} \ln \dfrac{a_{Cu^{2+}}(2)}{a_{Cu^{2+}}(1)} = \dfrac{RT}{2F} \ln \dfrac{\gamma_\pm m_2}{\gamma_\pm m_1}$ 计算浓差电池电动势,并与电池(3)的测定结果比较。

(4) 计算未知溶液的 pH。

(5) 将电池(5)的电动势 E 对温度 T 作图,由所得曲线求得 25 ℃、35 ℃的 $\left(\dfrac{\partial E}{\partial T}\right)_p$,并计算 25 ℃、35 ℃时的 $\Delta_r G_m$、$\Delta_r S_m$、$\Delta_r H_m$。

七、问题与讨论

(1) 对消法测电动势的基本原理是什么? 为什么用伏特表不能准确测定电池电动势?

(2) 参比电极应具备什么条件? 它有什么作用?

(3) 盐桥有什么作用? 用作盐桥的物质应有什么条件?

(4) 影响实验测量精确度的因素有哪些?

实验 10　电导的测定及应用

一、实验目的

(1) 了解溶液电导、电导率、电导池常数等基本概念。

(2) 学习电导率仪的使用方法。

(3) 掌握溶液电导、电导率的测定及应用。

二、实验原理

1. 弱电解质电离平衡常数的测定

电解质溶液的电导率是电极面积各为 $1\ m^2$、两电极间相距 $1\ m$ 时溶液的电导。

$$\kappa = G\Big(\frac{l}{A}\Big) \qquad (2-40)$$

式中，l/A 为电导池常数，以 K_{cell} 表示。

摩尔电导率与电导率的关系为

$$\Lambda_m = \frac{\kappa}{c} \qquad (2-41)$$

对弱电解质来说，Λ_m 与 Λ_m^{∞} 的差别可近似看成是由部分电离与全部电离产生的离子数目不同所致，所以弱电解质的电离度 α 可表示为

$$\alpha = \frac{\Lambda_m}{\Lambda_m^{\infty}} \qquad (2-42)$$

式中，Λ_m^{∞} 为溶液在无限稀释时的摩尔电导率。

若电解质为 MA 型，浓度为 c，则电离平衡常数为

$$K_c = \frac{c\alpha^2}{1-\alpha} = \frac{c\Lambda_m^2}{\Lambda_m^{\infty}(\Lambda_m^{\infty}-\Lambda_m)} \qquad (2-43)$$

即

$$c\Lambda_m = (\Lambda_m^{\infty})^2 K_c \frac{1}{\Lambda_m} - \Lambda_m^{\infty} K_c \qquad (2-44)$$

测定一系列不同浓度溶液的电导率，以 $c\Lambda_m$ 对 $1/\Lambda_m$ 作图，其直线的斜率为 $(\Lambda_m^{\infty})^2 K_c$，若已知 Λ_m^{∞} 值，就可求算 K_c。

2. 微溶盐溶解度和溶度积的测定

由于微溶性盐的溶解度很小，盐又是强电解质，其饱和溶液的摩尔电导率可认为是 $\Lambda_{m盐}^{\infty}$，数值可从有关手册中查得。因此，饱和溶液的浓度 c（该盐的溶解度）为

$$c = \frac{\kappa_{盐}}{\Lambda_{m盐}^{\infty}} \qquad (2-45)$$

式中，$\kappa_{盐}$ 为纯微溶盐的电导率。实验中所测定的饱和溶液的电导率值为盐与水的电导率之和。

$$\kappa_{溶液} = \kappa_{H_2O} + \kappa_{盐} \qquad (2-46)$$

例如，氟化钙的溶解平衡可表示为

$$CaF_2 \Longrightarrow Ca^{2+} + 2F^-$$

则

$$K_{sp} = c_{Ca^{2+}} c_{F^-}^2 = 4c^3 \qquad (2-47)$$

三、仪器与试剂

电导率仪；超级恒温槽；电导池与电导电极；容量瓶(100 mL)；移液管(25 mL、50 mL)；洗瓶；洗耳球，烧杯(250 mL)，电炉。0.1000 mol·L^{-1}乙酸溶液；氟化钙(分析纯)。

四、实验步骤

(1) 溶液配制。

(a) 乙酸溶液：用移液管移取 25 mL 浓度为 c_0(0.1 mol·L^{-1})的乙酸溶液，于 100 mL 容量瓶中稀释、定容后得 $1/4c_0$ 乙酸溶液；从 $1/4c_0$ 乙酸溶液中移取 50 mL，于 100 mL 容量瓶中稀释、定容后得 $1/8c_0$ 乙酸溶液；依此类推，分别配制浓度为 $1/4c_0$、$1/8c_0$、$1/16c_0$、$1/32c_0$、$1/64c_0$ 的溶液 5 份。

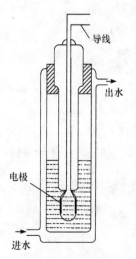

导线

出水

电极

进水

图 2-19　电导池

(b) 氟化钙饱和溶液：取适量氟化钙于烧杯中，加入约 100 mL 电导水，在电炉上煮沸 3 min 取下，静置分层后倾掉上层清液。再加入约 100 mL 电导水，煮沸、倾掉上层清液，连续进行 5 次以上。留取第 4 次以后的清液，冷却后备用。

(2) 调节超级恒温槽水浴温度为 25.0 ℃，如图 2-19 所示，使恒温水流经电导池夹层。

(3) 测定电导水的电导率。用电导水洗涤电导池和电导电极两三次，然后注入电导水，测其电导率值，重复测定 3 次。

(4) 测定乙酸溶液的电导率。用少量待测溶液洗涤电导池和电导电极两三次，然后注入待测溶液，恒温约

10 min 后测其电导率。按照浓度从小到大的顺序依次测定 5 份不同浓度乙酸溶液的电导率,每份溶液重复测定 3 次。

(5) 将冷却后的氟化钙饱和溶液注入电导池,测其电导率。若第 4 次和第 5 次清液的电导率相等,则表明氟化钙中的杂质已清除干净;若两次清液的电导率差值超过 1 $\mu S \cdot cm^{-1}$,则应继续纯化。

五、注意事项

(1) 温度对电导有较大影响,所以测量必须在同一温度下进行。每次用电导水稀释溶液时,也须温度相同。因此可以预先把电导水置于恒温水浴中恒温。

(2) 测定前,必须将电极和电导池洗涤干净,以免影响测定结果。

(3) 测定纯水电导率时,应迅速测量,以减小溶入二氧化碳带来的误差。

(4) 测定乙酸溶液电导率时,应按浓度由小到大的顺序依次测量。电导池不用时,应把铂黑电极浸在蒸馏水中,以免干燥致使表面发生改变。

六、数据处理指导

(1) 查出 25 ℃时 H^+ 和 Ac^- 的无限稀释摩尔电导率,计算乙酸的 Λ_m^∞。

(2) 计算乙酸在 5 种不同浓度下的电离度 α 和电离平衡常数 K_c,并求出 K_c 的平均值。

(3) 以 $c\Lambda_m$ 对 $1/\Lambda_m$ 作图,由直线的斜率求得 K_c,并与上述结果进行比较。

(4) 计算氟化钙的溶解度和溶度积 K_{sp},并与文献值比较。

七、问题与讨论

(1) 测电导时为什么要恒温? 实验中测电导池常数和溶液电导,温度是否要一致?

(2) 为什么测定溶液电导要用交流电?

(3) 氟化钙为什么要多次煮沸?

(4) 为什么需要测定纯水的电导率?

(5) 实验中为何用镀铂黑电极? 使用时有什么注意事项?

实验 11　电势-pH 曲线的测定

一、实验目的

(1) 了解电势-pH 图的意义及应用。

(2) 熟悉能斯特方程及其应用。

（3）掌握电极电势、电池电动势及 pH 的测定原理和方法。

（4）学习绘制和分析电势-pH 曲线的一般方法。

二、实验原理

电势-pH 图由比利时化学家普尔拜克斯（Pourbaix）提出，最早应用于金属腐蚀研究。电势-pH 图就是将相关电极反应的电极电势与 pH 的关系作成平面图，相当于电化学系统的相图。电极电势的大小反映物质氧化还原能力的强弱，从而可知反应进行的条件，对可能发生的反应进行判断。大部分水溶液氧化还原反应与溶液的浓度和酸度有关，如果指定溶液的浓度，则电极电势只与溶液的 pH 有关。在改变溶液的 pH 时测定溶液的电极电势，然后以电极电势对 pH 作图，这样就可得到等温、等浓度的电势-pH 曲线。它能表明反应自发进行的条件，指明物质在水溶液中稳定存在的区域和范围，为分离、电解、湿法冶金、化学工程、金属防腐等领域提供热力学依据。常见的电势-pH 图有金属-水系、金属-配合剂-水系、硫化物-水系等。

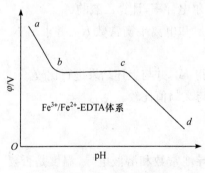

图 2-20　φ-pH 图

电势-pH 图以电势为纵坐标，因为电势可以作为水溶液中氧化-还原反应趋势的量度；以 pH 为横坐标，因为水溶液中进行的反应大多与水的离解反应，即与 H^+ 有关。根据有无电子和氢离子参加，可将溶液中反应分为四类：① 只有 H^+ 参加，没有电子参加的反应；② 只有电子参加，没有 H^+ 参加的反应；③ H^+ 和电子均参加的反应；④ 既无 H^+，也无电子参加的反应。

以 Y^{4-} 代表 EDTA 酸根离子，Fe^{3+}/Fe^{2+}-EDTA 配合体系在不同的 pH 范围内，其配位产物不同，电极电势的变化可分为三个不同的 pH 区间，如图 2-20 所示。

（1）低 pH 时（图 2-20 中的 ab 段），体系的电极反应为

$$FeY^- + H^+ + e \longrightarrow FeHY^-$$

根据能斯特（Nernst）方程，其电极电势为

$$\varphi = \varphi^\ominus - \frac{RT}{F} \ln \frac{a_{FeHY^-}}{a_{FeY^-} a_{H^+}}$$

$$= \varphi^\ominus - \frac{RT}{F} \ln \frac{\gamma_{FeHY^-}}{\gamma_{FeY^-}} - \frac{RT}{F} \ln \frac{m_{FeHY^-}}{m_{FeY^-}} - \frac{2.303RT}{F} pH \qquad (2-48)$$

式中，$\varphi^{\ominus}$ 为标准电极电势；a 为活度，$a = \gamma m$（γ 为活度系数，m 为质量摩尔浓度）。

令 $b_1 = \dfrac{RT}{F} \ln \dfrac{\gamma_{FeHY^-}}{\gamma_{FeY^-}}$，则式（2-48）可写为

$$\varphi = (\varphi^{\ominus} - b_1) - \frac{RT}{F} \ln \frac{m_{FeHY^-}}{m_{FeY^-}} - \frac{2.303RT}{F} pH \qquad (2-49)$$

当溶液离子强度和温度一定时，b_1 为常数，若 $m_{Fe^{2+}} / m_{Fe^{3+}}$ 不变，则 φ 与 pH 呈线性关系。

(2) 在特定 pH 范围内（图 2-20 中的 bc 段），Fe^{3+}/Fe^{2+} 能与 EDTA 生成稳定的配合物 FeY^{2-} 和 FeY^-，其电极反应为

$$FeY^- + e \longrightarrow FeY^{2-}$$

电极电势为

$$\varphi = \varphi^{\ominus} - \frac{RT}{F} \ln \frac{a_{FeY^{2-}}}{a_{FeY^-}}$$

$$= \varphi^{\ominus} - \frac{RT}{F} \ln \frac{\gamma_{FeY^{2-}}}{\gamma_{FeY^-}} - \frac{RT}{F} \ln \frac{m_{FeY^{2-}}}{m_{FeY^-}} \qquad (2-50)$$

令 $b_2 = \dfrac{RT}{F} \ln \dfrac{\gamma_{FeY^{2-}}}{\gamma_{FeY^-}}$，则式（2-50）可写为

$$\varphi = (\varphi^{\ominus} - b_2) - \frac{RT}{F} \ln \frac{m_{FeY^{2-}}}{m_{FeY^-}} \qquad (2-51)$$

当溶液离子强度和温度一定时，b_2 为常数，在此 pH 范围内，该体系的电极电势只与 $m_{FeY^{2-}} / m_{FeY^-}$ 的值有关，而与溶液 pH 无关。EDTA 过量时，生成的配合物的浓度可近似看作配制溶液时铁离子的浓度，即 $m_{FeY^{2-}} \approx m_{Fe^{2+}}$，$m_{FeY^-} \approx m_{Fe^{3+}}$。当 $m_{Fe^{2+}}$ 与 $m_{Fe^{3+}}$ 的比值一定时，则 φ 为一定值，曲线呈现一平台。

(3) 高 pH 时（图 2-20 中的 cd 段），体系的电极反应为

$$Fe(OH)Y^{2-} + e \longrightarrow FeY^{2-} + OH^-$$

电极电势为

$$\varphi = \varphi^{\ominus} - \frac{RT}{F} \ln \frac{a_{FeY^{2-}} \, a_{OH^-}}{a_{Fe(OH)Y^{2-}}} \qquad (2-52)$$

稀溶液中水的活度积 K_w 可看作水的离子积，又根据 pH 定义，式（2-52）可写为

$$\varphi = \varphi^{\ominus} - \frac{RT}{F} \ln \frac{\gamma_{FeY^{2-}} K_w}{\gamma_{Fe(OH)Y^{2-}}} - \frac{RT}{F} \ln \frac{m_{FeY^{2-}}}{m_{Fe(OH)Y^{2-}}} - \frac{2.303RT}{F} pH \qquad (2-53)$$

令 $b_3 = \dfrac{RT}{F} \ln \dfrac{\gamma_{FeY^{2-}} K_w}{\gamma_{Fe(OH)Y^{2-}}}$，则式（2-53）可写为

$$\varphi = \varphi^{\ominus} - b_3 - \frac{RT}{F} \ln \frac{m_{FeY^{2-}}}{m_{Fe(OH)Y^{2-}}} - \frac{2.303RT}{F} pH \qquad (2-54)$$

EDTA 过量时,$m_{FeY^{2-}} \approx m_{Fe^{2+}}$,$m_{Fe(OH)Y^{2-}} \approx m_{Fe^{3+}}$,则当 $m_{Fe^{2+}}$ 与 $m_{Fe^{3+}}$ 的比值一定时,φ 与 pH 呈线性关系。

三、仪器与试剂

电位差计;数字式 pH 计;超级恒温槽;分析天平;恒温电解池;磁力搅拌器;饱和甘汞电极;铂电极;pH 复合电极(玻璃电极和 Ag-AgCl 电极);温度计;滴管。$FeCl_3 \cdot 6H_2O$;$FeCl_2 \cdot 4H_2O$ 或 $(NH_4)_2Fe(SO_4)_2 \cdot 6H_2O$;EDTA 二钠盐;HCl 溶液;NaOH 溶液;$N_2(g)$。

四、实验步骤

(1) 配制溶液:分别配制 0.05 mol·L^{-1} Fe^{2+} 溶液,0.05 mol·L^{-1} Fe^{3+} 溶液,0.2 mol·L^{-1} EDTA 溶液,2 mol·L^{-1} HCl 溶液和 1 mol·L^{-1} NaOH 溶液。

(2) 开启超级恒温槽,调节水浴温度为 25.0 ℃。

(3) 向电解池中加入 10 mL 蒸馏水,开启磁力搅拌器,通入氮气。

(4) 移取 10 mL 0.05 mol·L^{-1} Fe^{2+} 溶液、10 mL 0.05 mol·L^{-1} Fe^{3+} 溶液和 25 mL 0.2 mol·L^{-1} EDTA 溶液,依次加入电解池中。

(5) 将 pH 复合电极、饱和甘汞电极、铂电极分别插入电解池盖上的三个孔,使其浸于液面下。然后将 pH 复合电极接到 pH 计上,测定体系的 pH;将铂电极和饱和甘汞电极分别接在电位差计的"+"、"-"两端,测定两电极间的电动势。实验装置如图 2-21 所示。

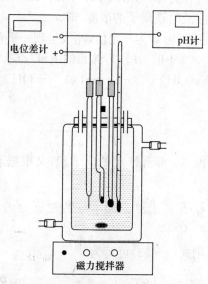

图 2-21　电势-pH 测定装置图

(6) 向电解池中缓慢滴加 1 mol·L^{-1} NaOH 溶液,调节 pH 为 8。

(7) 向电解池中滴入少量 1 mol·L^{-1} HCl 溶液,改变体系 pH。每间隔 ΔpH= 0.3,待数值稳定后,记录 pH 和电动势,直至 pH=3。

(8) 用 2 mol·L^{-1} NaOH 溶液改变体系 pH,操作同步骤(7),直至 pH=8。

五、注意事项

(1) 加入 Fe^{2+} 溶液前要先通氮气,排出电解池中的空气,并在实验过程中保持通氮气,以免被 Fe^{2+} 氧化。

(2) 加入 NaOH 溶液时应逐滴缓慢加入,并控制适宜的搅拌速率,防止由于局部浓度不均匀而生成 Fe(OH)$_3$ 沉淀。

六、数据处理指导

(1) 记录测得的 pH 和对应电动势 E,根据电动势 E 和饱和甘汞电极的电极电势计算相应的电极电势 φ。

(2) 绘制 Fe^{3+}/Fe^{2+}-EDTA 配合体系的电势 φ-pH 曲线,由曲线确定 FeY$^-$ 和 FeY^{2-} 稳定存在的 pH 范围。

七、问题与讨论

(1) 写出 Fe^{3+}/Fe^{2+}-EDTA 体系在各电位区间的电极反应及对应的能斯特方程表示式。

(2) 影响实验测量精确度的因素有哪些?

(3) 查阅 Fe-H$_2$O 体系电势-pH 图,分析 Fe 在不同条件下(电极和 pH)所处的平衡状态。

实验 12 极化曲线的测定

一、实验目的

(1) 掌握电极极化的基本原理和恒电势法测定极化曲线的方法。

(2) 了解极化曲线的意义和应用。

(3) 掌握电化学工作站的使用方法。

二、实验原理

研究可逆电池的电动势和电池反应时,电极上几乎没有电流通过,每个电极反应都是在接近于平衡状态下进行的,因此电极反应是可逆的。但当有电流明显地通过电池时,电极的平衡状态被破坏,电极电势偏离平衡值,电极反应处于不可逆状态,而且随着电极上电流密度的增加,电极反应的不可逆程度也随之增大。由于电流通过电极而导致电极电势偏离平衡值的现象称为电极的极化。描述电极电势(或过电势)与电流密度之间关系的曲线称为极化曲线。电极过程往往是复杂的、多步骤的过程,因此极化的类型也有多种,如电化学极化(或称活化极化、电荷传递极化)、由传质过程引起的浓差极化、欧姆极化、均相或多相化学反应极化、电结晶极化等。为了探索电极过程机理及影响电极过程的各种因素,必须对电极过程进行研究,其中极化曲线的测定是重要方法之一。

极化曲线的测定可分为控制电势法和控制电流法。控制电势法又可分为静电势法和动电势法。静电势法是将电极电势恒定在某一数值,测定相应的稳定电流值,如此逐点地测量一系列不同电极电势下的稳定电流值,即可获得完整的极化曲线。动电势法是控制电极电势以较慢的速率连续地改变(扫描),并测量对应电势下的瞬时电流值,以瞬时电流与对应的电极电势作图,获得极化曲线。恒电流法是控制研究电极上的电流密度依次恒定在不同的数值下,同时测定相应的稳定电极电势值。

一般来说,电极表面建立稳态的速率越慢,则电势扫描速率也应越慢。因此,对不同的电极体系,扫描速率也不相同。为测得稳态极化曲线,可依次减小扫描速率测定若干条极化曲线,当极化曲线不再明显变化时,即确定此扫描速率下测得的极化曲线为稳态极化曲线。

金属的阳极过程是指金属作为阳极时在一定的外电势下发生的阳极溶解过程:

$$M \longrightarrow M^{n+} + ne$$

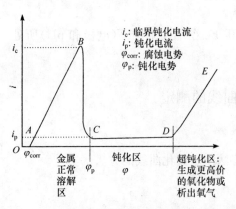

图 2-22　极化曲线

只有在电极电势高于其热力学电势时,此过程才能发生。阳极的溶解速率随电极电势升高而逐渐增大,这是正常的阳极溶出,但当阳极电势正到某一数值时,其溶解速率达到最大值,此后阳极溶解速率随电势升高反而大幅度降低,这种现象称为金属的钝化现象,如图 2-22 所示。从 A 点开始,AB 区间随着电极电势正向移动,电流密度随之增加,为金属的正常溶解区;超过 B 点后,BC 区间随电极电势增加电流密度迅速减至最小,此为过渡钝化区,B 点对应的电势称为临界钝化电势,对应的电流称为临界钝化电流;到达 C 点以后,CD 区间随着电极电势的继续增加,电流保持在一个基本不变的很小的数值上,该电流称为钝化电流(维钝电流),此区间为钝化区;电极电势升到 D 点,电流又随着电势的上升而增大,表示阳极又发生了氧化过程,可能是高价金属离子产生也可能是水分子放电析出氧气，DE 区间称为超钝化区。

三、仪器与试剂

电化学工作站；磁力搅拌器；饱和甘汞电极；镍盘电极（研究电极）；铂丝电极（辅助电极）；三电极电解池。2 mol·L^{-1}(NH$_4$)$_2$CO$_3$ 溶液；0.5 mol·L^{-1} H$_2$SO$_4$ 溶液；0.5 mol·L^{-1} H$_2$SO$_4$＋5.0×10^{-3} mol·L^{-1} KCl 混合溶液；0.5 mol·L^{-1} H$_2$SO$_4$＋0.1 mol·L^{-1} KCl 混合溶液；N$_2$(g)。

四、实验步骤

1. 碳钢在碳酸铵溶液中的极化曲线

（1）打开电化学工作站，预热。

（2）碳钢预处理：用金相砂纸将碳钢研究电极打磨至镜面光亮，在丙酮中除油后，留出 1 cm^2 面积，用石蜡涂封其余部分。以另一碳钢电极为阳极，处理后的碳钢电极为阴极，在 0.5 mol·L^{-1} H$_2$SO$_4$ 溶液中控制电流密度为 5 mA·cm^{-2}，电解 10 min，去除电极上的氧化膜，然后用蒸馏水洗净备用。

（3）将 2 mol·L^{-1}(NH$_4$)$_2$CO$_3$ 溶液倒入电解池中，如图 2-23 所示将电极与电化学工作站相接。通电前在溶液中通入氮气 5 ～10 min，以除去电解液中的氧气。为保证除氧效果，可打开磁力搅拌器。

（4）在软件界面选择仪器所提供方法中的"线性扫描伏安法"。"参数设定"中，"初始电位"设为 -1.2 V，"终止电位"设为 1.0 V，"扫描速率"设为 10 mV·s^{-1}，"等待时间"设为 120 s。开始运行，记录并保存实验结果。

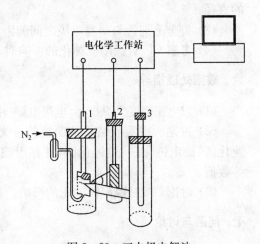

图 2-23　三电极电解池
1. 研究电极；2. 辅助电极；3. 参比电极

（5）重新处理电极，将"扫描速率"逐次降低 1 mV·s^{-1}，重复上述步骤，至所得曲线不再明显变化。保存该曲线为实验测定的稳态极化曲线。

2. 镍在硫酸溶液中的钝化曲线

（1）镍电极预处理：用金相砂纸将镍电极端面打磨至镜面光亮，在丙酮中除油后，在 0.5 mol·L^{-1} H$_2$SO$_4$ 溶液中浸泡片刻，然后用蒸馏水洗净备用。

(2) 电解线路连接:将 $0.5\ mol\cdot L^{-1}\ H_2SO_4$ 溶液倒入电解池中,如图 2-23 所示将电极与电化学工作站相接。通电前在溶液中通入氮气 5～10 min,以除去电解液中的氧气。为保证除氧效果,可打开磁力搅拌器。

(3) 恒电位法测定镍在硫酸溶液中的钝化曲线。

(4) 选择仪器所提供的方法中的"线性扫描伏安法"。"参数设定"中,"初始电位"设为 $-0.2\ V$,"终止电位"设为 $1.7\ V$,"扫描速率"设为 $10\ mV\cdot s^{-1}$,"等待时间"设为 120 s。开始运行,记录并保存实验结果。

(5) 将"扫描速率"依次降低,重新处理电极后重复上述步骤,至所得曲线不再明显变化。保存该曲线为实验测定的稳态极化曲线。

(6) 考察 Cl^- 对镍阳极钝化的影响。重新处理电极,依次更换 $0.5\ mol\cdot L^{-1}$ $H_2SO_4+5.0\times10^{-3}mol\cdot L^{-1}$ KCl 混合溶液和 $0.5\ mol\cdot L^{-1}\ H_2SO_4+0.1\ mol\cdot L^{-1}$ KCl 混合溶液,以步骤(5)中所确定的扫描速率,进行钝化曲线的测量。

五、注意事项

(1) 按照实验要求,严格进行电极处理。

(2) 鲁金毛细管应尽量靠近,但管口离电极表面的距离不能小于毛细管本身的直径。

(3) 鲁金毛细管与研究电极之间的距离每次应保持一致。

(4) 考察 Cl^- 对镍阳极钝化的影响时,测试方式和测试条件等应保持一致。

六、数据处理指导

(1) 以电流密度为纵坐标,电极电势(相对饱和甘汞)为横坐标,绘制极化曲线。

(2) 讨论所得实验结果及曲线的意义,指出钝化曲线中的活性溶解区、过渡钝化区、稳定钝化区、过钝化区,并标出临界钝化电流密度(电势)、维钝电流密度等数值。

(3) 讨论 Cl^- 对镍阳极钝化的影响。

七、问题与讨论

(1) 比较恒电流法和恒电位法测定极化曲线有何异同,并说明原因。

(2) 测定阳极钝化曲线为什么要用恒电位法?

(3) 做好本实验的关键有哪些?

实验 13　氢超电势的测定

一、实验目的

(1) 理解塔菲尔公式,明确公式中参数 a、b 的意义和影响因素。

（2）了解超电势的分类和影响超电势的因素。
（3）掌握测量不可逆电极电势的方法。

二、实验原理

当没有电流通过时，电极处于平衡状态，此时的电极电势称为可逆电极电势，用 φ_r 表示。可逆电极电势对于解决许多电化学和热力学问题是十分有用的。但是，许多实际的电化学过程并不是在可逆情况下实现的。当有明显的电流通过电极时，电极电势偏离其可逆电极电势，称为不可逆电极电势，用 φ_i 表示。可逆电极电势与不可逆电极电势之差称为电极的超电势，用 η 表示，即

$$\eta = \mid \varphi_r - \varphi_i \mid \qquad (2-55)$$

超电势的大小与电极材料、溶液组成、电流密度、温度、电极表面的处理情况有关。超电势由三部分组成：电阻超电势、浓差超电势和活化超电势，分别用 η_R、η_C 和 η_E 表示。η_R 是电极表面的氧化膜和溶液的电阻产生的超电势。η_C 是由于电极表面附近溶液的浓度与中间本体的浓度差产生的。η_E 是由于电极表面化学反应本身需要一定的活化能引起的。对于氢电极，η_R 和 η_C 比 η_E 小得多，在进行实验时，可设法将 η_R 和 η_C 减小到可忽略的程度，从而得到氢电极的活化超电势。

在电解过程中，除了铁、钴、镍等一些过渡元素的离子之外，一般金属离子在阴极上还原成金属时，活化超电势的数值都比较小。但在有气体析出（如在阴极析出氢气、阳极上析出氧气或氯气）时，活化超电势的数值相当大。由于气体的活化超电势相当大，而且在电化学工业中又经常遇到与气体活化超电势有关的实际问题，因此对其研究比较多。1905 年，塔菲尔（Tafel）在研究氢气的活化超电势与电流密度 i 的关系时曾提出如下经验关系，称为塔菲尔公式：

$$\eta = a + b \lg i \qquad (2-56)$$

式中，η 为电流密度为 i 时的超电势；a 和 b 为经验常数，单位均为 V。a 的物理意义是在电流密度 i 为 $1\ \text{A} \cdot \text{cm}^{-2}$ 时的超电势。a 的大小与电极材料、电极的表面状态、电流密度、溶液组成和温度有关，它基本上表征电极的不可逆程度，a 值越大，在给定电流密度下氢的超电势也越大。b 为超电势与

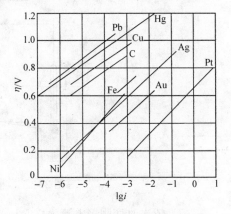

图 2-24　氢超电势与电流密度
关系图

电流密度对数的线性方程式中的斜率，如图 2-24 所示。b 值受电极性质的影响较小，对于大多数金属来说相差不大。

需要指出的是,当电流密度 i 很小时,η 和 $\lg i$ 的关系不符合塔菲尔公式。

三、仪器与试剂

电化学工作站;氢气发生器;恒温槽;电极管;铂电极;Ag-AgCl 电极(参比电极)。电导水;$1\ mol \cdot L^{-1}$ 盐酸;浓硝酸。

四、实验步骤

(1) 将电极管洗净,用电解液($1\ mol \cdot L^{-1}$ 盐酸)润洗两三次,然后倒入一定量电解液,氢气出口处用电解液封住。

(2) 将铂电极在浓硝酸中浸泡 $2\sim3\ min$,取出后依次用电导水和电解液淋洗。

(3) 将两支铂电极和银-氯化银参比电极分别插入电极管内。

(4) 将电极管放入恒温槽内恒温($25\sim35\ ℃$)。

(5) 通入氢气,控制氢气均匀放出。

(6) 如图 2-25 所示连接线路,在软件界面选择仪器所提供方法中的"计时电势法"。"参数设定"中,"阴极电流"和"阳极电流"均设为 $0\ A$;"极限正电势"设为 $0\ V$,"极限负电势"设为 $1\ V$;"阴极极化时间"设为 $180\ s$,阳极极化时间设为 $0\ s$;"初始极化方向"设为阴极;采样间隔设为 $1\ s$;电流极性转换控制设为时间。开始运行,平行测定 3 次,记录并保存实验结果。

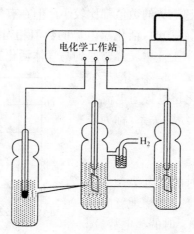

图 2-25　测定氢超电势的装置图

(7) 依次改变阴极电流为 $0.5\ mA$、$0.7\ mA$、$0.9\ mA$、$1.2\ mA$、$1.5\ mA$、$1.8\ mA$、$2.1\ mA$、$2.5\ mA$、$3\ mA$、$4\ mA$、$6\ mA$,用同样方法分别平行测定 3 次。

(8) 测量完毕后,取出研究电极,测量其表观面积。

五、注意事项

(1)被测电极在测定过程中应始终保持浸在氢气的气氛中,氢气气泡要稳定地、一个一个地吹打在铂电极上,并密切注意测定过程中铂电极的变化。如铂电极表面吸附一层小气泡或变色,应立即停止实验,重新处理电极,重新开始实验。

(2)鲁金毛细管应尽量靠近,但管口离电极表面的距离不能小于毛细管本身的直径。

六、数据处理指导

(1)计算不同电流密度 i 的超电势 η 值。

(2)将电流换算成电流密度 i,以 η 对 $\lg i$ 作图,连接线性部分。

(3)求出直线斜率 b,并将直线延长,在 $\lg i = 0$ 时读取 a 值,或将数据代入塔菲尔公式,求算常数 a 值。

(4)写出超电势与电流密度的经验式。

七、问题与讨论

(1)电极管中三个电极的作用分别是什么?

(2)影响超电势的因素有哪些?

(3)用什么方法可以最大限度地减小电阻超电势和浓差超电势?

实验 14　蔗糖的转化

一、实验目的

(1)了解一级反应速率公式及动力学特点,熟悉准一级反应的速率公式。

(2)用积分法测定不同温度时蔗糖转化反应的速率常数,计算反应的半衰期,并根据阿伦尼乌斯公式求算蔗糖转化反应的活化能。

(3)掌握旋光仪的使用方法及旋光法在动力学测定中的应用。

二、实验原理

一级反应的速率方程为

$$r = -\frac{\mathrm{d}c}{\mathrm{d}t} = kc \qquad (2-57)$$

不定积分:

$$\int -\frac{\mathrm{d}c}{c} = \int k\mathrm{d}t \qquad (2-58)$$

得

$$-\ln c = kt + B \tag{2-59}$$

式中，B 为积分常数。以 $\ln c$ 对 t 作图为一直线，直线斜率为速率常数 k。

定积分：

$$\int_{c_0}^{c} -\frac{\mathrm{d}c}{\mathrm{d}t} = \int_{0}^{t} k\mathrm{d}t \tag{2-60}$$

得

$$\ln \frac{c_0}{c} = kt \tag{2-61}$$

式中，c 和 c_0 分别为反应物在 t 时刻的浓度和初始浓度。由此可得反应的半衰期为

$$t_{1/2} = \frac{\ln 2}{k} \tag{2-62}$$

蔗糖转化反应为

$$\mathrm{C_{12}H_{22}O_{11}} + \mathrm{H_2O} \xrightarrow{\mathrm{H^+}} \mathrm{C_6H_{12}O_6} + \mathrm{C_6H_{12}O_6}$$

$$\text{蔗糖} \qquad\qquad\qquad \text{葡萄糖} \qquad \text{果糖}$$

其速率方程为

$$-\frac{\mathrm{d}c}{\mathrm{d}t} = k' c c_{\mathrm{H_2O}} c_{\mathrm{H^+}} \tag{2-63}$$

式中，k' 为反应速率常数；c 为时间 t 时的蔗糖浓度。此反应在定温条件下，在纯水中进行的反应速率很慢，通常需要在 $\mathrm{H^+}$ 的催化下进行，因此 $\mathrm{H^+}$ 作为催化剂，在反应过程中浓度不变，则式（2-63）变为

$$-\frac{\mathrm{d}c}{\mathrm{d}t} = k'' c c_{\mathrm{H_2O}} \tag{2-64}$$

式中，$k'' = k' c_{\mathrm{H^+}}$。式（2-64）表明该反应为二级反应。由于反应时水是大量的，尽管有部分水分子参加了反应，但在反应过程中水的浓度变化极小，可近似认为整个反应过程中水的浓度不变。因此蔗糖转化反应可看作一级反应，其动力学方程为

$$-\frac{\mathrm{d}c}{\mathrm{d}t} = kc \tag{2-65}$$

式中，k 为反应表观速率常数；c 为时间 t 时的反应物浓度。

将式（2-65）积分得

$$\ln c = -kt + \ln c_0 \tag{2-66}$$

式中，c_0 为反应物的初始浓度。若以 $\ln c$ 对 t 作图，得一直线，通过直线斜率即可求出反应的速率常数 k。反应速率还可以用半衰期 $t_{1/2}$ 来表示，当 $c = 1/2 c_0$ 时，t 可用 $t_{1/2}$ 表示，即为反应的半衰期：

$$t_{1/2} = \frac{\ln 2}{k} = \frac{0.693}{k} \tag{2-67}$$

很显然半衰期与反应物的初始浓度无关,这是一级反应的特征。

如何获得不同时刻蔗糖的浓度?因为蔗糖及其转化产物都含有不对称的手性碳原子,它们都具有旋光性。但是它们的旋光能力不同,故可以利用体系在反应过程中旋光度的变化来监测反应的进程。度量旋光度所用的仪器称为旋光仪,测得的旋光度的大小与溶液中所含的旋光物质的旋光能力、溶质的性质、溶液的浓度和厚度、光源波长及测量温度等有关。在其他条件不变时,旋光度与溶液的浓度呈线性,即

$$\alpha = Kc \tag{2-68}$$

式中,比例常数 K 与物质旋光能力、溶液厚度、溶剂性质、光源波长、温度等有关。

蔗糖是右旋性物质,其比旋光度 $[\alpha]_D^{20} = 66.6°$。产物中葡萄糖也是右旋性物质,其比旋光度 $[\alpha]_D^{20} = 52.5°$;而果糖则是左旋性物质,其比旋光度 $[\alpha]_D^{20} = -91.9°$。因此,随着水解反应的进行,右旋角不断减小,反应至某一瞬间,体系的旋光度恰好等于零,而后变成左旋,直至蔗糖完全转化,这时左旋角达到最大值。

最初的旋光度为

$$\alpha_0 = K_{反}c_0 \qquad (表示蔗糖未转化,t = 0) \tag{2-69}$$

最后的旋光度为

$$\alpha_\infty = K_{产}c_0 \qquad (表示蔗糖已完全转化,t = \infty) \tag{2-70}$$

式中,$K_{反}$ 和 $K_{产}$ 分别为反应物和产物的比例常数;c_0 为反应物的初始浓度,也等于产物最后的浓度,当时间为 t 时,蔗糖浓度为 c,旋光度为 α_t。

$$\alpha_t = K_{反}c + K_{产}(c_0 - c) \tag{2-71}$$

由式(2-69)~式(2-71)联立得

$$c_0 = \frac{\alpha_0 - \alpha_\infty}{K_{反} - K_{产}} = K'(\alpha_0 - \alpha_\infty) \tag{2-72}$$

$$c = \frac{\alpha_t - \alpha_\infty}{K_{反} - K_{产}} = K'(\alpha_t - \alpha_\infty) \tag{2-73}$$

将式(2-72)和式(2-73)代入式(2-66)即得

$$\ln(\alpha_t - \alpha_\infty) = -kt + \ln(\alpha_0 - \alpha_\infty) \tag{2-74}$$

由式(2-74),以 $\ln(\alpha_t - \alpha_\infty)$ 对 t 作图为一直线,由直线的斜率即可求得反应速率常数 k,进而求得半衰期 $t_{1/2}$。

实验中就是通过测定蔗糖水解过程中不同时间 t 时的旋光度 α_t 以及完全水解后的旋光度 α_∞,求得速率常数 k。如果测出不同温度时的 k 值,根据阿伦尼乌斯公式:

$$\ln \frac{k_2}{k_1} = \frac{E_a(T_2 - T_1)}{RT_1 T_2} \tag{2-75}$$

可求出蔗糖转化反应在该温度范围内的表观活化能 E_a。

三、仪器与试剂

自动旋光仪;旋光管;超级恒温槽;台秤;秒表;移液管(25 mL);带塞三角瓶(100 mL);洗耳球。2 mol·L^{-1}盐酸(分析纯);蔗糖(分析纯)。

四、实验步骤

(1) 将恒温旋光管接入恒温槽,调节恒温槽温度(25.0±0.1)℃,使恒温旋光管恒温。

(2) 旋光仪零点的校正。把旋光管一端的盖子旋开(注意盖内玻片以防摔碎),用蒸馏水洗净并充满,使液体在管口形成一凸出的液面,然后将玻片轻轻推放盖好,注意不要留有气泡,然后旋好管盖,注意不应过紧,不漏水即可。把旋光管外壳及两端玻片的水渍吸干,把旋光管放入旋光仪中,打开电源,把开关打到调零,重复 3 次,取其平均值,即为旋光仪的零点读数。

(3) 蔗糖水解过程中 α_t 的测定。

(a) 用移液管移取 25 mL 17% 蔗糖溶液置于 100 mL 带塞三角瓶中,移取 25 mL 2 mol·L^{-1}盐酸溶液于另一个 100 mL 带塞三角瓶中,将两个盛有蔗糖和盐酸溶液的三角瓶放入恒温槽内,恒温 5~10 min。

(b) 取出两个三角瓶,将盐酸溶液迅速倒入蔗糖溶液中,同时开始记录反应时间,摇动三角瓶使反应液充分混合。

(c) 先用少量混合液涮洗旋光管后再装满,用吸水纸擦净并立即置于旋光仪中,盖上槽盖,测量不同时间 t 时溶液的旋光度 α_t。每隔 3 min 读一次数据,连续测量 10 组以上数据。

(4) α_∞ 的测定。α_∞ 的测定可以将反应液放置 48 h 后,在相同的温度下测定溶液的旋光度,即为 α_∞ 值。为了缩短时间,将步骤(b)剩余的混合液置于 50~60 ℃水浴中,恒温 30 min 以加速反应,然后冷却至实验温度,按上述操作,测定其旋光度,此值即为 α_∞。

(5) 另取 25 mL 蔗糖溶液和 25 mL 盐酸溶液,将恒温槽温度调节至(30.0±0.1)℃恒温,按实验步骤(2)、(3)测定 30 ℃时的 α_t 及 α_∞。

(6) 实验完毕,洗净旋光管,擦干备用。

五、注意事项

(1) 装样品时,旋光管管盖旋至不漏液体即可,不要用力过猛,以免压碎玻片。

(2) 在测定 α_∞ 时,加热使反应速率加快并完全反应。但加热温度不要超过 60 ℃,否则发生副反应,溶液变黄。加热过程也要防止溶剂挥发,避免溶液浓度变化。

(3) 由于酸能腐蚀仪器的金属部分,操作时应特别注意,避免酸液滴到仪器上。实验结束后必须将旋光管洗净。

六、数据处理指导

(1) 实验数据记录如下:

T:_____;盐酸浓度:_____;α_∞:_____。

t	α_t	$\alpha_t - \alpha_\infty$	$\ln(\alpha_t - \alpha_\infty)$

(2) 以 $\ln(\alpha_t - \alpha_\infty)$ 对 t 作图,由所得直线的斜率求出反应速率常数 k。

(3) 计算蔗糖转化反应的半衰期 $t_{1/2}$。

(4) 由两个温度测得的 k 值计算反应的活化能 E_a。

七、问题与讨论

(1) 实验中,为什么用蒸馏水来校正旋光仪的零点? 在蔗糖转化反应过程中,所测的旋光度 α_t 是否需要零点校正? 为什么?

(2) 一级反应有哪些特征? 蔗糖溶液为什么可以粗略配制?

(3) 蔗糖的转化速率常数 k 与哪些因素有关?

(4) 混合蔗糖溶液和盐酸溶液是将盐酸溶液加入蔗糖溶液中。能否将蔗糖溶液加入 HCl 溶液中? 为什么?

(5) 在测量蔗糖盐酸水溶液 t 时刻对应的旋光度时,能否像测纯水的旋光度那样重复测 3 次后取平均值?

实验 15 复杂反应——丙酮碘化

一、实验目的

(1) 学习用分光光度法研究反应的动力学规律,掌握用孤立法测定用酸作催化剂时丙酮碘化反应的反应级数、反应的速率常数及活化能。

(2) 加深对复杂反应特征的理解,初步认识复杂反应机理,了解复杂反应表观速率常数的求算方法。

（3）掌握分光光度计的使用方法。

二、实验原理

大多数化学反应是由几个基元反应组成的复杂反应。多数复杂反应的速率方程不能由质量作用定律推得。由实验测得复杂反应的速率方程及动力学方程是推测反应的可能机理的依据之一。

丙酮碘化反应的反应式为

$$CH_3-\overset{\overset{\displaystyle O}{\|}}{C}-CH_3 +I_2 \overset{H^+}{=\!=\!=} CH_3-\overset{\overset{\displaystyle O}{\|}}{C}-CH_2I +I^- +H^+$$
$$\quad\quad A \quad\quad\quad\quad\quad\quad\quad\quad E$$

一般认为该反应按以下两步进行：

$$CH_3-\overset{\overset{\displaystyle O}{\|}}{C}-CH_3 \rightleftharpoons CH_3-\overset{\overset{\displaystyle OH}{|}}{C}=CH_2 \qquad\qquad (2-76)$$
$$\quad\quad A \quad\quad\quad\quad\quad\quad\quad B$$

$$CH_3-\overset{\overset{\displaystyle OH}{|}}{C}=CH_2 + I_2 \longrightarrow CH_3-\overset{\overset{\displaystyle O}{\|}}{C}-CH_2I +I^- +H^+ \quad (2-77)$$
$$\quad\quad B \quad\quad\quad\quad\quad\quad\quad E$$

由反应式,首先考虑该反应的速率方程可能是

$$r = kc^m(CH_3COCH_3)c^n(I_2) \qquad\qquad (2-78)$$

若反应级数即为化学反应式的计量系数,则 $m=n=1$。只要上述速率方程成立且 m、n 为正值,丙酮碘化反应定温下的反应速率随反应时间的延长将逐渐减小。但实验表明,反应速率越来越大,说明上述速率方程不符合反应的实际。在一段反应时间内随着反应的进行反应速率增加,表明反应中可能存在自催化现象。在反应体系中分别加入某种产物,观察反应速率是否增加的方法,可以确定起自催化作用的是什么产物。本反应是产物 H^+ 起自催化作用。由此可假设反应速率方程为

$$r = kc^m(CH_3COCH_3)c^n(I_2)c^x(H^+) \qquad\qquad (2-79)$$

反应速率常数 k 及级数 m、n、x 均可由实验测定。

式(2-76)是丙酮的烯醇化反应,它是一个很慢的可逆反应;式(2-77)是烯醇的碘化反应,它是一个快速且趋于进行到底的反应。因此,丙酮碘化反应的总速率由丙酮烯醇化反应的速率决定,而丙酮烯醇化反应的速率取决于丙酮及氢离子的浓度。如果以碘化丙酮浓度的增加来表示丙酮碘化反应的速率,则此反应的动力学方程式可表示为

$$\frac{dc_E}{dt} = kc_A c_{H^+} \tag{2-80}$$

式中，c_E 为碘化丙酮的浓度；c_{H^+} 为氢离子的浓度；c_A 为丙酮的浓度；k 为丙酮碘化反应总的速率常数。

由式(2-77)可知

$$\frac{dc_E}{dt} = -\frac{dc_{I_2}}{dt} \tag{2-81}$$

因此，如果测得反应过程中各时刻碘的浓度，就可以求出 dc_E/dt。碘在可见光区有一个比较宽的吸收带，可利用分光光度计测定丙酮碘化反应过程中碘的浓度，从而求出反应的速率常数。若在反应过程中，丙酮的浓度远大于碘的浓度且催化剂酸的浓度也足够大时，则可把丙酮和酸的浓度看作不变，将式(2-78)代入式(2-81)积分得

$$c_{I_2} = -kc_A c_{H^+} t + B \tag{2-82}$$

某指定波长的光通过碘溶液后的光强度为 I，通过蒸馏水后的光强度为 I_0，则透光率可表示为

$$T = \frac{I}{I_0} \tag{2-83}$$

透光率与碘的浓度之间的关系可表示为

$$\lg T = -\varepsilon l c_{I_2} \tag{2-84}$$

式中，T 为透光率；l 为比色槽的光径长度；ε 为取以 10 为底的对数时的摩尔吸收系数。将式(2-80)代入式(2-82)得

$$\lg T = k\varepsilon l c_A c_{H^+} t + B' \tag{2-85}$$

由 $\lg T$ 对 t 作图可得一直线，直线的斜率为 $k\varepsilon l c_A c_{H^+}$。其中，$\varepsilon l$ 可通过测定已知浓度的碘溶液的透光率，由式(2-84)求得。当 c_A 与 c_H^+ 浓度已知时，只要测出不同时刻丙酮、酸、碘的混合液对指定波长的透光率，就可以利用式(2-85)求出反应的总速率常数 k。由两个或两个以上温度的速率常数，就可以根据阿伦尼乌斯关系式计算反应的活化能。

$$E_a = \frac{RT_1 T_2}{T_2 - T_1} \ln \frac{k_2}{k_1} \tag{2-86}$$

根据式(2-79)，若保持氢离子和碘的起始浓度不变，只改变丙酮的起始浓度，分别测定在同一温度下的反应速率，则有

$$\frac{r_2}{r_1} = \left[\frac{c_A(2)}{c_A(1)}\right]^m \qquad m = \frac{\ln \dfrac{r_2}{r_1}}{\ln \dfrac{c_A(2)}{c_A(1)}} \tag{2-87}$$

同理可求出 n、x。

三、仪器与试剂

分光光度计;容量瓶(50 mL);超级恒温槽;带有恒温夹层的比色皿;移液管(10 mL);秒表。0.015 mol·L^{-1}碘溶液(含 4% KI);1 mol·L^{-1}标准盐酸溶液;2 mol·L^{-1}丙酮溶液。

四、实验步骤

1. 实验准备

(1) 调节恒温槽温度(25.0±0.1)℃或(30.0±0.1)℃。

(2) 开启分光光度计并预热约 30 min。

(3) 取 4 个洁净的 50 mL 容量瓶。第 1 个装满蒸馏水;第 2 个用移液管移入 5 mL I$_2$ 溶液;第 3 个用移液管移入 5 mL I$_2$ 溶液和 5 mL 盐酸溶液;第 4 个先加入少量蒸馏水,再加入 5 mL 丙酮溶液,均用蒸馏水稀释至刻度。然后将 4 个容量瓶放入恒温水浴中恒温备用。

2. 透光率 100% 的校正

分光光度计波长调在 565 nm;狭缝宽度 2(或 1)nm;控制面板上工作状态调在透光率挡。比色皿中装满蒸馏水,在光路中放好。恒温 10 min 后调节蒸馏水的透光率为 100%。

3. 测量 εl 值

取恒温的碘溶液注入恒温比色皿,在(25.0±0.1)℃时,置于光路中,测其透光率。

4. 测定丙酮碘化反应的速率常数

将恒温的丙酮溶液倒入盛有酸和碘混合液的容量瓶中,用恒温的蒸馏水洗涤盛有丙酮的容量瓶 3 次。洗涤液均倒入盛有混合液的容量瓶中,最后用蒸馏水稀释至刻度,混合均匀,取少量倒入比色皿,洗涤 3 次倾出。再取少量装满比色皿,用擦镜纸擦去残液,置于光路中,测定透光率,同时开启秒表。以后每隔 2 min 读一次透光率,至少读 10 组数据或读到透光率 100% 为止。

以上数据记录也可由计算机自动采集。

5. 测定各反应物的反应级数

各反应物的用量如下:

编　号	2 mol·L^{-1}丙酮溶液	1 mol·L^{-1}盐酸溶液	0.015 mol·L^{-1}碘溶液
1	5mL	5 mL	5 mL
2	10 mL	5 mL	5 mL
3	5 mL	10 mL	5 mL

测定方法同步骤 4,温度仍为(25.0±0.1)℃或(30.0±0.1)℃。

6. 升温测定丙酮碘化反应的速率常数

将恒温水浴温度升高到(35.0±0.1)℃,重复上述操作,但测定时间应相应缩短,可改为 1 min 记录一次。

五、注意事项

(1) 温度影响反应速率常数,实验时体系始终要恒温。

(2) 混合反应溶液时操作必须迅速准确。

(3) 比色皿应放在合适的位置(透光的位置)。

(4) 丙酮和盐酸溶液混合后不应放置过久,应立即加入碘溶液。

六、数据处理指导

(1) 实验数据如下:

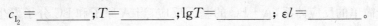

$c_{I_2} = $ _____ ; $T = $ _____ ; $\lg T = $ _____ ; $\varepsilon l = $ _____ 。

时间间隔/min	透光率 T		$\lg T$	
	25.0 ℃	35.0 ℃	25.0 ℃	35.0 ℃

(2) 将 $\lg T$ 对时间 t 作图,得一直线,从直线的斜率,可求出反应的速率常数。

(3) 利用 25.0 ℃及 35.0 ℃时的 k 值求丙酮碘化反应的活化能。

(4) 反应级数的求算。由实验步骤 4、5 中测得的数据,分别以 $\ln T$ 对 t 作图,得到 4 条直线。求出各直线斜率,即为不同起始浓度时的反应速率,代入式(2-86)可求出 m,然后用相同的方法求得 n、x。

七、问题与讨论

(1) 本实验中,是将丙酮溶液加入盐酸和碘的混合液中,但没有立即计时,而是当混合物稀释至 50 mL,摇匀倒入恒温比色皿测透光率时才开始计时,这样做是否影响实验结果? 为什么?

（2）影响本实验结果的主要因素是什么?

实验 16　计算机模拟基元反应

一、实验目的

（1）了解分子反应动态学的主要内容和基本研究方法,了解计算机在反应模拟方面的应用。

（2）理解准经典轨迹法模拟化学反应的基本原理,掌握准经典轨迹法的基本思想及其结果所代表的物理意义。

（3）认识宏观反应和微观基元反应之间的统计联系。

二、实验原理

分子反应动态学(molecular dynamic)是在分子和原子的水平上观察和研究化学反应的最基本过程——分子碰撞的细节,从中揭示化学反应的基本规律,从微观角度直接了解并掌握化学反应的本质,从而设法获取最有效地控制化学反应的途径。分子反应动态学的研究方法包括理论和实验两大部分。实验研究的主要手段是交叉分子束技术和各种超快技术,理论研究则包括从量子到经典的各种散射理论。本实验所介绍的准经典轨迹法是一种常用的以经典散射理论为基础的分子反应动态学计算方法。

设想一个简单的反应体系,A+BC 的基元反应,当 A 原子和 BC 分子发生碰撞时,可能会有以下几种情况发生:

$$
A+BC \longrightarrow
\begin{cases}
A+BC\,(非反应碰撞) \\
\left.\begin{array}{l} B+AC \\ C+AB \end{array}\right\}\,(反应碰撞) \\
ABC\quad(中间络合物) \\
A+B+CC\quad(离子分解)
\end{cases}
$$

在反应过程中,A 和 BC 的运动细节应该用量子力学来描述,但是,尽管人们已经尽了很大的努力,并在一些最简单的三原子体系(如 $H+H_2$)和四原子体系中完成了足以和实验精度相比拟的精确量子化学计算,但对于绝大部分具有实际意义的化学反应体系而言,严格精确的量子化学计算依然是一件非常困难的事情。直到今天,即便是对最简单的只是由极少数几个原子组成的反应体系,要获得足够精确的结果,其计算量也是非常巨大的。所以,理论化学家们发展了各种经典和半经典的近似理论,希望借此能够获得关于分子碰撞过程的最基本信息。

准经典轨迹法就是这样一种理论。它的基本思想是,将 A、B、C 三个原子都近似看作是经典力学的质点，通过经典力学的哈密顿方程，计算在碰撞过程中不同时间它们的坐标和动量(广义坐标和广义动量)随时间的变化情况，从各原子的彼此距离(坐标)判断原子之间是否发生了重新组合，即是否发生了化学反应，以及碰撞前后各原子或分子所处的能量状态，这相当于用计算机来模拟碰撞过程，所以准经典轨迹法又称计算机模拟基元反应。通过计算各种不同碰撞条件下原子间的组合情况，并对所有结果作统计平均，就可以获得能够和宏观实验数据相比较的理论动力学参数。

1. 哈密顿运动方程

设一个反应有 N 个原子，它们的运动情况可以用 $3N$ 个广义坐标 q_i 和 $3N$ 个广义动量 p_i 来描述。若体系的总能量计作 H(H 是 q_i 和 p_i 的函数)，按照经典力学，坐标和动量随时间的变化情况符合下列规律：

$$\frac{\mathrm{d}p_i}{\mathrm{d}t} = \frac{\partial H(p_1,p_2,\cdots,p_{3N},q_1,q_2,\cdots,q_{3N})}{\partial q_i} \tag{2-88}$$

$$\frac{\mathrm{d}q_i}{\mathrm{d}t} = \frac{\partial H(p_1,p_2,\cdots,p_{3N},q_1,q_2,\cdots,q_{3N})}{\partial p_i} \tag{2-89}$$

这组微分方程就是经典力学的哈密顿方程。上述方程中的 H 是体系的哈密顿量，也就是体系的总能量，由动能 T 和势能 V 两部分组成。假设由一个最简单的 A 原子和 BC 分子所构成的反应体系，应当有 9 个广义坐标和 9 个广义动量，构成 9 组哈密顿运动方程。根据经典力学知识，当一个体系没有受到外力作用时，整个体系的质心应恒速运动，并且这一运动和体系内部所发生的反应无关。所以在考察孤立体系内部反应状况时，可以将体系的质心运动扣除。同时在无外力作用的情况下，体系的势能是由体系中所有原子的静电作用引起的，所以它只与体系中原子的相对位置有关，与整个体系的空间位置无关，因此只要选取适当的坐标系，就可以扣除体系质心位置的三个坐标，将 A+BC 三个原子体系的 9 组哈密顿方程简化为 6 组方程，大大减少计算工作量。若选取正则坐标系，有三组方程描述质心运动的可以略去，还剩 6 组 12 个方程。选取正则坐标时，有

$$H = \frac{1}{2\mu_{A,BC}}\sum_{i=1}^{3} p_i^2 + \frac{1}{2\mu_{BC}}\sum_{i=4}^{6} p_i^2 + V(q_1,q_2,\cdots,q_6) \tag{2-90}$$

式中，$\mu_{A,BC}$ 为 A 和 BC 体系的折合质量；μ_{BC} 为 BC 的折合质量。若知道了 V 就知道了方程的具体表达式。

2. 势能函数 V

哈密顿量中的势能函数项 V 描述了体系中三个原子之间的静电相互作用。要采用数值方法求解哈密顿方程，首先需要知道势能函数的表达式和具体参数。获得势能函数的一般步骤是先用量子化学方法计算得到势能函数的数值解，再用

各种包含参数的经验函数拟合,得到经验函数中的参数。LEPS 势能函数就是一种常用的近似势能函数。

3. 初值的确定

V 确定之后,方程即可确定。只要知道初始 $p_i(0)$, $q_i(0)$,就可以求得任一时间的 $p_i(t)$ 和 $q_i(t)$。

$$p_i(t) = p_i(0) + \int_0^t -\left(\frac{\partial H}{\partial q_i}\right) \mathrm{d}t \qquad (2-91)$$

$$q_i(t) = q_i(0) + \int_0^t \left(\frac{\partial H}{\partial p_i}\right) \mathrm{d}t \qquad (2-92)$$

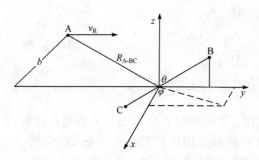

图 2-26　A-BC 体系初始状态选取示意图

计算机模拟计算是以一定的实验事实为依据,根据现有的分子束水平,可以控制 A 和 BC 分子的能态、速率,计算时可以设定。但是碰撞时,BC 分子在不停地转动和振动,BC 的取向、振动位相、碰撞参数等无法控制,由计算机随机设定,这种方法称为 Monte-Corlo 法。设定 BC 分子初态时,给出了振动量子数 v 和转动量子数 J,这是经典力学不可能出现的,故该方法称为准经典的。具体坐标设定如图 2-26 所示。

各坐标和动量的初值设定如下:

$$q_1 = R\sin\theta\cos\phi \qquad\qquad p_1 = -p(\sin\theta\cos\eta + \cos\theta\cos\phi\sin\eta)$$

$$q_2 = R\sin\theta\sin\phi \qquad\qquad p_2 = -p(\cos\phi\cos\eta - \sin\phi\cos\theta\sin\eta)$$

$$q_3 = R\cos\theta \qquad\qquad\qquad p_3 = p\sin\theta\sin\eta$$

$$q_4 = 0 \qquad\qquad\qquad\qquad p_4 = 0$$

$$q_5 = 0 \qquad\qquad\qquad\qquad p_5 = 0$$

$$q_6 = -\sqrt{R_{A-BC}^2 - b^2} \qquad p_6 = \mu_{A-BC}v_R$$

式中,b 为碰撞参数;R_{A-BC} 为原子 A 到分子 BC 质心的初始距离;p 为 BC 分子的振动和转动动量;v_R 为 A 相对于 BC 质心的速率。

4. 数值积分

初值确定后,就可以求任一时刻的 $p_i(t)$, $q_i(t)$,计算机积分得到的是坐标和动量的数值解。程序中采用 Lunge-Kutta 值积分法,其计算思想实质上是将积分化为求和。

$$\int_{x_2}^{x_1} f(x)\mathrm{d}x = \sum_{x=x_1}^{x=x_2} f(x)\Delta x \tag{2-93}$$

选择适当的积分步长 Δx 是必要的,步长太小,耗时太多,增大步长虽可以缩短时间,但有可能带来较大误差。

5. 终态分析

确定一次碰撞是否已经完成,只要考察 A、B、C 的坐标,当任一原子离开其他原子的质心足够远时(>5.0 a. u.*),碰撞就已经完成。然后通过分析 R_{AB}、R_{BC}、R_{CA} 的大小,确定最终产物,根据终态各原子的动量,推出分子所处的能量状态,这样就完成了一次模拟。

6. 统计平均

初值随机设定,导致每次碰撞结果不同,为了正确反映真实情况,需对大量不同随机碰撞的结果进行统计平均。例如,对同一条件下的 A+BC 反应模拟了 N 次,其中有 N_r 发生了反应,则反应概率 P_r 和误差 σ 为

$$P_r = \frac{N_r}{N} \qquad \sigma = \sqrt{\frac{N-N_r}{NN_r}} \times 100\% \tag{2-94}$$

7. 计算程序

计算程序如图 2-27 所示。

三、实验步骤

(1) 程序是在 Windows 环境下开发的,每次计算开始双击桌面"计算机模拟"快捷方式即可进入计算过程。

(2) 改变实验参数,考察各个参数对反应概率的影响。

(a) 根据程序提供的参数($v=0$、$J=0$、初始平动能$=2.0$、积分步长$=10$)计算 20 条 F+H$_2$ 反应轨迹。从中选出一条反应轨迹和一条非反应轨迹,通过结果菜单观察 R_{AB}、R_{BC}、R_{CA} 随时间的变化曲线。

(b) 计算 100 条 $v=0$、$J=0$ 时,积分步长为 5,初始平动能为 2.0、4.0、6.0 时的反应轨迹,记录反应概率、反应截面及产物的能态分布。

(c) 计算 100 条初始平动能为 2.0,积分步长为 5 的条件下,v 和 J 分别为 0、1、2、3 的反应轨迹,记录碰撞结果。

---

  * 非法定单位。1 a. u.(长度)$=5.292\times10^{-9}$ m。

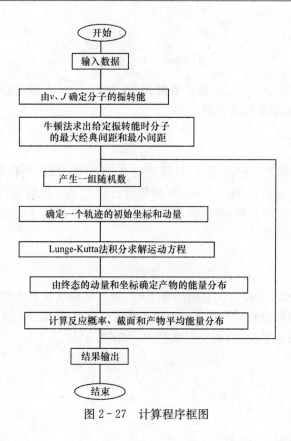

图 2-27　计算程序框图

四、注意事项

（1）严格按操作步骤进行，防止误操作。

（2）模拟基元反应计算过程中，严禁中间停机，防止数据丢失。

五、数据处理指导

（1）选择一条反应轨迹和一条非反应轨迹，绘制 R_{AB}、R_{BC}、R_{CA} 随时间的变化曲线。根据所绘曲线，说明在反应碰撞和非反应碰撞过程中，R_{AB}、R_{BC}、R_{CA} 的变化规律。

（2）实验结果记录如下：

振转能 $E_t(0)$/eV	v	J	P_r	误差 σ	反应截面/a.u.	$\langle E_t \rangle_{产物}$/eV	$\langle E_v \rangle_{产物}$/eV	$\langle E_r \rangle_{产物}$/eV
2.0	0	0						
2.0	1	0						
2.0	0	1						
4.0	0	0						

计算不同反应条件下反应概率的误差;通过比较不同反应条件下的反应概率,讨论对于 $F+H_2$ 反应来说,增加平动能、转动能或振动能,哪个对 HF 的形成更为有利。

(3) 讨论分析不同反应条件下反应产物的能态分布结果。

六、问题与讨论

(1) 准经典轨迹法的基本物理思想与量子力学以及经典力学概念相比较,各有哪些不同?

(2) 使用准经典轨迹法首先必须具备什么先决条件? 一般如何解决这一问题?

实验 17 二级反应——乙酸乙酯皂化

一、实验目的

(1) 复习二级反应的速率公式及动力学特征,学习用图解法求算二级反应的速率常数。

(2) 了解电导率与物质浓度之间的关系,学习用电导率法测定乙酸乙酯皂化反应的速率常数和活化能。

(3) 掌握测量原理和电导率仪的使用方法。

二、实验原理

乙酸乙酯皂化反应是个二级反应,其反应方程式为

$$CH_3COOC_2H_5 + OH^- \longrightarrow CH_3COO^- + C_2H_5OH$$

在反应过程中,各物质的浓度随时间而改变。某一时刻的 OH^- 浓度用标准酸滴定求得,也可通过测量溶液的某些物理性质而得到。用电导率仪测定溶液的电导率随时间的变化关系,可以监测反应的进程,进而求算反应的速率常数。

当乙酸乙酯与碱(NaOH)溶液起始浓度 a 相同时,则

$$CH_3COOC_2H_5 + OH^- \longrightarrow CH_3COO^- + C_2H_5OH$$

$t=0$	a	a	0	0
$t=t$	$a-x$	$a-x$	x	x
$t\rightarrow\infty$	$\rightarrow 0$	$\rightarrow 0$	$\rightarrow a$	$\rightarrow a$

根据二级反应的速率公式,反应速率可表示为

$$\frac{\mathrm{d}x}{\mathrm{d}t} = k(a-x)^2 \tag{2-95}$$

式中,x 为时间 t 时反应物消耗掉的浓度;k 为反应速率常数。将式(2-95)积分得

$$\frac{x}{a(a-x)} = kt \qquad (2-96)$$

起始浓度 a 已知,因此只要由实验测得不同时间 t 时的 x 值,以 $x/(a-x)$ 对 t 作图,若所得为一直线,证明是二级反应,并可以从直线的斜率求出 k 值。

生成物的浓度可用化学法、物理法测定,本实验用电导法测定 x 值。由于反应物是稀的水溶液,故可假定乙酸钠全部电离,则溶液中参与导电的离子中 OH^- 的电导率比 CH_3COO^- 的电导率大很多,随着反应时间的增加,OH^- 的浓度不断降低,致使溶液的电导率逐渐减小。另外,在稀溶液中,每种强电解质的电导率 κ 与其浓度成正比,而且溶液的总电导率就等于组成溶液的电解质的电导率之和。对乙酸乙酯皂化反应来说,如果是在稀溶液下反应,则

$$\kappa_0 = A_1 a \qquad (2-97)$$

$$\kappa_\infty = A_2 a \qquad (2-98)$$

由此可得

$$\kappa_t = A_1(a-x) + A_2 \qquad (2-99)$$

式中,A_1、A_2 为与温度、电解质性质、溶剂等因素有关的比例常数;κ_0 和 κ_∞ 分别为反应开始和终了时溶液的总电导率;κ_t 为时间 t 时的溶液的总电导率。由式(2-97)~式(2-99)可得

$$x = \frac{\kappa_0 - \kappa_t}{\kappa_t - \kappa_\infty} a \qquad (2-100)$$

代入式(2-96)得

$$k = \frac{1}{ta} \frac{\kappa_0 - \kappa_t}{\kappa_t - \kappa_\infty} \qquad (2-101)$$

移项整理得

$$\kappa_t = \frac{1}{ak} \frac{\kappa_0 - \kappa_t}{t} + \kappa_\infty \qquad (2-102)$$

因此,以 κ_t 对 $\dfrac{\kappa_0 - \kappa_t}{t}$ 作图应得一直线,直线的斜率为 $\dfrac{1}{ak}$,由此求出某温度下的反应速率常数 k。

如果知道不同温度下的反应速率常数 k_{T_1} 和 k_{T_2},根据阿伦尼乌斯公式,可计算出该反应的活化能 E_a。

$$\ln \frac{k_{T_2}}{k_{T_1}} = \frac{E_a}{R}\left(\frac{1}{T_1} - \frac{1}{T_2}\right) \qquad (2-103)$$

三、仪器与试剂

电导率仪(附铂黑电极);电导池;超级恒温槽;秒表;移液管(50 mL);移液管(25 mL);容量瓶(100 mL);具塞三角瓶(150 mL)。0.0200 mol · L^{-1}氢氧化钠;乙酸乙酯(分析纯);电导水。

四、实验步骤

1. 恒温槽温度的调节和溶液的配制

将恒温槽温度调至(25.0±0.1)℃或(30.0±0.1)℃。准确配制与 NaOH 浓度(约 0.0200 mol · L^{-1})相同的乙酸乙酯溶液。

2. 溶液起始电导率 κ_0 的测定

在干燥的 150 mL 具塞三角瓶中,用移液管加入 25 mL 0.0200 mol · L^{-1} NaOH 溶液和相同体积的电导水,混合均匀后,恒温数分钟,用电导率仪测定溶液电导率,直至读数不变为止,此数值即为 κ_0。

3. 反应时电导率 κ_t 的测定

用移液管移取 25 mL 0.0200 mol · L^{-1}乙酸乙酯溶液,加入干燥的 150 mL 具塞三角瓶中,用另一支移液管移取 25 mL 0.0200 mol · L^{-1} NaOH 溶液,加入另一干燥的 150 mL 具塞三角瓶中。将两个三角瓶置于恒温水浴中恒温数分钟。取出后将 NaOH 溶液迅速倒入盛有乙酸乙酯溶液的三角瓶中,同时开启秒表,作为反应的开始时间,并将溶液混合均匀,同时用少量混合液洗涤电导池和电导电极,然后将溶液倒入电导池,测定其在 6 min、8 min、10 min、12 min、15 min、20 min、25 min、30 min、35 min、40 min 时的电导率 κ_t,记录 κ_t 和对应的时间 t。

4. 另一温度下 κ_0 和 κ_t 的测定

调节恒温槽温度为(35.0±0.1)℃或(40.0±0.1)℃,重复上述步骤测定另一温度下的 κ_0 和 κ_t。但在测定 κ_t 时,按反应进行 4 min、6 min、8 min、10 min、12 min、15 min、18 min、21 min、24 min、27 min、30 min 时测其电导率。

五、注意事项

(1) 本实验需用电导水,并避免接触空气及灰尘杂质落入。

(2) 配好的 NaOH 溶液要防止空气中的 CO_2 气体进入。

(3) 乙酸乙酯溶液和 NaOH 溶液浓度必须相同。

(4) 乙酸乙酯溶液需临时配制,配制时动作要迅速,以减少挥发损失。

六、数据处理指导

(1) 将 t、κ_t、$\dfrac{\kappa_0 - \kappa_t}{t}$ 数据列表。

(2) 用图解法绘制 κ_t-$\dfrac{\kappa_0 - \kappa_t}{t}$ 图。

(3) 由直线的斜率计算各温度下的速率常数 k。

(4) 由两温度下的速率常数,根据阿伦尼乌斯公式计算该反应的活化能。

七、问题与讨论

(1) 将 NaOH 溶液稀释一倍的目的是什么?

(2) 若 NaOH 和乙酸乙酯溶液起始浓度不相等,应如何计算 k 值?

(3) 如果 NaOH 和乙酸乙酯溶液为浓溶液,能否用此法求 k 值? 为什么?

(4) 为什么 NaOH 和乙酸乙酯溶液的浓度必须足够低?

实验 18　B-Z 振荡反应

一、实验目的

(1) 了解 Belousov-Zhabotinsky 反应(简称 B-Z 振荡反应)的基本原理及研究化学振荡反应的方法。

(2) 测定振荡反应的表现活化能。

二、实验原理

振荡反应就是反应系统中某些物理量(如组分的浓度)随时间周期性变化。1958 年,Belousov 首次报道在以金属铈离子作催化剂的条件下,柠檬酸被溴酸氧化的均相系统可呈现这种化学振荡现象。随后,Zhabotinsky 继续了该反应的研究。到目前为止,人们发现了一大批可呈现化学振荡现象的溴酸盐的反应系统。例如,除了柠檬酸以外,还有许多有机酸(如丙二酸、苹果酸、丁酮二酸等)的溴酸氧化反应系统能出现振荡现象,而且所用的催化剂也不限于金属铈离子,铁和锰等金属离子可起同样的作用。后来,人们笼统地称这类反应为 B-Z 振荡反应。

1972 年,Fiela、Koros、Noyes 等通过实验对 B-Z 振荡反应进行了深入研究,提出了 FKN 机理,反应由 A、B、C 三个主过程组成。下面以丙二酸在溶有硫酸铈的酸性溶液中被溴酸钾氧化的反应为例,对振荡反应加以说明。

当[Br⁻]足够高时,发生下列过程 A:

$$Br^- + BrO_3^- + 2H^+ \xrightarrow{k_1} HBrO_2 + HBrO \qquad (2-104)$$

$$Br^- + HBrO_2 + H^+ \xrightarrow{k_2} 2HBrO \qquad (2-105)$$

其中第一步是速率控制步,当达到准定态时,有

$$[HBrO_2] = \frac{k_1}{k_2}[BrO_3^-][H^+]$$

当[Br⁻]低时,发生下列过程 B:Ce³⁺ 被氧化,即

$$HBrO_2 + BrO_3^- + H^+ \xrightarrow{k_3} 2BrO_2 + H_2O \qquad (2-106)$$

$$BrO_2 + Ce^{3+} + H^+ \xrightarrow{k_4} HBrO_2 + Ce^{4+} \qquad (2-107)$$

$$2HBrO_2 \xrightarrow{k_5} BrO_3^- + H^+ + HBrO \qquad (2-108)$$

式(2-106)为速率控制步骤,反应经式(2-106)和式(2-107)将自催化产生 HBrO₂,达到准定态时有

$$[HBrO_2] \approx \frac{k_3}{2k_5}[BrO_3^-][H^+]$$

由式(2-104)和式(2-106)可以看出:Br⁻ 和 BrO₃⁻ 是竞争 HBrO₂ 的。当 $k_2[Br^-] > k_3[BrO_3^-]$ 时,自催化过程[式(2-106)]不可能发生。自催化是 B-Z 振荡反应中必不可少的步骤,否则该振荡不能发生。Br⁻ 的临界浓度为

$$[Br^-]_{crit} = \frac{k_3}{k_2}[BrO_3^-] = 5 \times 10^{-6}[BrO_3^-]$$

Br⁻ 的再生即为过程 C:

$$4Ce^{4+} + BrCH(COOH)_2 + H_2O + HBrO \xrightarrow{k_6} 2Br^- + 4Ce^{3+} + 3CO_2 + 6H^+$$
$$(2-109)$$

过程 C 对化学振荡非常重要,如果只有过程 A 和 B,就是一般的自催化反应,进行一次就完成了,正是过程 C 的存在,以丙二酸的消耗为代价,重新得到 Br⁻ 和 Ce³⁺,反应得以再启动,形成周期性振荡。

该体系的总反应为

$$2H^+ + 2BrO_3^- + 3CH_2(COOH)_2 \xrightarrow{Ce^{3+}} 2BrCH(COOH)_2 + 3CO_2 + 4H_2O$$

振荡的控制物种是 Br⁻。

从上述分析可以看出,系统中[Br⁻]、[HBrO²]和[Ce⁴⁺]/[Ce³⁺]都随时间周期性变化(图2-28)。本实验通过测定离子选择性电极电势(U)随时间(t)变化的 U-t 曲线来观察 B-Z 反应的振荡现象,同时测定不同温度对振荡反应的影响,得到诱导期($t_{诱}$)和振荡周期 ($t_{1振}$, $t_{2振}$, …)。

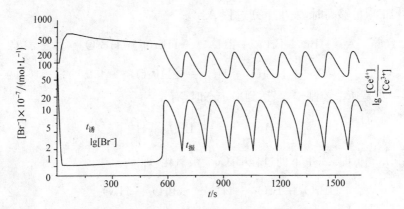

图 2-28 B-Z 反应中的浓度振荡

$t_诱$ 为诱导期(从反应开始到出现振荡的时间);$t_振$ 为振荡周期

按照文献方法,依据公式 $\ln \dfrac{1}{t_诱} = -\dfrac{E_诱}{RT} + C$ 及 $\ln \dfrac{1}{t_振} = -\dfrac{E_振}{RT} + C$,计算表观活化能 $E_诱$ 和 $E_振$。

三、仪器与试剂

超级恒温槽;B-Z 振荡仪;恒温反应器(50 mL);铂丝电极;SCE 参比电极。丙二酸(分析纯);溴酸钾(优级纯);硫酸铈铵(分析纯);浓硫酸(分析纯)。

四、实验步骤

(1) 按图 2-29 连接仪器,打开超级恒温槽,将水浴温度调节至(25.0±0.1)℃。

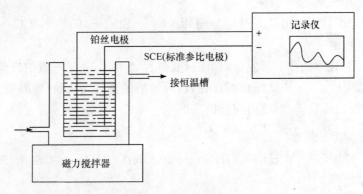

图 2-29 实验装置

(2) 配制溶液。配制 100 mL 0.45 mol·L^{-1} 丙二酸溶液、100 mL 0.25 mol·L^{-1} 溴酸钾溶液、100 mL 3.00 mol·L^{-1} 硫酸溶液、100 mL 4×10^{-3} mol·L^{-1} 硫酸铈铵溶液。

（3）在恒温反应器中加入已配好的丙二酸溶液、溴酸钾溶液、硫酸溶液各 10 mL，恒温 5 min 后加入硫酸铈铵溶液 10 mL，观察溶液的颜色变化，同时记录相应的电势-时间曲线。

（4）改变温度为 30 ℃、35 ℃、40 ℃、45 ℃、50 ℃，用上述方法重复实验。

五、注意事项

（1）实验中溴酸钾试剂纯度要求高。

（2）217 型甘汞电极用 1 mol·L^{-1} 硫酸消除液接电势，或用硫酸亚汞电极作参比电极。

（3）4×10^{-3} mol·L^{-1} 硫酸铈铵溶液一定要在 0.20 mol·L^{-1} 硫酸介质中配制，防止发生水解呈浑浊。

（4）使用的反应容器一定要冲洗干净，磁力搅拌器中转子位置及速率都必须加以控制。

六、数据处理指导

（1）从图中得到诱导期（$t_{诱}$）和第一、第二振荡周期（$t_{1振}$、$t_{2振}$）。

（2）根据 $t_{诱}$、$t_{1振}$、$t_{2振}$ 与 T 的数据，作 $\ln(1/t_{诱})$-$1/T$ 和 $\ln(1/t_{1振})$-$1/T$ 图，由直线的斜率求出表观活化能 $E_{诱}$、$E_{振}$。

七、问题与讨论

（1）影响诱导期和振荡周期的主要因素有哪些？

（2）本实验记录的电势主要代表什么意思？与能斯特方程求得的电势有什么不同？

实验 19　溶液表面张力的测定

一、实验目的

（1）掌握鼓泡法测定表面张力的原理和实验技术。

（2）测定不同浓度正丁醇溶液的表面张力。

（3）加深对表面张力、表面自由能的理解，了解表面张力和吸附的关系。

二、实验原理

液体内部分子吸引力是平衡的。从热力学上说，液体表面都有自动缩小的趋势，这是使体系中自由能减小的过程。如果把一个分子由内部迁移到表面，就需要

对抗拉力而做功。在温度、压力和组成恒定时,可逆地使表面积增加 dA 所需对体系做的功称为表面功,可表示为

$$- \delta W = \sigma dA \tag{2-110}$$

式中,σ 为比例常数。σ 在数值上等于当 T、p 和组成恒定的条件下,增加单位表面积时所必须对体系做的可逆非膨胀功,也可以说是每增加单位表面积时体系自由能的增加值。环境对体系做的表面功转变为表面层分子比内部分子多余的自由能。因此,σ 称为表面自由能,其单位是焦耳每平方米(J·m^{-2})。若把 σ 看作作用在界面上每单位长度边缘上的力,通常也称为表面张力。

从另一方面考虑表面现象,特别是观察气-液界面的一些现象,可以发现表面上存在一种张力,它力图缩小表面积,此力即称为表面张力,其单位是牛顿每米(N·m^{-1})。表面张力是液体的重要特性之一,与所处的温度、压力、浓度以及共存的另一相的组成有关。纯液体的表面张力通常是指该液体与饱和了其本身蒸气的空气共存的情况而言。

纯液体表面层的组成与内部层相同,因此,液体降低体系表面自由能的唯一途径是尽可能缩小其表面积。对于溶液,当液体中加入某种溶质时,液体的表面张力升高或降低。对同一种溶质来说,其变化的多少随溶液浓度不同而异。

吉布斯以热力学方法导出了溶液中浓度变化和表面张力变化关系的吸附公式。对两组分的稀溶液而言,有

$$\Gamma = - \frac{c}{RT} \left(\frac{d\sigma}{dc} \right)_T \tag{2-111}$$

式中,Γ 为溶质在表层的吸附量(mol·m^{-2});σ 为溶液的表面张力(J·m^{-2});T 为热力学温度(K);c 为吸附达到平衡时溶质在介质中的浓度(mol·m^{-3});R 为摩尔气体常量。

式(2-111)的物理意义是在一定温度下液体表面积增加 1 cm^2 所需的功。当 $\left(\frac{d\sigma}{dc} \right)_T < 0$ 时,$\Gamma > 0$,称为正吸附,也就是增加浓度时,溶液的表面张力降低而表面层的浓度大于溶液内部的浓度;当 $\left(\frac{d\sigma}{dc} \right)_T > 0$ 时,$\Gamma < 0$,称为负吸附,也就是增加浓度时,溶液的表面张力增大而表面层的浓度小于溶液内部的浓度。前者表明加入溶质使液体表面张力下降,此类物质称为表面活性物质。后者表明加入溶质使液体表面张力升高,此类物质称为非表面活性物质或表面惰性物质。因此,从吉布斯关系式可看出,只要测出不同浓度溶液的表面张力,以 σ 对 c 作图,在图的曲线上作不同浓度的切线,并将切线的斜率代入吉布斯吸附公式,即可求出不同浓度时气-液界面上的吸附量 Γ。

在一定的温度下,吸附量与溶液浓度之间的关系用朗缪尔(Langmuir)等温式表示:

$$\Gamma = \Gamma_\infty \frac{kc}{1+kc} \qquad (2-112)$$

式中,Γ_∞为饱和吸附量;k为经验常数,与溶质的表面活性大小有关。将式(2-112)化成直线方程,即

$$\frac{c}{\Gamma} = \frac{kc+1}{k\Gamma_\infty} = \frac{c}{\Gamma_\infty} + \frac{1}{k\Gamma_\infty} \qquad (2-113)$$

以c/Γ对c作图,得一直线,该直线的斜率为$1/\Gamma_\infty$。

假设在饱和吸附的情况下,在气-液界面上铺满一单分子层,则可用式(2-114)求得被测物质的横截面积A及吸附层厚度δ:

$$A = \frac{1}{\Gamma_\infty L} \qquad \delta = \frac{\Gamma_\infty M}{\rho} \qquad (2-114)$$

式中,L为阿伏伽德罗常量;M为摩尔质量;ρ为溶质的密度。

本实验选用单管式鼓泡法测定溶液的表面张力,其装置和原理如图2-30所示。

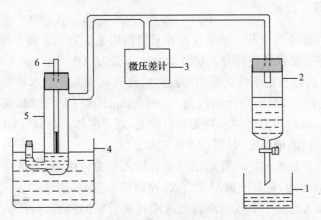

图2-30 鼓泡法测定溶液表面张力装置图
1. 烧杯;2. 滴液漏斗;3. 微压差测量仪;4. 恒温装置;5. 样品管;6. 毛细管

当表面张力仪中的毛细管端面与待测液体面相切时,液面即沿毛细管上升。打开分液漏斗的活塞,使水缓慢下滴而降低系统压力,这样毛细管内液面受到一个比样品管中液面大的压力。当此压力差在毛细管端面上产生的作用力稍大于毛细管口液体的表面张力时,气泡就从毛细管口逸出,这一最大压力差可由数字式微压差测量仪上读出。其关系式为

$$p_{最大} = p_{大气} - p_{系统} = \Delta p \qquad (2-115)$$

如果毛细管半径为 r，气泡由毛细管口逸出时受到向下的总压力为 $\pi r^2 p_{最大}$。

气泡在毛细管受到的表面张力引起的作用力为 $2\pi r\sigma$。刚产生气泡自毛细管口逸出时，上述两力相等，即

$$\pi r^2 p_{最大} = \pi r^2 \Delta p = 2\pi r\sigma \tag{2-116}$$

$$\Delta p_{最大} = \frac{2\sigma}{r} \tag{2-117}$$

$$\sigma = \frac{r}{2}\Delta p_{最大} = \frac{r}{2}\rho g \Delta h = K\Delta h_{最大} \tag{2-118}$$

式中，K 为仪器常数，可用已知表面张力的标准物质（如纯水）测得。

实际测量时，使毛细管端刚与液面接触，则可忽略气泡鼓泡所需克服的静压力，这样就可直接用式（2-118）进行计算。

三、仪器与试剂

超级恒温槽；数字式微压差测量仪；张力仪；洗耳球；移液管（50 mL、1 mL）；烧杯（250 mL）；具塞三角瓶（100 mL）。正丁醇（分析纯）。

四、实验步骤

（1）仪器准备与检漏。洗净仪器并对仪器的毛细管部分做干燥处理。按装置图（图2-30）连接仪器各部分。将蒸馏水注入张力仪中，同时插入毛细管，调节液面高度，使之恰好与毛细管底端相切。然后打开滴液漏斗放水活塞，使体系（张力仪）内的压力降低，当压力计示数为 30~50 mmH$_2$O 的压差时，关闭滴液漏斗活塞，若2~3 min 内压力计的示数无明显改变，则说明体系不漏气，可以进行实验。

（2）调节恒温槽温度为（25.0±0.1）℃。

（3）仪器常数的测定。将毛细管垂直插入张力仪中，调节液面使毛细管的端面刚好与水面相切，打开滴液漏斗放水，控制滴液速率，使毛细管下端逸出的气泡速率为6~10 s 逸出1个气泡。当气泡刚脱离管端的一瞬间，压力计中显示最大压力差值，记录压力计读数（mmH$_2$O），连续读取3次，取其平均值。实验温度下水的表面张力可以通过附录11或手册查出，由式（2-118）求出仪器常数 K。

（4）不同浓度的待测溶液表面张力的测定。分别测定8个不同浓度的正丁醇水溶液表面张力。具体操作如下：

（a）移取 50 mL 蒸馏水作为溶剂放入具塞三角瓶中，加入溶质正丁醇 0.10 mL，混合均匀，按照仪器常数的测定方法，将配好的溶液加入张力仪中，使毛细管端面恰与被测液面相切，测定已知浓度的待测溶液的最大压力差 $\Delta h_{最大}$。

（b）依次加入溶质正丁醇 0.20 mL、0.20 mL、0.20 mL、0.50 mL、0.50 mL、1.00 mL、1.00 mL，在具塞三角瓶中配制不同浓度的正丁醇溶液，再分别测定它们

的最大压力差 $\Delta h_{最大}$。

五、注意事项

（1）测定用毛细管必须干净、干燥，否则气泡可能不能连续稳定地逸出，而使压差计读数不稳定。如发生这种现象，毛细管应重洗并干燥。

（2）毛细管应保持垂直，其端口刚好与液面相切，出泡速率不可过快。

（3）读取压力计的压力差时，应取气泡单个逸出时的最大压力差值。

（4）有时为了获得准确的结果，可使毛细管插入液体不同的深度，测其气泡在毛细管口压出时的最大压力差。然后以插入的不同深度与相对的压力差作图，外推到毛细管插入的深度为零的压力差，此为测得的实验值。

六、数据处理指导

（1）由附录 11 中查出实验温度时水的表面张力，计算仪器常数 K。

（2）由实验结果计算不同浓度正丁醇溶液的表面张力 σ，绘制 σ-c 等温线。

（3）在 σ-c 曲线上分别取几个点作切线，求出对应浓度下的 $\left(\dfrac{\mathrm{d}\sigma}{\mathrm{d}c}\right)_T$ 值，并求出 Γ 和 c/Γ。

（4）以 c/Γ 对 c 作图，得一直线，由直线斜率求出 Γ_∞，并计算 A 和 δ。

七、问题与讨论

（1）用鼓泡法测定表面张力时为什么要读取最大压力差值？

（2）哪些因素影响表面张力测定结果？如何减小或消除这些因素对实验的影响？

（3）滴液漏斗放水的速率过快对实验结果有没有影响？为什么？

（4）为什么必须调节毛细管底端恰与液面相切？毛细管内径的均匀与否对结果有无影响？

（5）除鼓泡法外，测定液体表面张力的方法还有哪些？

（6）如何在曲线上某一点作切线？

（7）从整个实验的精度来看，本实验中配制溶液的方法是否合理？

实验 20 黏度法测定高聚物的相对分子质量

一、实验目的

（1）掌握用乌氏黏度计测定高聚物溶液黏度的原理与方法。

（2）学习测定聚丙烯酰胺或聚乙烯醇的相对分子质量。

二、实验原理

高聚物的相对分子质量不仅反映高聚物分子的大小,而且直接关系到它的物理性能,是重要的基本参数。与一般的无机物或小分子有机物不同,高聚物多是相对分子质量不同的大分子混合物,所以通常所测高聚物的相对分子质量是一个统计平均值。

测定高聚物相对分子质量的方法很多,而不同方法所得的平均相对分子质量也有所不同。黏度法设备简单,操作方便,并有很好的实验精度,是常用的方法之一。用该法求得的相对分子质量称为黏均相对分子质量。

高聚物稀溶液的黏度是它在流动时内摩擦力大小的反映,这种流动过程中的内摩擦主要有:① 纯溶剂分子间的内摩擦,记作 η_0;② 高聚物分子与溶剂分子间的内摩擦;③ 高聚物分子间的内摩擦。这三种内摩擦的总和称为高聚物溶液的黏度,记作 η。实践证明,在相同温度下,$\eta > \eta_0$。为了比较这两种黏度,引入增比黏度的概念,以 η_{sp} 表示:

$$\eta_{sp} = \frac{\eta - \eta_0}{\eta_0} = \frac{\eta}{\eta_0} - 1 = \eta_r - 1 \qquad (2-119)$$

式中,η_r 为相对黏度,反映的仍是整个溶液的黏度行为;η_{sp} 为扣除了溶剂分子间的内摩擦,仅仅是纯溶剂与高聚物分子间以及高聚物分子间的内摩擦之和。

高聚物溶液的 η_{sp} 往往随质量浓度的增加而增加。为了便于比较,定义单位浓度的增比黏度 η_{sp}/c 为比浓黏度,定义 $\ln\eta_r/c$ 为比浓对数黏度。当溶液无限稀释时,高聚物分子彼此相隔较远,它们的相互作用可以忽略,此时比浓黏度趋近于一个极限值,即

$$\lim_{c \to 0} \frac{\eta_{sp}}{c} = \lim_{c \to 0} \frac{\ln\eta_r}{c} = [\eta] \qquad (2-120)$$

式中,$[\eta]$ 主要反映了无限稀释的溶液中,高聚物分子与溶剂分子之间的内摩擦作用,称为特性黏度,可以作为高聚物相对分子质量的度量。由于 η_{sp} 与 η_r 均是无因次量,因此 $[\eta]$ 的单位是浓度 c 单位的倒数。$[\eta]$ 的值取决于溶剂的性质及高聚物分子的大小和形态,可通过实验求得。根据实验,在足够稀的高聚物溶液中有如下经验公式:

$$\frac{\eta_{sp}}{c} = [\eta] + \kappa[\eta]^2 c \qquad (2-121)$$

$$\frac{\ln\eta_r}{c} = [\eta] + \beta[h]^2 c \qquad (2-122)$$

式中,κ 和 β 分别称为 Huggins 和 Kramer 常量。式(2-121)和式(2-122)为直线方程,因此我们可通过如下方法获得 $[\eta]$:① 以 η_{sp}/c 对 c 作图,外推到 $c \to 0$ 的截距

值;② 以 $\ln\eta_r/c$ 对 c 作图,也外推到 $c\to0$ 的截距值,两条线交于一点,这也可校核实验的可靠性(图 2 - 31)。

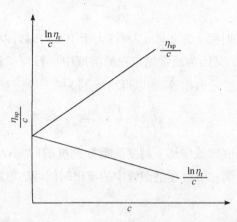

图 2 - 31 外推法求特性黏度[η]

在一定温度和溶剂条件下,特性黏度[η]和高聚物相对分子质量 M 之间的关系通常用带有两个参数的 Mark-Houwink 经验方程式来表示:

$$[\eta] = K\overline{M}^{\alpha} \qquad (2-123)$$

式中,M 为黏均相对分子质量;K 为比例常数;α 为与分子形状有关的经验参数。K 值和 α 值与温度、聚合物、溶剂性质有关,也与相对分子质量大小有关。K 值受温度的影响较明显,而 α 值主要取决于高分子线团在某温度下、某溶剂中舒展的程度,其数值为 $0.5\sim1$。K 与 α 的数值可通过其他绝对方法确定,如渗透压法、光散射法等,从黏度法只能测得[η]。

由上可知,高聚物相对分子质量的测定最后归结为特性黏度[η]的测定。本实验采用毛细管法,通过测定一定体积的液体流经一定长度和半径的毛细管的所需时间测定黏度。使用的乌氏黏度计如图 2 - 32 所示,当液体在重力作用下流经毛细管时,其遵守泊肃叶(Poiseuille)定律:

$$\frac{\eta}{\rho} = \frac{\pi h g r^4 t}{8VL} - m\frac{V}{8\pi lt} \qquad (2-124)$$

式中,η 为液体的黏度;ρ 为液体的密度;l 为毛细管的长度;r 为毛细管的半径;t 为液体的流出时间;h 为流过毛细管液体的平均液柱高度;V 为流经毛细管的液体体积;m 为毛细管末端校正的参数(一般在 $r/l\ll1$ 时,可以取 $m=1$)。

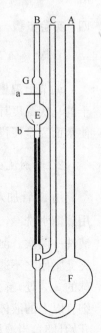

图 2 - 32 乌氏黏度计

对于指定的黏度计而言,式(2-124)中许多参数是一定的,因此可以写为

$$\frac{\eta}{\rho} = At - \frac{B}{t} \qquad\qquad (2-125)$$

式中,$B<1$,当流出的时间 t 为 2 min 左右(大于 100 s)时,该项(也称动能校正项)可以忽略,即 $\eta = A\rho t$。又因为通常测定在稀溶液中进行($c<1\times10^{-2}$ g·L^{-1}),溶液的密度和溶剂的密度近似相等,所以可将 η_r 写为

$$\eta_r = \frac{\eta}{\eta_0} = \frac{t}{t_0} \qquad\qquad (2-126)$$

式中,t 为测定溶液黏度时液面从 a 刻度流至 b 刻度的时间;t_0 为纯溶剂流过的时间。所以通过测定溶剂和溶液在毛细管中的流出时间,从式(2-126)求得 η_r,再由图 2-31 求得 $[\eta]$。

三、仪器与试剂

超级恒温槽;乌氏黏度计;移液管(10 mL、5 mL);秒表;洗耳球;螺旋夹;橡皮管(约 5 cm)。1 g·L^{-1} 聚丙烯酰胺;3 mol·L^{-1} NaNO$_3$ 溶液;1 mol·L^{-1} NaNO$_3$ 溶液。

四、实验步骤

1. 实验准备

调节恒温槽温度至某一指定温度(与所查常数的温度一致)。取一支洗净并烘干的乌氏黏度计,在黏度计的 C 管上套上橡皮管,然后将其垂直放入恒温水浴内,使水面完全浸没黏度计的 G 球,并检查其是否垂直。

2. 溶剂流出时间的测定

由 A 管加入约 15.0 mL 1 mol·L^{-1} NaNO$_3$ 溶液。若乌氏黏度计未烘干,须用蒸馏水洗净,尤其要反复冲洗黏度计的毛细管部分,再用 1 mol·L^{-1} NaNO$_3$ 溶液洗一两次。测定溶剂流出的时间 t_0。测定方法如下:将 C 管上的橡皮管用螺旋夹夹紧使之不通气,在 B 管处用洗耳球将溶液从 F 球经 D 球、毛细管、E 球抽至 G 球的 2/3 处,解去 C 管螺旋夹,使 C 管通大气,此时 D 球内的溶液即流回 F 球,毛细管以上的液体悬空,毛细管以上的液体下落。当液面流经 a 刻度时,立即按秒表开始计时,当液面降至 b 刻度时,再按秒表,测得刻度 a、b 之间的液体流经毛细管所需时间。重复操作至少 3 次,时间间隔相差不大于 0.3 s,取 3 次的平均值为 t_0。测试完毕,将溶液倒出。

3. 溶液流出时间的测定

用移液管分别吸取 10.0 mL 已知浓度的聚丙烯酰胺溶液和 5.0 mL 3 mol·L^{-1} $NaNO_3$ 溶液,由 A 管注入黏度计中,在 C 管处用洗耳球打气,使溶液混合均匀,浓度记为 c_1,恒温 10 min 以上,测定 t_1。测定方法同上。然后依次由 A 管用移液管加入 5.0 mL、5.0 mL、10.0 mL、15.0 mL 1 mol·L^{-1} $NaNO_3$ 溶液,将溶液稀释,浓度分别记为 c_2、c_3、c_4、c_5,用同样的方法分别测定每份溶液流经毛细管的时间 t_2、t_3、t_4、t_5。应注意每次加入 $NaNO_3$ 溶液后要充分混合均匀,并抽洗黏度计的 E 球和 G 球,使黏度计内溶液各处的浓度相等。

4. 黏度计的洗涤

实验完毕后,黏度计应依次用自来水和蒸馏水反复冲洗,每次都要注意毛细管部分的洗涤,一定要除去附着在上面的黏附物,放入烘箱中烘干,以备下次实验使用。若是新的黏度计,应先用洗液或有机溶剂将黏度计浸泡,除去油污,再依次用自来水、蒸馏水冲洗,洗好后烘干备用。

五、注意事项

(1)高聚物在溶剂中溶解缓慢,配制溶液时必须保证其完全溶解,否则会影响溶液起始浓度,而导致结果偏低。

(2)黏度计必须洁净,高聚物溶液中若有絮状物不能将它移入黏度计中。

(3)本实验溶液的稀释是直接在黏度计中进行的,因此每加入一次溶剂进行稀释时必须混合均匀,并抽洗 E 球和 G 球。

(4)实验过程中恒温水浴的温度要恒定,溶液每次稀释恒温后才能测定。

(5)黏度计要垂直放置,实验过程中不要振动黏度计,B 管的 G 球部分要没入水中。

六、数据处理指导

(1)实验数据及计算结果如下:

原始溶液浓度 c_0 _____ g·L^{-1};恒温温度_____ ℃

$c/(g·L^{-1})$	t_1/s	t_2/s	t_3/s	$t_{平均}/s$	η_r	$\ln\eta_r$	η_{sp}	η_{sp}/c	$\ln\eta_r/c$
c_1									
c_2									
c_3									
c_4									
c_5									

（2）作 $\dfrac{\eta_{sp}}{c}$-c 图及 $\dfrac{\ln\eta_r}{c}$-c 图，并进行线性外推求得截距，进而获得[η]。

（3）由式（2-123）计算聚丙烯酰胺的黏均相对分子质量，其 K 值、α 值可查附录20。

七、问题与讨论

（1）黏度计的毛细管太粗或太细有什么缺点？

（2）乌氏黏度计的支管 C 有什么作用？若除去支管 C，是否仍然可以测黏度？

（3）特性黏度[η]是怎样测定的？为什么用特性黏度来求算高聚物的相对分子质量？它和纯溶剂黏度 η_0 有无区别？

（4）分析实验成功与失败的原因。分析 $\dfrac{\eta_{sp}}{c}$-c 图及 $\dfrac{\ln\eta_r}{c}$-c 图线性不好的原因。

（5）评价黏度法测定高聚物相对分子质量的优缺点，指出影响测定结果准确性的因素。

（6）黏度法测定高聚物的相对分子质量有什么局限性？该法适用的高聚物相对分子质量范围是多少？

实验 21　胶体的制备和电泳

一、实验目的

（1）掌握电泳法测定 $Fe(OH)_3$ 溶胶电动电势的原理和方法。

（2）学习制备、纯化 $Fe(OH)_3$ 溶胶。

二、实验原理

由于胶粒是带电的，因此在电场作用下，或在外加压力、自身重力下流动、沉降时产生电动现象，表现出溶胶的电学性质。

电泳是在外加电场作用下，带电的分散相粒子在分散介质中向相反符号电极移动的现象。外加电势梯度越大，胶粒带电越多，胶粒越小，介质的黏度越小，则电泳速率越大。

由于胶体本身的电离或胶粒对某些离子的选择性吸附，胶粒的表面带有一定的电荷，荷电的胶粒与分散介质间的电势差称为 ζ 电势。显然胶粒在电场中的移动速率与 ζ 电势的大小有关，所以 ζ 电势也称为电动电势。溶胶的聚结不稳定性和它们的 ζ 电势大小有关。因此，无论制备胶体或破坏胶体，首先要了解有关胶体的 ζ 电势。测定 ζ 电势对于解决胶体体系的稳定性具有很大意义。

本实验是在一定的外加电场强度下测定 $Fe(OH)_3$ 胶体的电泳速率，然后计

算ζ电势。实验用电泳仪如图 2-33 所示。先在 U 形电泳测定管中放入棕红色的
Fe(OH)₃溶胶,然后在溶胶面上小心地放入无色的稀盐酸溶液,使溶胶与溶液之
间有明显的界面。在 U 形管的两端各放一电极,通电后,可看见 Fe(OH)₃溶胶的
棕红色界面向负极上升,而在正极则液面下降。这说明 Fe(OH)₃胶粒带正电荷。

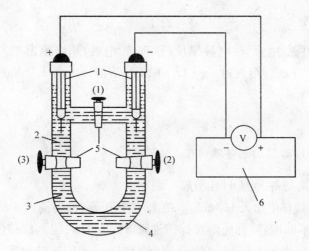

图 2-33　电泳测定实验装置图
1. 铂电极;2. 辅助溶液;3. 溶胶;4. 电泳管;5. 活塞;6. 可调直流稳压电源

ζ的数值可根据亥姆霍兹方程式计算:

$$\zeta = \frac{K\pi\eta}{\varepsilon H}U \qquad (2-127)$$

式中,H 为电势梯度($V \cdot m^{-1}$),即单位长度上的电势差;η 为介质的黏度
($kg \cdot m^{-1} \cdot s^{-1}$);$\varepsilon$ 为介质的介电常数;U 为电泳速率($m \cdot s^{-1}$);K 为与胶粒形状
有关的常数(对于球形粒子 $K=5.4\times10^{10}$ $V^2 \cdot s^2 \cdot kg^{-1} \cdot m^{-1}$;对于棒形粒子
$K=3.6\times10^{10}$ $V^2 \cdot s^2 \cdot kg^{-1} \cdot m^{-1}$,本实验胶粒为棒形)。

在电泳仪两极间接上电势差 E(V)后,在 t(s)时间内溶胶界面移动的距离为
D(m),则胶粒电泳速率为

$$U = \frac{D}{t} \qquad (2-128)$$

相距为 l(m)两极间的电势梯度平均值为

$$H = \frac{E}{l} \qquad (2-129)$$

当溶胶一定时,若 E、l 固定,实验测得电泳速率 U,就可以求算出 ζ 电势。

溶胶的制备方法可分为分散法和凝聚法。分散法是用适当方法把较大的物质
颗粒变为胶体大小的质点;凝聚法是先制成难溶物的分子(或离子)的过饱和溶液,

再使之相互结合成胶体粒子而得到溶胶。$Fe(OH)_3$ 溶胶的制备就是采用化学法，即通过化学反应使生成物呈过饱和状态，然后粒子再结合成溶胶。

制成的胶体体系中常有其他杂质存在，而影响其稳定性，因此必须纯化。常用的纯化方法是半透膜渗析法。

三、仪器与试剂

直流稳压电源；电泳管；电导率仪；秒表；铂电极；超级恒温槽。火棉胶（化学纯）；$100\ g \cdot L^{-1}\ FeCl_3$ 溶液；$10\ g \cdot L^{-1}\ KSCN$ 溶液；$10\ g \cdot L^{-1}\ AgNO_3$ 溶液；稀盐酸溶液。

四、实验步骤

1. $Fe(OH)_3$ 溶胶的制备及纯化

1）用水解法制备 $Fe(OH)_3$ 溶胶

在 250 mL 烧杯中加入 100 mL 蒸馏水，加热至沸，慢慢滴入 5 mL $100\ g \cdot L^{-1}$ $FeCl_3$ 溶液，并不断搅拌，加完继续保持沸腾 5 min，即可得到红棕色的 $Fe(OH)_3$ 溶胶，其结构式可表示为 $\{m[Fe(OH)_3]nFeO^+(n-x)Cl^-\}^{x+}xCl^-$。在胶体体系中存在过量的 H^+、Cl^- 等需要除去。

2）半透膜的制备

在一个内壁洁净、干燥的 250 mL 锥形瓶中加入约 15 mL 火棉胶液，小心转动锥形瓶，使火棉胶液黏附在锥形瓶内壁上并形成均匀薄层，倾出多余的火棉胶于回收瓶中。此时锥形瓶仍需倒置，并不断旋转，待剩余的火棉胶液流尽，使瓶中的乙醚蒸发至闻不出气味为止（此时用手轻触火棉胶膜，已不粘手）。再往瓶中注满水（若乙醚未蒸发完全，加水过早则半透膜发白），浸泡 10 min。倒出瓶中的水，小心用手将膜与瓶壁之间分开一个小缝隙。慢慢注水于夹层中，使膜脱离瓶壁，轻轻取出，在膜袋中注入水，观察是否有漏洞。制好的半透膜不用时，要浸放在蒸馏水中。

3）热渗析法纯化 $Fe(OH)_3$ 溶胶

将制得的 $Fe(OH)_3$ 溶胶注入半透膜内，同时用线拴住袋口，置于盛有约 300 mL 蒸馏水的清洁烧杯中，维持水温在 60 ℃ 左右，进行渗析。每 20 min 换一次蒸馏水，4 次后取出 1 mL 渗析水，分别用 $10\ g \cdot L^{-1}\ AgNO_3$ 溶液及 $10\ g \cdot L^{-1}\ KSCN$ 溶液检查是否存在 Cl^- 及 Fe^{3+}，如果仍存在，应继续换水渗析，直到检查不出为止。将纯化过的 $Fe(OH)_3$ 溶胶移入清洁、干燥的 100 mL 小烧杯中待用。

2. 辅助液的制备

辅助液的选择和配制对于获得准确的结果有较大的影响。如辅助液的电导率与溶胶不一致,电泳时溶胶部分与辅助液的电势梯度不同,ζ电势计算公式就不能使用。本实验所用的辅助液为溶胶渗析过程的第4次渗析液。

3. 仪器的安装

用蒸馏水洗净电泳管后,再用少量溶胶洗一次,将纯化好的 $Fe(OH)_3$ 溶胶倒入电泳管中,使液面超过活塞(2)、(3)(图2-33)。关闭这两个活塞,把电泳管倒置,将多余的溶胶倒净,并用蒸馏水洗净活塞(2)、(3)以上的管壁。打开活塞(1),用已准备好的渗析液冲洗一次后,再加入该溶液,并超过活塞(1)少许。插入铂电极,按装置图连接线路。

4. 溶胶电泳的测定

接通直流稳压电源,迅速调节输出电压(50~100 V)。关闭活塞(1),同时打开活塞(2)和(3),同时记时并准确记下溶胶在电泳管中液面位置,约1 h后断开电源,记下准确的通电时间 t 和溶胶面上升的距离 D,读取电压 E,并量取两极之间的距离 l。

实验结束后,切断电源,拆除实验装置。用自来水洗电泳管多次,最后用蒸馏水洗一次。

五、注意事项

(1) 利用式(2-127)求算 ζ 时,各物理量的单位都需用国际单位制(SI),有关数值可从附录中查得。对于水的介电常数,应考虑温度校正,由以下公式求得

$$\ln D_t = 4.474\ 226 - 4.544\ 26 \times 10^{-3}t$$

式中,t 为温度(℃)。

(2) 制备半透膜时,一定要使整个锥形瓶的内壁上均匀地附着一层火棉胶液,在取出半透膜时,要借助水的浮力将膜托出。

(3) 制备 $Fe(OH)_3$ 溶胶时,$FeCl_3$ 一定要逐滴加入,并不断搅拌。

(4) 纯化 $Fe(OH)_3$ 溶胶时,换水后要渗析一段时间再检查 Fe^{3+} 及 Cl^- 的存在。

(5) 实验所采用的是简易电泳仪,操作时要特别小心,不能搅乱溶胶和辅助液的分界面。

(6) 实验时必须保持施加在两电极上的电压稳定,注意观察,及时调整。

(7) 量取两电极的距离时,要沿电泳管的中心线量取。

六、数据处理指导

(1) 实验数据记录如下:

电泳时间_____ s;电泳电压_____ V;两电极间距离_____ cm;溶胶液面移动距离_____ cm。

(2) 将相应数据代入式(2-127)～式(2-129)中计算 ζ 电势。

七、问题与讨论

(1) 实验中所用的辅助液的电导率为什么必须与所测溶胶的电导率相等或尽量接近? 根据什么条件选择作为辅助液的物质?

(2) 电泳速率与哪些因素有关?

(3) 在电泳测定中如不用辅助液,把两电极直接插入溶胶中会发生什么现象?

(4) 溶胶胶粒带何种符号的电荷? 为什么它会带此种符号的电荷?

(5) 在电泳实验时能明显地见到胶粒向阴极(或阳极)移动,但难以觉察与胶粒带相反电荷的离子的移动,是否胶体溶液的电泳与电解质溶液的电泳性质不同?

(6) 如果电泳仪事先没有洗净,管壁上残留有微量的电解质,对电泳测量的结果将有什么影响?

(7) 胶粒带何种电荷取决于哪些因素?

(8) 电泳和电渗法的不同之处是什么?

(9) 怎样才能制备出适合进行电泳的溶胶?

实验 22　溶液吸附法测定固体的比表面积

一、实验目的

(1) 学习用次甲基蓝水溶液吸附法测定颗粒活性炭的比表面积。

(2) 了解朗缪尔单分子层吸附理论和溶液吸附法测定比表面积的基本原理。

(3) 了解分光光度计的基本原理并掌握其使用方法。

二、实验原理

比表面积是指单位质量(或单位体积)的物质所具有的表面积,简称比表面,其数值与分散粒子大小有关。测定固体物质比表面积的方法很多,常用的有 BET 低温吸附法、电子显微镜法和气相色谱法等,不过这些方法都需要复杂的装置或较长的时间。而溶液吸附法测定固体物质比表面积,仪器简单,操作方便,还可以同时测定多个样品,因此常被采用,但需要注意的是溶液吸附法测定结果有一定误差。其主要原因在于吸附时非球形吸附层在各种吸附剂的表面取向并不一致,每个吸附分子的投影面积可以相差很远,所以溶液吸附法测得的数值应以其他方法校正。溶液吸附法常用来测定大量同类样品的相对值。溶液吸附法测定结果误差一般为10%左右。

水溶性染料的吸附已广泛应用于固体物质比表面的测定。在所有染料中,次甲基蓝是易于被固体吸附的水溶性染料。研究表明,在一定浓度范围内,大多数固体对次甲基蓝的吸附是单分子层吸附,即符合朗缪尔型吸附。但当原始溶液浓度较高时,会出现多分子层吸附,而如果吸附平衡后溶液的浓度过低,则吸附又不能达到饱和,因此,原始溶液的浓度以及吸附平衡后的溶液浓度都应选在适当的范围内。本实验原始溶液浓度为 0.2% 左右,平衡溶液浓度不小于 0.1%。

朗缪尔吸附理论的基本假设是:固体表面是均匀的,吸附是单分子层吸附,吸附剂一旦被吸附质覆盖就不能被再吸附;在吸附平衡时候,吸附和脱附建立动态平衡;吸附平衡前,吸附速率与空白表面成正比,解吸速率与覆盖度成正比。

设固体表面的覆盖度为 θ,溶液中吸附质的浓度为 c,根据上述假定,有
吸附速率:

$$r_{吸} = k_1(1-\theta)c \qquad (k_1 \text{ 为吸附速率常数})$$

脱附速率:

$$r_{脱} = k_{-1}\theta \qquad (k_{-1} \text{为脱附速率常数})$$

当达到吸附平衡时

$$r_{吸} = r_{脱}$$

即

$$k_1(1-\theta)c = k_{-1}\theta$$

由此可得

$$\theta = \frac{K_{吸}\, c}{1 + K_{吸}\, c} \qquad\qquad (2-130)$$

式中,$K_{吸} = k_1/k_{-1}$ 为吸附平衡常数,其值取决于吸附剂和吸附质的性质及温度,$K_{吸}$ 值越大,固体对吸附质吸附能力越强。若以 Γ 表示浓度 c 时的平衡吸附量,以 Γ_∞ 表示全部吸附位被占据时单分子层吸附量(饱和吸附量),则

$$\theta = \frac{\Gamma}{\Gamma_\infty}$$

代入式(2-130)得

$$\Gamma = \Gamma_\infty \frac{K_{吸}\, c}{1 + K_{吸}\, c} \qquad\qquad (2-131)$$

整理式(2-131)得

$$\frac{c}{\Gamma} = \frac{1}{\Gamma_\infty K_{吸}} + \frac{1}{\Gamma_\infty}c \qquad\qquad (2-132)$$

以 c/Γ 对 c 作图,从直线斜率可求得 Γ_∞,再结合截距便可得到 $K_{吸}$。Γ_∞ 指单位质量吸附剂对吸附质的饱和吸附量(用物质的量表示),若每个吸附质分子在吸附剂上所占据的面积为 σ_A,则吸附剂的比表面积可以按照下式计算:

$$S = \Gamma_\infty L \sigma_A \tag{2-133}$$

式中, S 为吸附剂比表面积; L 为阿伏伽德罗常量。

次甲基蓝的结构为

$$\left[\begin{matrix} H_3C \\ H_3C \end{matrix} N - \overset{N}{\underset{S}{\bigcirc\bigcirc}} - N \begin{matrix} CH_3 \\ CH_3 \end{matrix} \right]^+ Cl^-$$

阳离子大小为 $17.0 \times 7.6 \times 3.25 \times 10^{-30} \ m^3$。次甲基蓝的吸附有 3 种取向: ① 平面吸附投影面积为 $135 \times 10^{-20} \ m^2$; ② 侧面吸附投影面积为 $75 \times 10^{-20} \ m^2$; ③ 端基吸附投影面积为 $39 \times 10^{-20} \ m^2$。对于非石墨型的活性炭, 次甲基蓝是以端基吸附取向为主吸附在活性炭表面, 因此 $\sigma_A = 39 \times 10^{-20} \ m^2$。在单层吸附的情况下, 1 mg 次甲基蓝覆盖的面积可按 $2.45 \ m^2$ 计算。

根据光吸收定律, 当入射光为一定波长的单色光时, 某溶液的吸光度与溶液中有色物质的浓度及溶液层的厚度成正比:

$$A = -\lg(I/I_0) = \varepsilon l c \tag{2-134}$$

式中, A 为吸光度; I_0 为入射光强度; I 为透过光强度; ε 为吸光系数; l 为光径长度或液层厚度; c 为溶液浓度。

次甲基蓝溶液在可见区有 445 nm 和 665 nm 两个吸收峰。但在 445 nm 处活性炭吸附对吸收峰有很大的干扰, 故本实验选用的工作波长为 665 nm, 并用分光光度计进行测量。

本实验吸附剂活性炭的比表面可按下式计算:

$$S = \frac{c_0 - c}{m} G \times 2.45 \times 10^6 \tag{2-135}$$

式中, S 为比表面积($m^2 \cdot kg^{-1}$); c_0 为原始溶液的质量分数; c 为平衡溶液的质量分数; G 为溶液的加入量(kg); m 为吸附剂试样质量(kg); 2.45×10^6 为 1 kg 次甲基蓝可覆盖活性炭样品的面积($m^2 \cdot kg^{-1}$)。

实验首先测定一系列已知浓度的次甲基蓝溶液的吸光度, 绘出 A-c 工作曲线, 然后测定次甲基蓝原始溶液及平衡溶液的吸光度, 再在 A-c 曲线上查得对应的浓度值, 代入式(2-135)计算比表面积。

三、仪器与试剂

分光光度计及其附件; 容量瓶(1000 mL); 带塞磨口锥形瓶(250 mL); 移液管(5 mL、50 mL)、刻度移液管(5 mL)。次甲基蓝溶液: 0.2%(质量分数, 下同)原始溶液, 0.01%标准溶液; 颗粒活性炭(非石墨型)。

四、实验步骤

(1) 活化样品。将颗粒活性炭置于瓷坩埚中, 放入马弗炉内, 500 ℃下活化1 h

（或在真空烘箱中 300 ℃下活化 1 h），然后放入干燥器中备用。

（2）取两个带塞磨口锥形瓶，分别加入准确称量的约 0.2 g 活性炭（两份尽量平行），再分别加入 50 g(50 mL)0.2%次甲基蓝溶液，盖上磨口塞，轻轻摇动，其中一份放置 1 h，即为配制好的平衡溶液，另一份放置过夜，可认为吸附达到平衡，比较两个测定结果。

（3）配制次甲基蓝标准溶液。用移液管分别量取 5 mL、8 mL、11 mL 0.01%标准次甲基蓝溶液置于 1000 mL 容量瓶中，用蒸馏水稀释至 1000 mL，即得到 5×10^{-7}、8×10^{-7}、11×10^{-7} 标准溶液。

（4）平衡溶液处理。取约 5 mL 吸附后平衡溶液，放入 1000 mL 容量瓶中，用蒸馏水稀释至刻度。

（5）选择工作波长。对于次甲基蓝溶液，吸附波长应选择 665 nm，由于分光光度计波长略有差别，因此实验者应自行选取工作波长。用 5×10^{-7} 标准溶液在 600～700 nm 测量吸光度，以吸光度最大时的波长作为工作波长。

（6）测量溶液吸光度。以蒸馏水为空白溶液，分别测量 5×10^{-7}、8×10^{-7}、11×10^{-7} 标准溶液以及稀释前的原始溶液和稀释后的平衡溶液的吸光度。每个样品测定 3 个有效数据，然后取平均值。

五、注意事项

（1）测量吸光度时按溶液浓度从小到大的顺序，每个溶液测三四次，取平均值。

（2）活性炭颗粒要均匀，且三份称量应尽量接近。

（3）测定溶液吸光度时，需用滤纸轻轻擦干比色皿外部，以保持比色皿暗箱内干燥。

（4）测定原始溶液和平衡溶液的吸光度时，应把稀释后的溶液摇匀再测。

六、数据处理指导

（1）实验数据记录如下：

次甲基蓝溶液	吸光度 A			
	1	2	3	平均
5×10^{-7}标准溶液				
8×10^{-7}标准溶液				
11×10^{-7}标准溶液				
次甲基蓝原始溶液				
达到吸附平衡后次甲基蓝溶液				

（2）作工作曲线。将 5×10^{-7}、8×10^{-7}、11×10^{-7} 标准溶液的吸光度对溶液浓度作图，即得工作曲线。

（3）求次甲基蓝原始溶液浓度 c_0 及平衡后溶液浓度 c。可由实验测得的次甲基蓝原始溶液和吸附达平衡后溶液的吸光度，从工作曲线上查得对应的溶液浓度 c_0 和 c。

（4）根据式（2-135）计算活性炭的比表面积。

七、问题与讨论

（1）溶液产生吸附时，如何判断其达到平衡？

（2）为什么次甲基蓝原始溶液浓度要选在 0.2% 左右，吸附后的次甲基蓝溶液浓度要在 0.1% 左右？若吸附后溶液浓度太低，在实验操作方面应如何改动？

（3）用分光光度计测定次甲基蓝溶液浓度时，为什么要将溶液稀释到浓度为 1×10^{-7} 才进行测量？

（4）如何才能加快吸附平衡的速率？

（5）吸附作用与哪些因素有关？

实验 23　偶极矩的测定

一、实验目的

（1）测定正丁醇的偶极矩，了解偶极矩与分子电性质的关系。

（2）掌握溶液法测定偶极矩的原理和方法。

二、实验原理

1. 偶极矩与极化度

分子呈电中性，但因空间构型的不同，正、负电荷中心可能重合，也可能不重合，前者称为非极性分子，后者称为极性分子，分子极性大小用偶极矩 μ 来度量，其定义为

$$\mu = gd \qquad\qquad (2-136)$$

式中，g 为正、负电荷中心所带的电荷量；d 为正、负电荷中心的距离。偶极矩的 SI 单位是库［仑］·米（C·m）。而过去习惯使用的单位是德拜（D），$1\ D=3.338\times10^{-30}\ C\cdot m$。

将极性分子置于均匀的外电场中，分子将沿电场方向转动，同时还会发生电子云对分子骨架的相对移动和分子骨架的变形，称为极化。极化的程度用摩尔极化度 P 来度量。P 是转向极化度（$P_{转向}$）、电子极化度（$P_{电子}$）和原子极化度（$P_{原子}$）之

和,即

$$P = P_{转向} + P_{电子} + P_{原子} \tag{2-137}$$

其中

$$P_{转向} = \frac{4}{9}\pi L \frac{\mu^2}{kT} \tag{2-138}$$

式中,L 为阿伏伽德罗常量;k 为玻耳兹曼常量;T 为热力学温度。

由于 $P_{原子}$ 在 P 中所占的比例很小,因此在精确度要求不高的测量中可以忽略 $P_{原子}$,式(2-137)可写成

$$P = P_{转向} + P_{电子} \tag{2-139}$$

在低频电场($\nu < 10^{10}$ s^{-1})或静电场中测得 P;在 $\nu \approx 10^{15}$ s^{-1} 的高频电场(紫外-可见光)中,由于极性分子的转向和分子骨架变形跟不上电场的变化,故 $P_{转向} = 0$,$P_{原子} = 0$,所以测得的是 $P_{电子}$。这样由式(2-139)可求得 $P_{转向}$,再由式(2-138)计算 μ。

测定偶极矩可以了解分子中电子云的分布和分子对称性,判断几何异构体和分子的立体结构。

2. 溶液法测定偶极矩

溶液法就是将极性待测物溶于非极性溶剂中进行测定,然后外推到无限稀释情况。因为在无限稀的溶液中,极性溶质分子所处的状态与它在气相时十分相近,此时分子的偶极矩可按下式计算:

$$\mu = 0.0426 \times 10^{-30} \sqrt{(P_2^{\infty} - R_2^{\infty})T} \tag{2-140}$$

式中,P_2^{∞} 和 R_2^{∞} 分别为无限稀时极性分子的摩尔极化度和摩尔折射度(习惯上用摩尔折射度表示折射法测定的 $P_{电子}$);T 为热力学温度。

本实验是将正丁醇溶于非极性的环己烷中形成稀溶液,在低频电场中测量溶液的介电常数和溶液的密度求得 P_2^{∞},在可见光下测定溶液的 R_2^{∞},然后由式(2-140)计算正丁醇的偶极矩。

1) 极化度的测定

无限稀释时,溶质的摩尔极化度为

$$P_2^{\infty} = \lim_{x_2 \to \infty} P_2 = \frac{3\varepsilon_1\alpha}{(\varepsilon_1+2)^2}\frac{M_1}{\rho_1} + \frac{\varepsilon_1-1}{\varepsilon_1+2}\frac{M_2-\beta M_1}{\rho_1} \tag{2-141}$$

式中,ε_1、ρ_1、M_1 分别为溶剂的介电常数、密度、相对分子质量,其中密度的单位为 g・cm^{-3};M_2 为溶质的相对分子质量;α 和 β 为常数,可通过稀溶液的近似公式求得

$$\varepsilon_{溶} = \varepsilon_1(1+\alpha x_2) \tag{2-142}$$

$$\rho_{溶} = \rho_1(1+\beta x_2) \tag{2-143}$$

式中,$\varepsilon_溶$ 和 $\rho_溶$ 分别为溶液的介电常数和密度;x_2 为溶质的摩尔分数。

无限稀释时,溶质的摩尔折射度为

$$P_{电子} = R_2^{\infty} = \lim_{R_2 \to \infty} \frac{n_1^2 - 1}{n_1^2 + 2} \frac{M_2 - \beta M_1}{\rho_1} + \frac{6 n_1^2 M_1 \gamma}{(n_1^2 + 2)^2 \rho_1} \qquad (2-144)$$

式中,n_1 为溶剂的折射率;γ 为常数。

可由稀溶液的近似公式求得

$$n_溶 = n_1 (1 + \gamma x_2) \qquad (2-145)$$

式中,$n_溶$ 为溶液的折射率。

2) 介电常数的测定

介电常数 ε 可通过测量电容来求算,因为

$$\varepsilon = \frac{C}{C_0} \qquad (2-146)$$

式中,C_0 为电容器在真空时的电容;C 为充满待测液时的电容。由于空气的电容非常接近于 C_0,故式(2-146)改写成

$$\varepsilon = \frac{C}{C_空} \qquad (2-147)$$

本实验利用电桥法测定电容,其桥路为变压器比例臂电桥,电桥平衡的条件是

$$\frac{C'}{C_s} = \frac{U_s}{U_x}$$

式中,C' 为电容池两极间的电容;C_s 为标准差动电容器的电容;U_x、U_s 分别为 C'、C_s 两端的电压。调节差动电容器,当 $C' = C_s$ 时,$U_s = U_x$,此时指示放大器的输出趋近于零。C_s 可从刻度盘上读出,这样 C' 即可测得。由于整个测试系统存在分布电容,因此实测的电容 C' 是样品电容 C 和分布电容 C_d 之和,即

$$C' = C + C_d \qquad (2-148)$$

显然,为了求 C 首先就要确定 C_d 值,方法是:先测定无样品时空气的电空 $C'_空$,有

$$C'_空 = C_空 + C_d \qquad (2-149)$$

再测定一已知介电常数($\varepsilon_标$)的标准物质的电容 $C'_标$,有

$$C'_标 = C_标 + C_d = \varepsilon_标 C_空 + C_d \qquad (2-150)$$

由式(2-149)和式(2-150)可得

$$C_d = \frac{\varepsilon_标 C'_空 - C'_标}{\varepsilon_标 - 1} \qquad (2-151)$$

将 C_d 代入式(2-148)和式(2-149)即可求得 $C_溶$ 和 $C_空$。这样就可计算待测液的介电常数。

三、仪器与试剂

小电容测量仪;阿贝折射仪;超级恒温槽;比重瓶;移液管(1 mL)。环己烷(分

析纯);正丁醇摩尔分数分别为 0.04、0.06、0.08、0.10 和 0.12 的五种正丁醇-环己烷溶液。

四、实验步骤

1. 用小电容测量仪测偶极矩

1) 折射率的测定

在(25.0 ± 0.1)℃条件下,用阿贝折射仪分别测定环己烷和五份正丁醇-环己烷溶液的折射率。

2) 密度的测定

在(25.0 ± 0.1)℃条件下,用比重瓶分别测定环己烷和五份正丁醇-环己烷溶液的密度。

3) 电容的测定

(1) 空气 $C'_空$ 的测定。测定前,先调节恒温槽(以油为介质)温度为 (25.0 ± 0.1) ℃。用电吹风的冷风将电容池的样品室吹干,盖上池盖。将电容池的下插头(连接内电极)插入电容仪的 m 插口,电缆插头插入 a 插口。测量时,将电源旋钮转向"检查"挡,此时表头指针偏转应超过红线(表示电源电压正常,否则应更换新电池)。然后将旋钮转向"测试"挡,倍率旋钮置于"1"挡。调节灵敏度旋钮,使指针有一定偏转(刚开始不可将灵敏度调得太高),旋转差动电容器旋钮,寻找电桥的平衡位置(指针向左偏转到最小点)。逐渐增大灵敏度,同时调节差动电容器旋钮和损耗旋钮,直至指针偏转到最小。电桥平衡后读取电容值。重复调节 3 次,平均值为 $C'_空$。

(2) 标准物质 $C'_标$ 的测定。用干燥、洁净的滴管吸取环己烷加入电容池样品室中,溶液要没过外电极,盖上池盖。用相同的步骤测定环己烷的 $C'_标$。已知环己烷的介电常数 $\varepsilon_标$ 与 $t(℃)$ 的关系,即

$$\varepsilon_标 = 2.023 - 0.0016(t - 20) \qquad (2-152)$$

(3) 正丁醇-环己烷溶液 $C'_溶$ 的测定。将环己烷倒入回收瓶中。用冷风将样品室吹干后再测 $C'_空$,与前面所测的 $C'_空$ 值相差应小于 0.05 pF,否则表明样品室存有残液,应继续吹干。然后装入溶液,同法测定 5 份溶液的 $C'_溶$。

2. 用精密电容测量仪测偶极矩

1) 折射率的测定
同上方法 1。
2) 电容的测定
(1) 精密电容测量仪通电预热 20 min。
(2) 将电容仪与电容池连接线先接一根(只接电容仪,不接电容池),调节零电

位器使数字表头指示为零。

（3）将两根连接线都与电容池接好,此时数字表头上所示值即为 $C'_空$ 值。

（4）用 1 mL 移液管移取 1 mL 环己烷加入电容池,数字表头上所示值即为 $C'_标$ 。

（5）将环己烷倒入回收瓶中,用冷风将样品室吹干后再测 $C'_空$ 值,与前面所测的 $C'_空$ 值相差应小于 0.05 pF,否则表明样品室有残液,应继续吹干,然后装入溶液（每次装入量严格相同,样品过多会腐蚀密封材料渗入恒温腔,实验无法正常进行）,同样方法测定 5 份溶液的 $C'_溶$ 。

五、注意事项

（1）每次测定前要用冷风将电容池吹干,并重测 $C'_空$,与原来的 $C'_空$ 值相差应小于 0.01 pF。严禁用热风吹样品室。

（2）测 $C'_溶$ 时,操作应迅速,池盖要盖紧,防止样品挥发和吸收空气中极性较大的水蒸气。装样品的滴瓶也要随时盖严。

（3）反复练习差动电容器旋钮、灵敏度旋钮和损耗旋钮的配合使用和调节,在能够正确寻找电桥平衡位置后,再开始测定样品的电容。

（4）不要用力扭曲电容仪连接电容池的电缆线,以免损坏。

六、数据处理指导

（1）将所测数据列表。

（2）根据式(2-152)计算 $\varepsilon_标$ 。

（3）根据式(2-151)和式(2-149)计算 C_d 和 $C_空$ 。

（4）根据式(2-148)和式(2-147)计算 $C_溶$ 和 $\varepsilon_溶$ 。

（5）分别作 $\varepsilon_溶$-x_2 图、$\rho_溶$-x_2 图和 $n_溶$-x_2 图,由各图的斜率求 α、β、γ 。

（6）根据式(2-141)和式(2-144)分别计算 P_2^∞ 和 R_2^∞ 。

（7）由式(2-140)求算正丁醇的 μ 。

七、问题与讨论

（1）本实验测定偶极矩时进行了哪些近似处理?

（2）准确测定溶质的摩尔极化度和摩尔折射度时,为什么要外推到无限稀释?

（3）分析实验中误差的主要来源。如何改进?

实验 24　磁化率的测定

一、实验目的

（1）掌握古埃磁天平测定物质磁化率的实验原理和技术。

(2) 通过测定一些配合物的磁化率,计算中心离子的不成对电子数,并判断 d 电子的排布情况和配位体场的强弱。

二、实验原理

物质在磁场中被磁化,在外磁场强度 $H(A \cdot m^{-1})$ 的作用下,产生附加磁场 H'。这时该物质内部的磁感应强度 B 为外磁场强度 H 与附加磁场强度 H' 之和:

$$B = H + H' = H + 4\pi\chi H = \mu H \qquad (2-153)$$

式中,χ 为物质的体积磁化率,表示单位体积物质的磁化能力,是无量纲的物理量;μ 为导磁率,与物质的磁化学性质有关。由于历史原因,目前磁化学在文献和手册中仍多半采用静电单位(CGSE),磁感应强度的单位用高斯(G),它与国际单位制中的特斯拉(T)的换算关系是

$$1 \text{ T} = 10\ 000 \text{ G}$$

与磁感应强度不同,磁场强度是反映外磁场性质的物理量,与物质的磁化学性质无关。习惯上采用的单位为奥斯特(Oe)。它与国际单位制 $A \cdot m^{-1}$ 的换算关系为

$$1 \text{ Oe} = \frac{1}{4\pi} \times 10^{-3} \text{ A} \cdot m^{-1}$$

由于真空的导磁率定为 $\mu = 4\pi \times 10^{-7} \text{ Wb} \cdot A^{-1} \cdot m^{-1}$,而空气的导磁率 $\mu_{空} \approx \mu_0$,因此

$$1 \text{ Oe} = 1 \times 10^{-4} \text{ Wb} \cdot m^{-2} = 1 \times 10^{-4} \text{ T} = 1 \text{ G}$$

这就是说 1 Oe 的磁场强度在空气介质中所产生的磁感应强度正好是 1 G,二者单位虽然不同,但在量值上是等同的。用测磁仪器测得的磁场强度实际上都是指在某一介质中的磁感应强度,因而单位用高斯,测磁仪器也称为高斯计。

除 χ 外化学上常用单位质量磁化率 χ_m 和摩尔磁化率 χ_M 来表示物质的磁化能力:

$$\chi_m = \frac{\chi}{\rho} \qquad (2-154)$$

$$\chi_M = M\chi_m = M\frac{\chi}{\rho} \qquad (2-155)$$

式中,ρ 和 M 分别为物质的密度($g \cdot cm^{-3}$)和相对分子质量;χ_m 的单位取 $cm^3 \cdot g^{-1}$,χ_M 的单位取 $cm^3 \cdot mol^{-1}$。

物质在外磁场作用下的磁化有下列三种情况:

(1) $\chi_M < 0$,这类物质称为逆磁性物质。

(2) $\chi_M > 0$,这类物质称为顺磁性物质。

(3) 少数的 χ_M 与外磁场 H 有关,其值随磁场强度的增加而急剧增大,并且还

伴有剩磁现象,这类物质称为铁磁性物质(如铁、钴、镍等)。

物质的磁性与组成物质的原子、离子、分子的性质有关。原子、离子、分子中电子自旋已配对的物质一般是逆磁性物质。这是由于电子的轨道运动受外磁场作用,感应出"分子电流",从而产生与外磁场相反的附加磁场。这个现象类似于线圈中插入磁铁会产生感应电流,并同时产生与外磁场方向相反的磁场的现象。

磁化率是物质的宏观性质,分子磁矩是物质的微观性质,用统计力学的方法可以得到摩尔顺磁化率 χ_μ 和分子永久磁矩 μ_m 之间的关系:

$$\chi_\mu = \frac{L\mu_m^2}{3kT} = \frac{C}{T} \tag{2-156}$$

式中,L 为阿伏伽德罗常量(6.022×10^{23} mol^{-1});k 为玻耳兹曼常量(1.3806×10^{-23} $J \cdot K^{-1}$);T 为热力学温度;C 为居里常数。物质的摩尔顺磁化率与热力学温度成反比这一关系称为居里定律,是居里(P. Curie)首先在实验中发现的。通过实验可以测定物质的 χ_M,代入式(2-156)求得 χ_μ(因为 $\chi_M \approx \chi_\mu$),再求得不成对的电子数 n,这对于研究配位化合物的中心离子的电子结构是很有意义的。

原子、离子、分子中具有自旋未配对电子的物质都是顺磁性物质。这些不成对电子的自旋产生了永久磁矩 μ_m,微观的永久磁矩与宏观的摩尔磁化率 χ_M 之间存在下列关系:

$$\mu_m = 797.7\sqrt{\chi_\mu T}\mu_B \approx 797.7\sqrt{\chi_M T}\mu_B \tag{2-157}$$

$$\mu_m = \sqrt{n(n+2)}\mu_B \tag{2-158}$$

式中,μ_B 为玻尔磁子,其物理意义是单个自由电子自旋所产生的磁矩;$\mu_B = eh/4\pi mc = 9.274 \times 10^{-21}$ $erg \cdot G^{-1} = 9.274 \times 10^{-24}$ J/T,e 和 m 分别为电子电荷和静止质量,c 为光速;h 为普朗克常量,$h = 6.6256 \times 10^{-27}$ $erg \cdot s = 6.6256 \times 10^{-34}$ $J \cdot s$。

例如,Cr^{3+} 外层电子构型 $3d^3$,由实验测得 $\mu_m = 3.77\mu_B$,则由式(2-157)可算得 $n \approx 3$,即表明有 3 个未成对电子。又如,测得黄血盐 $K_4[Fe(CN)_6]$ 的 $\mu_m = 0$,则 $n = 0$,可见黄血盐中的 $3d^6$ 电子不是如图 2-34(a)的排布,而是如图 2-34(b)的排布。

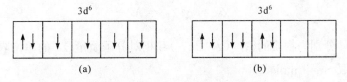

图 2-34　Fe^{2+} 外层电子排布图

在没有外磁场的情况下,由于原子、分子的热运动,永久磁矩指向各个方向的机会相等,因此磁矩的统计值为零。在外磁场作用下,这些磁矩像小磁铁一样,使物质内部的磁场增强,因而顺磁性物质具有摩尔顺磁化率 χ_μ。另外,顺磁性物质内部同样有电子轨道运动,因而也有摩尔逆磁化率 χ_0,故摩尔磁化率 χ_M 是 χ_μ 与 χ_0 两者之和,即

$$\chi_M = \chi_\mu + \chi_0 \tag{2-159}$$

由于 $\chi_\mu \geqslant |\chi_0|$,因此顺磁性物质的 $\chi_M > 0$,且可近似认为 $\chi_M \approx \chi_\mu$。

根据配位场理论,过渡元素离子 d 轨道与配位体分子轨道按对称性匹配原则重新组合成新的群轨道。在 ML_6 正八面体配位化合物中,M 原子处在中心位置,点群对称性 O_h,中心原子 M 的 s、p_x、p_y、p_z、$d_{x^2-y^2}$、d_z^2 轨道与和它对称性匹配的配位体 L 的 σ 轨道组合成成键轨道 a_{1g}、t_{1u}、e_g。M 的 d_{xy}、d_{yz}、d_{xz} 轨道的极大值方向正好和 L 的 σ 轨道错开,基本上不受影响,是非键轨道 t_{2g}。因 L 电负性值较高而能级低,配位体电子进入成键轨道,相当于配键。M 的电子安排在 3 个非键轨道 t_{2g} 和 2 个反键轨道 e_g^* 上,低的 t_{2g} 和高的 e_g^* 之间能级间隔称为分裂能 Δ,这时 d 电子的排布需要考虑电子成对能 P 和轨道分裂能 Δ 的相对大小。对强场配位体,如 CN^-、NO^{2-},$P < \Delta$,电子将尽可能占据能量较低的 t_{2g} 轨道,形成强场低自旋型配位化合物(LS)。对弱场配位体,如水、卤素离子,分裂能较小,$P > \Delta$,电子将尽可能分占 5 个轨道,形成弱场高自旋型配位化合物(HS)。

例如,Fe^{2+} 的外层电子组态为 $3d^6$,与 6 个 CN^- 形成低自旋型配位离子 $[Fe(CN)_6]^{4-}$,电子组态为 $t_{2g}^6 e_g^{*0}$,表现为逆磁性。当与 6 个 H_2O 形成高自旋型配位离子 $[Fe(H_2O)_6]^{2+}$ 时,电子组态为 $t_{2g}^4 e_g^{*2}$,表现为顺磁性。

通常采用古埃磁天平法测定物质的磁化率。本实验采用的是 FD-FM-A 型磁天平,其实验装置如图 2-35 所示。

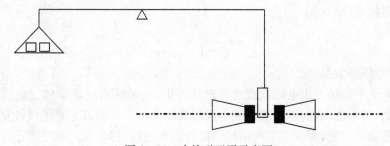

图 2-35 古埃磁天平示意图

将装有样品的平底玻璃管悬挂在天平的一端,样品的底部处于永磁铁两极中心,此处磁场强度最强。样品的另一端应处在磁场强度可忽略不计的位置,此时样品管处于一个不均匀磁场中,沿样品管轴心方向,存在一个磁场强度梯度 dH/dS。若忽略空气的磁化率,则作用于样品管上的力 f 为

$$f = f_0^H \chi A H \frac{\mathrm{d}H}{\mathrm{d}S}\mathrm{d}S = \frac{1}{2}\chi H^2 A \tag{2-160}$$

式中，A 为样品管的截面积。

设空样品管在不加磁场与加磁场时称量分别为 $m_空$ 与 $m'_空$，样品管装样品后在不加磁场与加磁场时称量分别为 $m_样$ 与 $m'_样$，则

$$\Delta m_空 = m'_空 - m_空$$
$$\Delta m_样 = m'_样 - m_样$$

因为

$$f = (\Delta m_样 - \Delta m_空)g = \frac{1}{2}\chi H^2 A$$

所以

$$\chi = \frac{2(\Delta m_样 - \Delta m_空)g}{H^2 A} \tag{2-161}$$

由

$$\chi_M = \frac{M_\chi}{\rho} \qquad \rho = \frac{m}{hA}$$

得

$$\chi_M = \frac{2(\Delta m_样 - \Delta m_空)ghM}{mH^2} \tag{2-162}$$

式中，h 为样品的实际高度(cm)；m 为样品的质量($m = m_样 - m_空$)(g)；M 为样品相对分子质量；g 为重力加速度；H 为磁场两极中心处的磁场强度，可用高斯计直接测量，也可用已知质量磁化率的标准样品间接标定。本实验采用莫尔盐进行标定，其质量磁化率($m^3 \cdot kg^{-1}$)为

$$\chi_M = \frac{9500}{T+1} \times 4\pi \times 10^{-9} \tag{2-163}$$

式中，T 为热力学温度。

磁天平中磁场可由电磁铁或永久磁铁产生，电磁铁通过调节励磁电流来改变磁场强度，调节范围大，但要求励磁电流极其稳定。本实验就是采用设备复杂且笨重的电磁铁来完成，要求学生严格按照操作规程进行，尽最大可能使测定时的励磁电流稳定、样品管悬挂中心轴位置同一、天平工作无绊无擦。准确的磁场强度应用莫尔盐进行标定。每次测量样品时，不得变动两磁极间的距离，否则要重新标定。

三、仪器与试剂

磁天平；平底软质玻璃样品管；装样品工具(包括研钵、角匙、小漏斗、不锈钢针或竹针、脱脂棉、玻璃棒、橡皮垫等)。莫尔盐$(NH_4)_2SO_4 \cdot FeSO_4 \cdot 6H_2O$(分析纯)；

$K_3Fe(CN)_6$(分析纯);$K_4Fe(CN)_6 \cdot 3H_2O$(分析纯);$FeSO_4 \cdot 7H_2O$(分析纯)。

四、实验步骤

1. 测定空样品管的质量

取一支清洁、干燥的空样品管挂在天平下穿孔引线的钩线橡皮塞上,在无磁场情况下称取空样品管的质量。因分析天平右称量盘事先已加上橡皮塞,无须进行零点校正。通过左右调节磁极,使样品管处在两磁极中心位置,样品管底部正好与磁极水平中心线齐平,样品管不能与磁极有任何摩擦(一般应左右距离相等)。先在励磁电流为零时称量,然后缓缓调节电流强度,在励磁电流为 2 A 的磁场下停顿 5 min 称量,再缓缓调至 3 A,停顿 2 min 称量,再缓缓调至 4 A 或者 5 A,停顿 2 min 称量。然后将励磁电流反方向往小调至 3 A,停顿 2 min 称量,调至 2 A,停顿 2 min 称量,再停顿 3 min 后缓缓调至 0、停顿 2 min 称量。每次称量 3 次,取平均值。注意样品管在磁场中的位置,然后拔盖取下样品管。

注意在操作过程中,不要碰挤或挪动操作台和天平。

2. 用莫尔盐标定磁场强度

将预先用研钵研细的莫尔盐通过小漏斗装入样品管,边装边用玻璃棒压紧,使粉末样品均匀填实,上下一致,端面平整。样品高度 70 mm 左右为宜。记录用直尺准确量出的样品高度 h(精确到毫米)。在无磁场时称得空样品管加样后的质量,然后缓缓将励磁电流加至 2 A,停顿 5 min,再缓缓将励磁电流加到需要的强度,停顿 2 min 称量,共称 3 次,取平均值。

注意,减弱或去掉磁场时,也是缓缓调小,停顿,再缓缓调小,在 2 A 处停顿 5 min,再缓缓调至零。

测定完毕,用竹针或不锈钢针将样品松动。倒入回收瓶,然后用脱脂棉擦净内外壁备用。记下实验温度(实验开始、结束时各记一次温度,取平均值)。

3. 样品测定

在标定磁场强度用的同一样品管中装入测定样品,重复上述步骤 2。

五、注意事项

(1)天平称量时,必须关上磁极架外面的玻璃门,以避免空气流动对称量的影响。

(2)励磁电流的变化应平稳、缓慢,调节电流时不宜用力过大。加上或去掉磁场时,勿改变永磁体在磁极架上的高低位置及磁极间距,使样品管处于两磁极的中心位置,磁场强度前后一致。

（3）装在样品管内的样品要均匀紧密，上下一致，端面平整，高度测量准确。

六、数据处理指导

（1）实验数据记录如下：

平均室温＿＿＿＿＿℃;样品高度＿＿＿＿＿cm;悬丝空重＿＿＿＿＿g。

	称量质量/g
电流/A	
空样品管	
莫尔盐	
$K_3Fe(CN)_6$	

（2）由莫尔盐的质量磁化率和实验数据计算磁场强度。

（3）由 $FeSO_4 \cdot 7H_2O$、$K_4Fe(CN)_6 \cdot 3H_2O$、$K_3Fe(CN)_6$ 的实验数据根据公式计算它们的 χ_M、μ_m 及 n（若为逆磁性物质，$\mu_m=0$，$n=0$）。

（4）根据未成对电子数 n，讨论这三种配位化合物中心离子的 d 电子结构及配位体场强弱。

七、问题与讨论

（1）在不同磁场强度下，测得的样品的摩尔磁化率是否相同？为什么？

（2）分析影响测定 χ_M 值的各种因素。

（3）为什么实验测得各样品的 μ_m 值比理论计算值稍大？［提示：式(2-158)仅考虑顺磁化率由电子自旋运动贡献，实际上轨道运动对某些中心离子也有少量贡献（如 Fe^{3+}），从而使实验测得的 μ_m 值偏大，由公式计算得到的 n 值也比实际的不成对电子数稍大］

实验 25　X 射线多晶衍射法物相分析

一、实验目的

（1）掌握 X 射线多晶衍射法的实验原理和技术。

（2）学习根据 X 射线衍射图，使用 X 射线粉末衍射索引和卡片进行物相分析。

二、实验原理

若以 $h'k'l'$ 代表晶体的一族晶面的指标，$d_{h'k'l'}$ 是这族晶面中相邻两平面的间

距,入射 X 射线与这族晶面的夹角 $\theta_{nh'nk'nl'}$ 满足布拉格方程时,就可产生衍射,即

$$2d_{h'k'l'}\sin\theta_{nh'nk'nl'} = n\lambda$$

式中,n 为整数,表示相邻两晶面的光程差为 n 个波,所以 n 又称衍射级数。$nh'nk'nl'$ 常用 hkl 表示,hkl 称为衍射指标,它和晶面指标是整数位关系。

当单色 X 射线照到多晶样品上时,由于多晶样品中含有许多小晶粒,它们取向随机地聚集在一起,同样一族晶面和 X 射线夹角为 θ 的方向有无数个,产生无数个衍射,形成以入射线为中心,4θ 为顶角的衍射圆锥,它对应于 X 射线衍射图谱的一个衍射峰。多晶样品中有许多晶面族,当它们符合衍射条件时,相应地形成许多以入射线为中心轴张角不同的衍射线。不同的晶面其晶面间距不同,可见晶面间距决定衍射峰的位置,而晶面间距 d 是晶胞参数的函数,所以衍射峰的位置是由晶胞参数决定的。衍射峰的强度 I 与结构因子 $|F|^2$ 成正比,而 $|F|^2$ 是晶胞内原子的种类、数量、坐标的函数,因此衍射强度是由晶胞的结构决定的。每一种晶体都有特定的结构,两种不同的晶体物质不可能具有完全相同的晶胞参数和晶胞结构,也就不会有完全相同的衍射图,晶体衍射图就像人的指纹一样各不相同,可以据此来鉴定晶体物质的物相。若一物质含有多种物相,这几种物相给出各自的衍射图,彼此独立,互不相干,即由几种物相组成的固体样品的衍射图是各个物相的衍射图按各物相的比例简单叠加在一起构成的。这样十分有利于对多相体系进行全面的物相分析。

三、仪器与试剂

X 射线衍射仪;玛瑙研钵;分样筛;粉末样品板;合适晶体的未知物样品。

四、实验步骤

1. 制样

用玛瑙研钵将样品研细后,通过 325 目筛,将筛下物放在样品板的槽内,略高于槽面,用不锈钢片适当压紧样品,且表面光滑平整,必要时可滴一层乙醇溶液(或溶有少量苯乙烯的甲苯溶液),然后将样品板轻轻插在测角仪中心的样品架上。

2. 测试

(1) 打开冷却水阀门和总电源及计算机稳压电源。

(2) 打开 X 射线发生器总电源,将稳压、稳流调节至最小值,关好防护罩门,调整水流量,待 X 射线准备指示灯亮时,打开 X 射线机。

(3) 打开测量记录柜电源,调整速率计的时间常数和量程,调整走纸速率,安好记录笔后打开记录仪电源,按下记录笔按钮。

(4) 打开计算机电源,在 0 号和 1 号驱动器分别插入系统盘和数据盘,并输入测量日期和时间。

(5) 选择工作内容(F 测量)和设定计数管高压及脉高分析器的基线和窗口。

(6) 输入电压、电流、靶材等测试条件以及扫描方式、重复次数、扫描范围、速率、取样间隔、停留时间、文件名称和各狭缝大小等测量工作程序。事先测准测角仪的零点数值,存入磁盘中,按要求输入后,仪器将测角仪自动调零。

(7) 输入测量程序号 $n1n2$,则测量工作开始进行。

(8) 待测量工作完成后,先退掉管流,再退掉管压。

(9) 关闭 X 射线电源开关和记录仪开关。将计算机转入结束状态,取出磁盘,关闭计算机。关闭记录柜开关,撕下记录的图谱,将记录笔取下,并盖好笔帽。

(10) 10 min 后,关闭循环水泵电源开关,关掉冷却水。切断稳压电源和总电源开关。

五、注意事项

(1) 粉末法要求样品磨得非常细,以尽量满足每一个晶面上各个方向概率相等的要求;在样品压片时,只能垂直方向压,不能横向搓动,以防止可能出现的择优取向。

(2) X 射线对人体会产生伤害,在实验过程中应注意防护。

(3) 由于卡片所载实验条件与我们的实验条件不一定完全一致,而且即使条件一致,也会存在系统误差,因此摄取的衍射图 d 值与卡片的 d 值会有区别。在查找索引及卡片时,要考虑这个误差范围。

(4) 由于仪器稳定性、制样技术等多方面的原因,强度顺序有可能颠倒,但强、中、弱的大致顺序是不会变化的。因此,我们对于 d 值的符合程序一般要求较严,而对强度的要求,则不必过于认真。

(5) 在将试样的"d-I/I_1"与卡片上的"d-I/I_1"对比时,必须有整体观念。因为并不是一条衍射线代表一个物相,而是一套特定的"d-I/I_1"数据才代表一个物相。因此,若是有一条强线完全对不上,即可否认该物相的存在。

(6) 若为混合物相,找到一个物相后,再鉴定另一物相,在扣除第一个物相的衍射线时,应考虑到衍射线的重叠等现象。另外如果某一物相在混合物中含量很低时,则有可能不出现第二个 d 值或第三、第四个 d 值的衍射线。

六、数据处理指导

(1) 衍射图上沿记录纸运转方向代表衍射角 2θ 的坐标,与 2θ 坐标垂直的方向代表衍射线的强度 I。从衍射图上找出所有的衍射峰,并求出它们所对应的 2θ 和 I 值(以衍射峰的高度近似地表示衍射强度)。

（2）按照布拉格方程 $2d\sin\theta=\lambda$，因 λ 和 θ 已知，故可计算出各晶面的 d 值，以最强衍射线的强度 I_1 为 100，求出其余各条衍射线的相对强度 I_i/I_1。

（3）将 $2\theta<90°$ 的 3 条最强线按顺序排好（d_1、d_2、d_3 及对应的 I_1、I_2、I_3），然后按照强度顺序将其余的 5 条次强线排列在它们的后面（d_4、d_5、d_6、d_7、d_8 及对应的 I_4、I_5、I_6、I_7、I_8）。根据最强线的晶面间距 d_1，在汉纳沃特（Hanawalt）索引上找到所属的分区，根据 d_2、d_3 大致判断试样可能是什么物质，再根据 d_4、d_5、d_8 进一步确认。若 d_1、d_2、…、d_8 的数值及相对强度顺序与索引上列出的某一物质的数据基本一致，可初步确定试样中含有该物质，记下该物质的卡片号。此步骤也可使用芬克（Fink）索引，或是将 d_2、d_3 轮流作为最强线，重复检索。

（4）找出该物质的卡片，将卡片上所有衍射峰的 d 值及 I 值与实验值核对，全部符合时 θ 即可肯定物相的存在，记下该物质的名称及所需的资料。

七、问题与讨论

（1）实验中如何才能得到好的衍射图？

（2）布拉格方程并未对衍射级数 n 和晶面间距 d 作任何限制，但实际应用中为什么只用到数量非常有限的一些衍射线？

（3）将实验所得衍射线条数及相对强度与卡片中的一一对照，完全一致吗？试说明误差来源。

实验 26　苯甲酸的红外吸收光谱分析

一、实验目的

（1）学习红外吸收光谱法定性分析有机化合物基团的基本过程。

（2）掌握用压片法制作固体试样晶片的方法。

（3）熟悉红外光谱仪的工作原理及其使用方法。

二、实验原理

在化合物中，具有相同化学键的原子基团其基本振动频率吸收峰（简称基频峰）基本上出现在同一频率区域内。例如，$CH_3(CH_2)_5CH_3$、$CH_3(CH_2)_4C\equiv N$ 和 $CH_3(CH_2)_3CH=CH_2$ 等分子中都有—CH_3—、—CH_2—基团，它们的伸缩振动基频峰与正辛烷的红外吸收光谱（图 2-36）中—CH_3，—CH_2—基团的伸缩振动基频峰都出现在同一频率区域内，即在 $<3000~\mathrm{cm}^{-1}$ 附近，但又有所不同。这是因为同一类型原子基团在不同化合物分子中所处的化学环境不同，使基频峰频率发生一定移动。例如，$C=O$ 基团的伸缩振动基频峰频率一般出现在 $1850\sim1860~\mathrm{cm}^{-1}$，当

它位于酸酐中时,$\nu_{C=O}$ 为 1820~1750 cm^{-1};在酯类中时,$\nu_{C=O}$ 为 1750~1725 cm^{-1};在醛中时,$\nu_{C=O}$ 为 1725~1710 cm^{-1};在与苯环共轭时,如乙酰苯中$\nu_{C=O}$ 为 1695~1680 cm^{-1};在酰胺中时,$\nu_{C=O}$ 为 1650 cm^{-1} 等。因此,掌握各种原子基团基频峰的频率及其位移规律,就可应用红外吸收光谱确定有机化合物分子中存在的原子基团及其在分子结构中的相对位置。

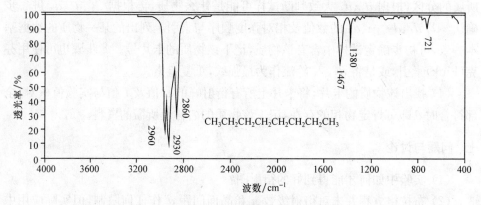

图 2-36　正辛烷的红外光谱图

苯甲酸分子中各原子基团的基频峰频率在 4000~650 cm^{-1} 的吸收峰见表 2-2。

表 2-2　苯甲酸的红外吸收峰

原子基团的基本振动形式	基频峰频率/cm^{-1}
$\nu_{=C-H}$(Ar 上)	3077,3012
$\nu_{C=C}$(Ar 上)	1600,1582,1495,1450
$\delta_{=C-H}$(Ar 上邻接五氢)	715,690
ν_{O-H}(形成氢键二聚体)	3000~2500(多重峰)
δ_{O-H}	935
$\nu_{C=O}$	1400
δ_{C-O-H}(面内弯曲振动)	1250

本实验用溴化钾晶体稀释苯甲酸标样和试样,研磨均匀后,分别压制成晶片,以纯溴化钾晶片作参比,在相同的实验条件下,分别绘制标准样品和试样的红外吸收光谱,然后将两张图谱对照表 2-2,若两张图一致,则可认为该试样是苯甲酸。

三、仪器与试剂

普通红外光谱仪;压片机;玛瑙研钵;红外干燥箱。苯甲酸(优级纯);溴化钾(优级纯);甲酸试样(经提纯)。

四、实验步骤

1. 实验条件

(1) 压片机工作压力:1.2×10^5 kPa(约 120 kg・cm^{-2})。

(2) 波数范围:4000～650 cm^{-1}。

(3) 参比物:空气。

(4) 实验室温度 18～20 ℃(相对湿度≤65%)。

2. 苯甲酸标准样品和试样晶片的制作

取预先在 110 ℃烘干 48 h 以上并保存在干燥器内的溴化钾 150 mg 左右和 2～3 mg 优级纯苯甲酸置于洁净的玛瑙研钵中,研磨成均匀、细小的颗粒,然后转移到压片模具上,装好后将模具固定在压片机上。抽真空数分钟,然后加压力 1×10^5～1.2×10^5 kPa,保持 5 min,随后慢慢降低压力,待指针指"0"时,取出晶片,放在晶片架上,保存在干燥器内待用。

另取约 150 mg 溴化钾置于洁净的玛瑙研钵中。加入 2～3 mg 苯甲酸试样,同上操作制成晶片备用。制得的晶片必须无裂痕,局部无发白现象,如玻璃一样完全透明,否则应重新制作。晶片局部发白,表示压制的晶片厚薄不均匀;晶片模糊,表示晶体吸潮,水在 3450 cm^{-1} 和 1640 cm^{-1} 处出现吸收峰。

3. 样品红外吸收光谱测绘

(1) 背景扫描:根据实验条件,将红外光谱仪按仪器操作步骤进行背景扫描。

(2) 样品红外光谱测绘:将苯甲酸标样和试样晶片依次放入样品室中,在相同实验条件下,分别测绘标样和试样的红外吸收光谱。

五、数据处理指导

(1) 记录实验条件。

(2) 在苯甲酸标准样品和试样的红外吸收光谱图上,标出各特征吸收峰的波数,并确定其归属。

(3) 将苯甲酸试样光谱图与其标准样品光谱图进行对比,如果两谱图上的各特征峰及其吸收强度一致,则可认为该试样是苯甲酸。

六、问题与讨论

(1) 红外吸收光谱分析对固体试样的制片有什么要求?

(2) 如何进行红外吸收光谱的定性分析?

(3) 红外光谱实验室为什么对温度和相对湿度有一定的要求?

第三章 综合实验

实验 27 三组分液-液系统相图的绘制

一、实验目的

(1) 掌握用三角坐标表示三组分相图的方法。
(2) 用溶解度法绘制具有一对共轭溶液的三组分相图。

二、实验原理

绘制相图需要通过实验获得平衡时各相间的组成及两相的联结线,即先使体系达到平衡,然后把各相分离,再用化学分析法或者物理方法确定达成平衡时各相的组成。但体系达到平衡的时间可以相差很大。对于互溶的液体,一般平衡达到的时间很短;对于溶解度较大但不生成化合物的水-盐体系,也容易达到平衡。对于一些难溶的盐,则需要相当长的时间,如几天。由于结晶过程往往要比溶解过程快得多,因此通常把样品在较高的温度下溶解,然后移至温度较低的恒温槽中结晶,缩短达到平衡的时间。另外,摇动、搅拌、加大相界面也能加快各相间的扩散速率,缩短达到平衡的时间。

水和氯仿的相互溶解度很小,而乙酸与水、氯仿互溶。在水和氯仿组成的两相混合物中加入乙酸,能增大水和氯仿间的互溶度,乙酸越多,互溶度越大,当加入乙酸到某一数量时,水和氯仿能完全互溶,原来由两相组成的混合体系由浑浊变澄清。在温度恒定的情况下,使两相体系变成均匀的混合物所需要的乙酸量取决于原来混合物中水和氯仿的比例。同样,把水加到乙酸和氯仿的均相混合物中时,当水达到一定数量,原来的均相体系变成水相和氯仿相的两相混合体系,体系由澄清变浑浊。使体系变成两相所需要的水量取决于乙酸和氯仿的起始组成。因此,利用体系在相变化时的浑浊和澄清,可以判断体系中各组分间互溶度的大小。一般由澄清到浑浊,肉眼比较容易分辨。所以,实验通过在均相样品中加入第三物质使之变成两相的方法,测定两相间的相互溶解度。当两相共存并达到平衡时,将两相分离,测得两相的组成,然后用直线连接这两点,即得联结线。

用等边三角形的方法表示三元相图。等边三角形的三个顶点各代表纯组分,三条边 AB、BC 和 CA 分别代表 A 和 B、B 和 C、C 和 A 的二组分组成,而三角形内任意一点表示三组分的组成。如图 3-1 所示,经过 P 点作平行于三边的直线,

并交于三边于 a、b、c 三点。若将三边均匀分成100等分,则 P 点的A、B、C组成分别为

$$A\% = Cb$$
$$B\% = Ac$$
$$C\% = Ba$$

对共轭的三组分体系,即三组分中二对液体 AB 及 AC 完全互溶,而另一对 BC 不互溶或部分互溶的相图如图 3-2 所示。图中 $DEFHIJKL$ 是互溶度曲线,EI 和 DJ 是联结线。互溶度曲线下是两相区,上面是一相区。

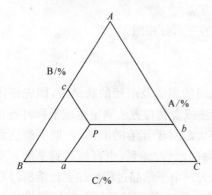

图 3-1　三组分相图表示法

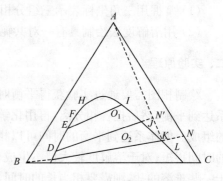

图 3-2　部分互溶三组分体系相图

绘制溶解度曲线的方法有多种,本实验采用的方法是:将完全互溶的两组分(如氯仿和乙酸)按照一定的比例配制成均相溶液(图 3-2 中 N 点),然后向澄清溶液中滴加另一组分(如水),则系统点沿 BN 线移动,到 K 点时系统由澄清变浑浊。再往体系里加入乙酸,系统点则沿 AK 上升至 N' 点而变澄清。再加入水,系统点又沿 BN' 由 N' 点移至 J 点而再次变浑浊。如此往复,最后连接 K、J、I、…即可得到互溶度曲线。

三、仪器与试剂

酸式滴定管(50 mL);碱式滴定管(50 mL);磨口锥形瓶(25 mL、100 mL);锥形瓶(200 mL);移液管(2 mL、5 mL、10 mL)。0.5 mol·L^{-1}氢氧化钠溶液;酚酞指示剂;氯仿(分析纯);冰醋酸(分析纯)。

四、实验步骤

(1) 将磨口锥形瓶洗净,烘干。

(2) 在洁净的酸式滴定管中装入蒸馏水。

(3) 移取 6 mL 氯仿、1 mL 乙酸于干燥洁净的 100 mL 磨口锥形瓶中(标记

1 号),混合均匀。然后慢慢滴入水,边滴边摇动,直至溶液由澄清变浑浊,即为终点,记录水的体积。再向体系中加入 2 mL 乙酸,系统又成均相,继续用水滴定,使体系再次由澄清变浑浊,分别记录此时系统中氯仿、乙酸及水的总体积。然后依次加入 3.5 mL、6.5 mL 乙酸,同上方法用水滴定,并记录体系中各组分的含量。最后加入 40 mL 水,盖紧瓶塞,每隔 5 min 振摇一次,约 30 min 后用此溶液测量联结线。

(4) 取另一个 100 mL 磨口锥形瓶(标记 2 号),移入 1 mL 氯仿和 3 mL 乙酸,用水滴定至终点。然后依次添加 2 mL、5 mL、6 mL 乙酸,分别用水滴定至终点。记录各次各组分的用量。最后加入 9 mL 氯仿和 5 mL 乙酸,混合均匀,每隔 5 min 振摇一次,约 30 min 后测量另一条联结线。

(5) 称量 2 个 25 mL 磨口锥形瓶,待用。将溶液 1 号和溶液 2 号静置,待溶液分层后,用干燥洁净的移液管吸取溶液 1 号上层液 2 mL,下层液 2 mL,分别放入已称量的 25 mL 磨口锥形瓶中,再称其质量。然后用水洗入 200 mL 锥形瓶中,滴入酚酞,用已知浓度的氢氧化钠溶液滴定,测定其中乙酸含量。

(6) 同步骤(5),移取溶液 2 号上层液 2 mL 和下层液 2 mL,称量并滴定。

五、注意事项

(1) 体系组分之一是水,所用锥形瓶和移液管都需干燥。

(2) 滴定时要一滴一滴加入,特别是乙酸含量较少时(1 号溶液),更应特别注意(第一点所需水的体积很小),并不断振摇。在乙酸含量较多时(2 号溶液),开始时可以滴得快一点,接近终点时要慢慢滴定,因为这时溶液已经接近饱和,溶解平衡需要较长时间,因此要多加振荡。由于分散的"油珠"颗粒能散射光线,因此只要体系出现浑浊并在 2～3 min 内不消失,即可认为已达到终点。

(3) 使用酸式滴定管时注意手指应该将活塞往左推,注意不要用手心挤活塞,以防滴定过程中活塞漏水。

六、数据处理指导

1. 溶解度曲线的绘制

根据数据,在三角坐标纸上绘制各次滴定的组成点,然后用曲线板拟合成一条光滑曲线,即为水-氯仿在乙酸存在情况下的互溶度曲线。其中在 BC 边上的相点为实验温度、压力条件下水在氯仿或氯仿在水中的溶解度。

2. 联结线的绘制

(1) 计算 1 号、2 号瓶中最后的氯仿、乙酸和水的含量,在三角相图中绘制相应

的物系点 O_1、O_2。

(2) 由所取各相当质量及滴定用氢氧化钠的体积计算乙酸在各相中的百分数,并将点画在互溶度曲线上。描述水层(上)内的乙酸含量画在含水成分多的一边;描述氯仿层(下)内乙酸含量的点画在含氯仿成分多的一边。

(3) 连接(2)所得的两个平衡液层的组成点即为联结线,该联结线应该通过由(1)所得的系统物系点。

七、问题与讨论

(1) 滴定过程中若不小心超过终点,可以再滴加几滴乙酸(记录加入量),至刚由浑浊变澄清为终点,记录实际各组分的用量,无需重做。

(2) 不同温度时各物质的密度计算公式如下:

$$\rho_T = \rho_s + \alpha(T - T_s) \times 10^{-3} + \beta(T - T_s)^2 \times 10^{-6} + \gamma(T - T_s)^3 \times 10^{-9}$$

$$T_s = 273.2\ K$$

(3) 实验所得的联结线未通过物系点,原因主要是溶液振荡分层平衡不够,可以多振荡,使乙酸水溶液与乙酸氯仿溶液充分分层。

(4) 用水饱和的氯仿或含水的乙酸也可以做此实验,等边三角形的三条边均可。水饱和的氯仿,左半支滴加乙酸,溶液由浑浊变澄清,然后滴加氯仿,溶液由澄清变浑浊;而右半支乙酸置清,然后滴加水变澄清。若为含水的乙酸溶液,则滴加氯仿使溶液由澄清变浑浊,然后加入乙酸,溶液变澄清。

实验 28　气-液相色谱法测定非电解质溶液的热力学函数

一、实验目的

(1) 用气-液相色谱法测定正己烷和环己烷在邻苯二甲酸二壬酯溶液中的无限稀释活度系数、偏摩尔溶解焓和偏摩尔超额溶解焓。

(2) 熟悉以热导池为检测器的气相色谱仪的工作原理和基本构造。

(3) 掌握脉冲进样气相色谱操作技术。

(4) 了解气-液相色谱法在化学热力学方面的一些应用。

二、实验原理

1. 保留值

气-液相色谱法的原理和气相色谱仪的基本构造可参阅仪器说明书。利用脉冲进样方法可以测定某些溶液体系的热力学函数。作为溶质的色谱试样通过进样口进入色谱仪后,部分留于气相、部分溶解在色谱柱固定液组成溶液。作为一种易挥发的液体,溶质必然要在气、液两相之间建立分配平衡。随着载气的流动,溶质样品将被带出色谱柱,经检测器至出口,再通过皂膜流量计排出。检测器所测得的信号由记录仪记录。t_d 处的峰表示色谱仪的气路上有"死空间"存在。根据所测样品和实验条件不同,可选用氦、氢或空气等完全不会与固定相作用的气体另行测定。真正的样品峰则出现在 t_r 处。

从溶质进样到在检测器出现浓度极大值所需的时间 t_r 称为保留时间。以皂膜流量计测得的载气流量 F 乘以 t_r 即为保留体积 V_r^0,F 与 t_d 的乘积 V_d 称为死体积,它与溶解过程无关,而只与色谱仪的进样器、色谱柱和检测器这三部分的空间大小有关。所以,t_r 与 t_d 之差表征了溶质的溶解或溶液的性质。另外,应以色谱柱内载气的真实流速 F_c 来讨论留体积才较合理。然而,从色谱柱的性质已知,柱内各部分的实际流量也不是个常数,对此可用压力校正因子 j 加以校正。再考虑其他因素的影响,则应以单位质量固定液上样品的比保留体积 V_g^0 来表示,才能真正反映溶质与作为溶剂的固定液之间相互作用的特性:

$$V_g^0 = (t_r - t_d) j \frac{p_i - p_w}{p_i} \frac{273}{T_r} \frac{F}{m_1} \qquad (3-1)$$

$$j = \frac{3}{2} \times \frac{\left(\frac{p_i}{p_0}\right)^2 - 1}{\left(\frac{p_i}{p_0}\right)^3 - 1} \qquad (3-2)$$

式中,T_r 为皂膜流量计所处的温度(K);p_i、p_0、p_w 分别为色谱柱前压力、出口压力、T_r 时水的饱和蒸气压;m_1 为固定液质量。

2. 分配系数

设溶质在气、液两相的浓度分别用不同的概念来定义,则 273 K 时溶质在两相间的分配系数可表示如下:

$$K_D = \frac{\dfrac{\text{固定液上溶质质量}}{\text{固定液质量}}}{\dfrac{\text{流动相中溶质质量}}{\text{流动相体积}}} = \frac{\dfrac{m_2^s}{m_1}}{\dfrac{m_2^g}{V_d}} \qquad (3-3)$$

式中,下标 1、2 分别表示固定液和溶质;s、g 分别表示固定液相和气相。

在理想条件下,色谱峰峰形应是对称的,则在 t_r 时,恰好有一半溶质被载气带离检测器,另一半则还留在色谱柱内。两部分质量相等,而色谱柱内的溶质又分别处于气相和液相中。因此,有

$$V_r^c \frac{m_2^g}{V_d} = V_d^c \frac{m_2^g}{V_d} + V_s \frac{m_2^g}{m_1} \rho_1 \qquad (3-4)$$

式中，ρ_1 为固定液的密度；V_r^c 和 V_d^c 分别为柱温、柱压条件下的保留体积和死体积。移项并作压力和温度校正，得

$$(t_r - t_d)j\frac{p_0 - p_w}{p_0}\frac{273}{T_r}F\frac{m_2^g}{V_d} = V_s\rho_1\frac{m_2^s}{m_1} \tag{3-5}$$

因 $V_s\rho_1 = m_1$，再分别与式（3-1）和式（3-2）比较，即得

$$V_g^0 = \frac{\dfrac{m_2^s}{m_1}}{\dfrac{m_2^s}{V_d}} = K_D$$

3. 活度系数

由于脉冲进样量非常小，样品在气、液两相的行为可分别用理想气体方程和拉乌尔（Raoult）定律作近似处理：

$$p_2 V_d = nRT_c$$

$$p_2 = \frac{m_2^g RT_c}{V_d M_2} \tag{3-6}$$

$$p_2^* = \frac{p_2}{x_2}p_2\frac{273}{T_c}\left(\frac{n_1 + n_2}{n_1}\right) \approx p_2\frac{n_1}{n_2} = p_2\frac{M_2}{M_1}\frac{m_1}{m_2^s} \tag{3-7}$$

式中，p_2^* 和 p_2 分别为纯溶质和溶液中溶质的蒸气压；x_2 为溶质在溶液中的摩尔分数；M_1 和 M_2 分别为固定液和溶质的摩尔质量；n_1 和 n_2 分别为它们在溶液中的物质的量。将蒸气压由柱温 T_c 校正至 273 K，并将式（3-2）和式（3-6）代入式（3-7），得

$$p_2^* = p_2\frac{273}{T_c}\frac{m_2}{M_1}\frac{V_d}{K_D m_2^g} = \frac{273R}{K_D m_1} \tag{3-8}$$

结合式（3-5）得

$$V_g^0 = \frac{273R}{p_2^* M_1} \tag{3-9}$$

实际上，色谱固定液的沸点都较高，蒸气压很低，且摩尔质量和摩尔体积都较大，而适合作溶质的样品，其物理性质则与之相去甚远。所以溶液性质往往会偏离拉乌尔定律。不过，在此稀溶液中，溶质分子的实际蒸气压主要取决于溶质与溶剂分子之间的相互作用力，故可用亨利（Henry）定律来处理。所以式（3-9）可表示为

$$V_g^0 = \frac{273R}{\gamma_2^\infty p_2^* M_1} \tag{3-10a}$$

或

$$\gamma_2^\infty = \frac{273R}{V_g^0 p_2^* M_1} \tag{3-10b}$$

式(3-10)将色谱的特有概念比保留体积 V_g^0 与溶液热力学的重要参数——无限稀释的活度系数 γ_2^∞ 相关联。

4. 偏摩尔溶解焓和偏摩尔超溶解焓

根据克劳修斯-克拉贝龙方程并结合亨利定律,可得

$$\mathrm{d}(\ln p_2^*) = \frac{\Delta_v H_m}{RT^2} \mathrm{d}T \tag{3-11a}$$

$$\mathrm{d}[\ln(p_2^* x_2 \lambda_2^\infty)] = \frac{\Delta_v H_{2,m}}{RT^2} \mathrm{d}T \tag{3-11b}$$

式中,$\Delta_v H_{2,m}$ 表示溶质从溶液中汽化的偏摩尔汽化焓。对于理想溶液,$\gamma_2^\infty = 1$,溶质的分压可用 $p_2^* x_2$ 表示,而其偏摩尔汽化焓与纯溶质的摩尔汽化焓相等,偏摩尔溶解焓等于液化焓,即 $\Delta_v H_{2,m} = \Delta_v H_m = -\Delta_s H_{2,m} = \Delta_s H_m$。非理想溶液的偏摩尔溶解焓 $\Delta_s H_{2,m}$ 虽也等于 $\Delta_v H_{2,m}$,但它们与活度系数有关。

将式(3-10a)取对数比并对 $1/T$ 微分,再将式(3-11b)代入可得

$$\frac{\mathrm{d}(\ln V_g^0)}{\mathrm{d}\left(\frac{1}{T}\right)} = \frac{\mathrm{d}[\ln(p_2^* \gamma_2^\infty)]}{\mathrm{d}\left(\frac{1}{T}\right)} = \frac{\Delta_v H_{2,m}}{R} \tag{3-12}$$

设在一定温度范围内,$\Delta_v H_{2,m}$ 可视为常数,积分可得

$$\ln V_g^0 = \frac{\Delta_v H_{2,m}}{RT} + C \tag{3-13}$$

将式(3-11b)与式(3-11a)两式相减,并代之以溶解焓,则得

$$\mathrm{d}(\ln \gamma_2^\infty) = \frac{(\Delta_s H_{2,m} - \Delta_v H_m)}{RT^2} \mathrm{d}T = \frac{(\Delta_s H_{2,m} - \Delta_s H_m)}{RT^2} \mathrm{d}T \tag{3-14}$$

与式(3-13)一样,积分可得

$$\ln \gamma_2^\infty = \frac{(\Delta_s H_{2,m} - \Delta_s H_m)}{RT} + D = \frac{\Delta_s H^E}{RT} + D \tag{3-15}$$

式中,C、D 均为积分常数。$\Delta_s H^E$ 为非理想溶液与理想溶液中溶质的溶解焓之差,称为偏摩尔超额溶解焓:

$$\Delta_s H^E = \Delta_s H_{2,m} - \Delta_s H_m = \Delta_s H_{2,m} - \Delta_v H_m \tag{3-16}$$

$\gamma_2^\infty > 1$ 时,溶液对拉乌尔定律产生正偏差,溶质与溶剂分子之间的作用力小于溶质之间的作用力,$\Delta_s H^E > 0$;反之则相反。

三、仪器与试剂

气相色谱仪;氢气钢瓶;粗真空泵、缓冲瓶及针孔活塞系统;秒表;微量进样器

（10 μL、1 μL）；红外加热灯。邻苯二甲酸二壬酯（色谱试剂）；102 白色载体或 6201 红色载体（80～100 目）；丙酮（分析纯）；正己烷（分析纯）；环己烷（分析纯）；玻璃棉（色谱用）。

四、实验步骤

（1）固定相的制备：根据色谱柱容积大小，于蒸发皿中准确称取一定量的载体，再称取相当于载体质量 1/5 左右的邻苯二甲酸二壬酯，搅拌均匀，然后用红外加热灯缓慢加热使丙酮完全挥发。再次称量，确定样品是否损失或丙酮是否蒸干。

（2）装填色谱柱：选用长 2 m、外径 5 m 的不锈钢色柱管，洗净、干燥。在某一端塞以少量玻璃棉，并将这一端接于粗真空系统。用专用漏斗从另一端加入固定相，同时不断振动色谱柱管，使载体装填紧密、均匀。再取少量玻璃棉塞住。称取蒸发皿中剩余样品质量。

（3）安装、检查及老化：小心将色谱柱装于色谱仪上，通常应使原来接真空系统的一端接在载气的出口方向。

按操作规程检查，确保色谱仪气路及电路连接情况正常。打开氢气钢瓶阀门，利用减压阀和色谱仪的针形阀调节气流流量至 50 mL·min^{-1} 左右。将仪器载气出口处堵住，柱前转子流量计的指示应下降至零。这表示气密性良好。如流量计显示有气流，则表示系统漏气。通常可用肥皂水依次检查各接头处，必要时应再旋紧接头，直至整个气路不漏气。

保持氢气流量，将柱温（或称层析室温度）调到 130 ℃，恒温约 4 h，使固定相老化。整个操作过程禁止明火。实验室应保持通风良好。

（4）测定保留时间：将柱温调到大约 60 ℃，柱前压力约为 2×10^5 Pa。打开热导电并调节桥路电流至 120 mA，汽化室温度约为 130 ℃。待记录仪基线稳定后便可进样。

10 μL 微量注射器和 1 μL 微量注射器分别用于空气和溶质样品进样，用秒表测定出峰时间 t_d 和 t_r。根据出峰时间、峰形大小和形状，调节最合适的载气流量和进样体积。一般说来，进样量可尽量减少。有时也可用 10 μL 微量进样器吸取一定量样品和空气同时进样。

重复测定次数，得保留时间的平均值。记录柱前压力、层析室温度、皂膜流量计温度，并用皂膜流量计测定载气流量。

（5）保留时间与柱温的关系：升高层析室温度，测不同柱温下的保留时间及其他数据。每次升温幅度可控制在 8～10 ℃。共测定 5 组数据。

（6）实验完毕以后，先逐一关闭各部分开关，然后关闭电源。待层析室温度接近室温后再关闭气源。

五、注意事项

(1) 微量进样器比较精密,切勿将针芯的不锈钢丝拉出针管外,并应保持清洁。

(2) 固定相老化时注意切勿超过 150 ℃。

六、数据处理指导

1. 纯物质的饱和蒸气压

正己烷:

$$\frac{p_2^*}{\text{mmHg}}=\exp[15.834-2693.8/(224.11+t/℃)]$$

$$\frac{p_2^*}{\text{Pa}}=133.3\times\exp[15.834-2693.8/(224.11+t/℃)]$$

$$\frac{p_2^*}{\text{mmHg}}=\exp[17.79-3811/(T/\text{K})]$$

$$\frac{p_2^*}{\text{Pa}}=133.3\times\exp[17.79-3811/(T/\text{K})]$$

适用温度范围:−10~90 ℃。

环己烷:

$$\frac{p_2^*}{\text{mmHg}}=\exp[15.957-2879/(228.20+t/℃)]$$

$$\frac{p_2^*}{\text{Pa}}=133.3\times\exp[15.957-2879/(228.20+t/℃)]$$

水:

$$\frac{p_w}{\text{mmHg}}=4.5829+0.33173t/℃+1.1113\times10^{-2}(t/℃)^2+1.6196\times10^{-4}(t/℃)^3$$
$$+3.5957\times10^{-6}(t/℃)^4$$

$$\frac{p_w}{\text{Pa}}=6.1100\times10^2+4.4227\times10t/℃+1.4816(t/℃)^2+2.1593\times10^{-2}(t/℃)^3$$
$$+4.7939\times10^{-4}(t/℃)^4$$

适用温度范围:0~40 ℃。

2. 比保留体积和活度系数

根据式(3-1)可计算不同的柱温时的 V_g^0,固定液质量 m_1 可按固定相实际制备数据和用量求得。由式(3-10b)也可以很容易算出 γ_2^∞。

3. 偏摩尔溶解焓和偏摩尔超额溶解焓

以正己烷和环己烷在不同柱温时测得的 $\ln V_g^0$ 和 $\ln \gamma_2^\infty$ 对 $1/T$ 作图。由其斜率可按式(3-13)和式(3-15)分别求出该组分的偏摩尔溶解焓 $\Delta_s H_{2,m}$ 和偏摩尔超额溶解焓 $\Delta_s H^E$。

4. 摩尔汽化焓

由式(3-16)可计算正己烷和环己烷的 $\Delta_v H_m$,并与 3 的结果比较。

七、问题与讨论

(1) 如采用氮气作为载气,实验中应注意什么问题? 如何确定气-液相色谱法实验的各个操作条件(如温度、桥路电流、载气流量、空气进样量等)?

(2) 从 γ_2^∞ 数值讨论正己烷和环己烷在邻苯二甲酸二壬酯的溶液对拉乌尔定律的偏差。

(3) 什么溶液体系才适于用气-液相色谱法测定其热力学函数?

(4) 试从热力学函数对温度的依赖关系与实验测量误差两个角度讨论测定温度范围的合理选择。

实验 29　离子迁移数的测定

一、实验目的

(1) 掌握希托夫法测定离子迁移数的原理及方法。
(2) 明确迁移数的概念。
(3) 了解电量计的使用原理及方法。

二、实验原理

当电流通过电解质溶液时,溶液中的正、负离子各自向阴、阳两极迁移,由于各种离子的迁移速率不同,各自所带的电量也必然不同。每种离子所带的电量与通过溶液的总电量之比,称为该离子在此溶液中的迁移数。若正、负离子传递电量分别为 q_+、q_-,通过溶液的总电量为 Q,则正、负离子的迁移数分别为

$$t_+ = \frac{q_+}{Q} \qquad t_- = \frac{q_-}{Q}$$

离子迁移数与浓度、温度、溶剂的性质有关,增加某种离子的浓度,则该离子传递电量的百分数增加,离子迁移数也相应增加;温度改变,离子迁移数也会发生变

化,但温度升高,正、负离子的迁移数差别较小;同一种离子在不同电解质中迁移数是不同的。

离子迁移数可以用希托夫法、界面移动法和电动势法等直接测定。

希托夫法测定离子迁移数的示意图如图 3-3 所示。将已知浓度的硫酸溶液装入迁移管中,若有电量 Q 通过体系,在阴极和阳极上分别发生如下反应:

阳极 $\qquad 2OH^- \longrightarrow H_2O + \frac{1}{2}O_2 + 2e$

阴极 $\qquad 2H^+ + 2e \longrightarrow H_2$

此时溶液中 H^+ 向阴极方向迁移,SO_4^{2-} 向阳极方向迁移。电极反应与离子迁移引起的总结果是阴极区的 H_2SO_4 浓度减少,阳极区的 H_2SO_4 浓度增加,且增加与减小的浓度数值相等。由于流过小室中每一截面的电量都相同,因此离开与进入假想中间区的 H^+ 相同,SO_4^{2-} 也相同,所以中间区的浓度在通电过程中保持不变。由此可得离子迁移数的计算公式如下:

$$
\begin{aligned}
t_{SO_4^{2-}} &= \frac{\text{阴极区} \left(\frac{1}{2}H_2SO_4\right) \text{减少的量(mol)} \times F}{Q} \\
&= \frac{\text{阳极区} \left(\frac{1}{2}H_2SO_4\right) \text{增加的量(mol)} \times F}{Q}
\end{aligned}
\tag{3-17}
$$

$$t_{H^+} = 1 - t_{SO_4^{2-}}$$

式中,F 为法拉第常量;Q 为总电量。

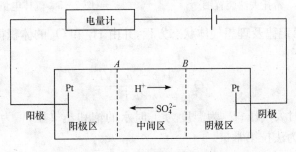

图 3-3 希托夫法示意图

图 3-3 所示的 3 个区域是假想分割的,实际装置必须以某种方式给予满足,如图 3-4 所示。电极远离中间区,中间区的连接处又很细,能有效地阻止扩散,保证中间区浓度不变。

式(3-17)中阴极液通电前后 $1/2H_2SO_4$ 减少的量 n 可通过下式计算:

$$n = \frac{(c_0 - c)V}{1000} \qquad (3-18)$$

式中，c_0 为 $1/2H_2SO_4$ 原始浓度；c 为通电后 $1/2H_2SO_4$ 浓度；V 为阴极液体积（cm^3），由 $V = m/\rho$ 求算，其中 m 为阴极液的质量，ρ 为阴极液的密度（20 ℃时 0.1 $mol \cdot L^{-1}$ H_2SO_4 的密度 $\rho = 1.002$ $g \cdot cm^{-3}$）。

通过溶液的总电量可用气体电量计测定，如图 3-5 所示，其准确度可达 $\pm 0.1\%$，它的原理实际上就是电解水（为减小电阻，水中加入几滴浓 H_2SO_4）。

阳极　　　　　　$2OH^- \longrightarrow H_2O + \frac{1}{2}O_2 + 2e$

阴极　　　　　　$2H^+ \longrightarrow H_2 - 2e$

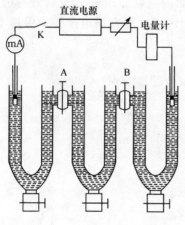
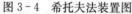

图 3-4　希托夫法装置图

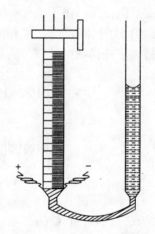

图 3-5　气体电量计装置图

根据法拉第定律及理想气体状态方程，并由 H_2 和 O_2 的体积得到求算总电量（库仑）公式如下：

$$Q = \frac{4(p - p_w)VF}{3RT} \qquad (3-19)$$

式中，p 为实验时大气压；p_w 为温度为 T 时水的饱和蒸气压；V 为 H_2 和 O_2 混合气体的体积；F 为法拉第常量。

三、仪器与试剂

迁移管；铂电极；精密稳流电源；气体电量计；电子天平；碱式滴定管（25 mL）；三角瓶（100 mL）；移液管（10 mL）；烧杯（50 mL）；容量瓶（250 mL）。H_2SO_4（化学纯）；0.1000 $mol \cdot L^{-1}$ NaOH 溶液。

四、实验步骤

(1) 配制 $c(1/2H_2SO_4)$ 为 0.1 mol·L^{-1} 的 H_2SO_4 溶液 250 mL,并用标准 NaOH 溶液标定其浓度。用该 H_2SO_4 溶液冲洗迁移管,然后装满迁移管。

(2) 打开气体电量计活塞,移动水准管,使量气管内液面升到起始刻度,关闭活塞,比平后记录液面起始刻度。

(3) 按图 3-4 接好线路,将稳流电源的"调压旋钮"旋至最小处。

(4) 接通开关 K,打开电源开关,旋转"调压旋钮"使电流强度为 10~15 mA,通电约 1.5 h 后,立即夹紧两个连接处的夹子,并关闭电源。

(5) 将阴极液(或阳极液)放入一个已称量的洁净干燥的烧杯中,并用少量原始 H_2SO_4 溶液冲洗阴极管(或阳极管)一并放入烧杯中,然后称量。中间液放入另一洁净干燥的烧杯中。

(6) 取 10 mL 阴极液(或阳极液)放入三角瓶内,用标准 NaOH 溶液标定。再取 10 mL 中间液标定,检查中间液浓度是否变化。

(7) 轻弹气量管,待气体电量计气泡全部逸出后,比平后记录液面刻度。

五、注意事项

(1) 电量计使用前应检查是否漏气。

(2) 通电过程中,迁移管应避免振动。

(3) 中间管与阴极管、阳极管连接处不留气泡。

(4) 阴极管、阳极管上端的塞子不能塞紧。

六、数据处理指导

(1) 计算通过溶液的总电量 Q。

(2) 计算阴极液通电前后 $1/2H_2SO_4$ 减少的量 n。

(3) 计算离子迁移数 t_{H^+} 及 $t_{SO_4^{2-}}$。

七、问题与讨论

(1) 如何保证电量计中测得的气体体积是在实验大气压下的体积?

(2) 中间区浓度改变说明什么? 如何防止?

实验 30 氯离子选择性电极的测试和应用

一、实验目的

(1) 了解氯离子选择性电极的基本性能及其测试方法。

（2）掌握用氯离子选择性电极测定氯离子浓度的基本原理。

（3）了解酸度计测量直流毫伏值的使用方法。

二、实验原理

使用离子选择性电极这一分析测量工具，可以通过简单的电势测量直接测定

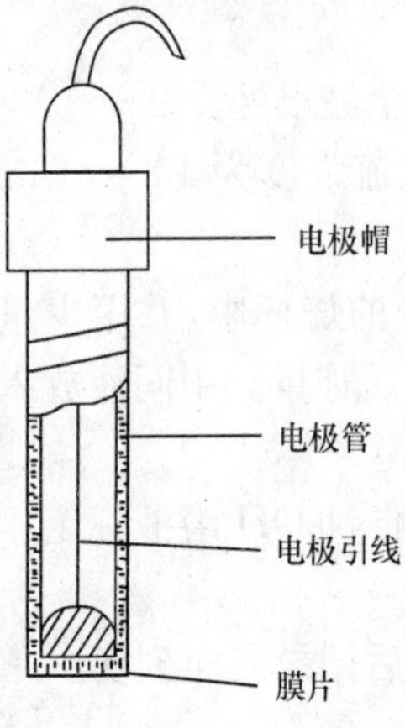

图 3-6 氯离子选择性
电极结构示意图

溶液中某一离子的活度。本实验所用的电极是把 AgCl 和 Ag_2S 的沉淀混合物压成膜片，用塑料管作为电极管，并以全固态工艺制成，其结构如图 3-6 所示。

离子选择性电极是一种以电势响应为基础的电化学敏感元件，将其插入待测液中，在膜-液界面上产生特定的电势响应值。电势与离子活度间的关系可用能斯特方程来描述。若以甘汞电极作为参比电极，则有

$$E = E^{\ominus} - \frac{RT}{F}\ln a_{Cl^-} \qquad (3-20)$$

由于

$$a_{Cl^-} = \gamma c_{Cl^-} \qquad (3-21)$$

根据路易斯（Lewis）经验式：

$$\lg\gamma_{\pm} = -A\sqrt{I} \qquad (3-22)$$

式中，A 为常数；I 为离子强度。在测定工作中，只要固定离子强度，则 $\gamma_{\pm}$ 可视作定值，所以式（3-20）可写为

$$E = E^{\ominus} - \frac{RT}{F}\ln c_{Cl^-} \qquad (3-23)$$

由式（3-23）可知，E 与 $\ln c_{Cl^-}$ 之间呈线性关系。只要测出不同 c_{Cl^-} 值时的电势值 E，作 E-$\ln c_{Cl^-}$ 图，就可了解电极的性能，并可确定其测量范围。氯离子选择性电极的测量范围为 $10^{-5} \sim 10^{-1}$ mol·L^{-1}。

离子选择性电极对待测离子具有特定的响应特性，但其他离子仍可对其产生一定的干扰。电极选择性的好坏常用选择系数表示。若以 i 和 j 分别代表待测离子和干扰离子，则有

$$E = E^{\ominus} \pm \frac{RT}{nF}\ln\left(a_i + k_{ij}a_j^{\frac{z_i}{z_j}}\right) \qquad (3-24)$$

式中，Z_i、Z_j 分别代表 i、j 离子的电荷数；k_{ij} 为该电极对 j 离子的选择系数。式中的"－"及"＋"分别适用于阴、阳离子选择性电极。

由式（3-24）可见，k_{ij} 越小，表示 j 离子对被测离子的干扰越小，即电极的选择性越好。通常 k_{ij} 值小于 10^{-3} 的认为无明显干扰。

当 $Z_i = Z_j$ 时，测定 k_{ij} 最简单的方法是分别溶液法，即分别测定在具有相同活

度的离子 i 和 j 这两个溶液中该离子选择性电极的电势 E_1 和 E_2，则有

$$E_1 = E^{\ominus} \pm \frac{RT}{nF}\ln(a_i + 0) \qquad (3-25)$$

$$E_2 = E^{\ominus} \pm \frac{RT}{nF}\ln(0 + k_{ij}a_j) \qquad (3-26)$$

因为 $a_i = a_j$，所以

$$\Delta E = E_1 - E_2 = \pm \frac{RT}{nF}\ln k_{ij} \qquad (3-27)$$

对于阴离子选择性电极，由式（3-25）和式（3-26）可得

$$\ln k_{ij} = \frac{(E_1 - E_2)nF}{RT} \qquad (3-28)$$

三、仪器与试剂

酸度计；磁力搅拌器；饱和甘汞电极；氯离子选择性电极；容量瓶（1000 mL、100 mL）；移液管（50 mL、10 mL）。KCl（分析纯）；KNO₃（分析纯）；0.1%（质量分数）Ca(Ac)₂ 溶液；风干土壤样品。

四、实验步骤

(1) 氯离子选择电极在使用前，应先在 $0.001\ mol \cdot L$ KCl 溶液中活化 1 h，然后在蒸馏水中充分浸泡，必要时可重新抛光膜片表面。

(2) 标准溶液配制：称取一定量干燥的分析纯 KCl 配制 100 mL $0.1\ mol \cdot L^{-1}$ 的标准溶液，再用 $0.1\ mol \cdot L^{-1}$ KNO₃ 溶液逐级稀释，配得 $5 \times 10^{-2}\ mol \cdot L^{-1}$、$1 \times 10^{-2}\ mol \cdot L^{-1}$、$5 \times 10^{-3}\ mol \cdot L^{-1}$、$1 \times 10^{-3}\ mol \cdot L^{-1}$、$5 \times 10^{-4}\ mol \cdot L^{-1}$、$1 \times 10^{-4}\ mol \cdot L^{-1}$ KCl 标准溶液。

(3) 按图 3-7 接好仪器，并校正酸度计。

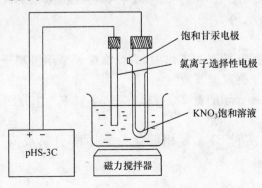

图 3-7 仪器装置示意图

（4）标准曲线测量：用蒸馏水清洗电极，用滤纸吸干。将电极按溶液浓度从小到大的顺序依次插入标准溶液中，充分搅拌后测出各种浓度标准溶液的稳定电势值。

（5）选择系数的测定：配制 $0.01 \ mol \cdot L^{-1}$ KCl 溶液和 $0.01 \ mol \cdot L^{-1}$ KNO$_3$ 溶液各 100 mL，分别测定其电势值。

（6）自来水中氯离子含量的测定：称取 0.1011 g KNO$_3$，置于 100 mL 容量瓶中，用自来水稀释至刻度，测定其电势值，从标准曲线上求得相应的氯离子浓度。

（7）土壤中 NaCl 含量的测定。

（a）在干燥洁净的烧杯中用台秤称取风干土壤样品约 10 g，加入 0.1% Ca(Ac)$_2$ 溶液约 100 mL，搅动几分钟，静置澄清或过滤。

（b）用干燥洁净的吸管吸取澄清液 30～40 mL，放入干燥洁净的 50 mL 烧杯中，测定其电势值。

五、注意事项

（1）如果被测信号超出仪器的测量范围或测量端开路时，显示部分会发出闪光表示超载报警。

（2）实验中测出的电势值需反号。

六、数据处理指导

（1）以标准溶液的 E 对 $\lg c$ 作图，绘制标准曲线。

（2）计算 k_{ij}。

（3）从标准曲线上查出被测自来水中氯离子的浓度。

（4）按下式计算风干土壤样品中 NaCl 的质量分数（w_{NaCl}）：

$$w_{NaCl} = \frac{c_x VM}{m}$$

式中，c_x 为从标准曲线上查得的样品溶液中 Cl$^-$ 浓度；M 为 NaCl 的摩尔质量。

七、问题与讨论

（1）离子选择性电极测试工作中，为什么要调节溶液离子强度？怎样调节？如何选择适当的离子强度调节液？

（2）选择系数 k_{ij} 表示的意义是什么？$k_{ij} \geqslant 1$ 或 $k_{ij} = 1$ 分别说明什么问题？

实验 31　复相催化——甲醇分解反应

一、实验目的

（1）了解气-固吸附的基本知识，熟悉比表面积的测定方法。

（2）掌握测量氧化锌催化剂对甲醇分解反应的催化活性的方法，了解催化剂制备条件对催化剂活性的影响。

（3）熟悉动力学实验中流动法的特点和关键，掌握流动法测量催化活性的实验方法及分析处理实验数据的方法。

二、实验原理

参与一个化学反应过程，但其数量及化学性质在反应前后没有改变的物质称为催化剂。由于催化剂的存在而引起反应速率的显著变化，这种现象称为催化作用，这类反应称为催化反应。催化反应按催化剂与反应体系是否处于一相或多相状态，可分为均相催化和复相催化。在均相催化反应中，催化剂和反应物均在同一相中（如均相酸碱催化、均相配合催化）。而在复相催化中（如气-固相催化反应），催化剂为固相，反应物为气相，反应在气-固界面上发生。本实验中，甲醇在氧化锌催化剂上分解即属于复相催化反应。

常用催化剂的制法有沉淀法、浸渍法、热分解法等。浸渍法是制备催化剂常用的方法。它是在多孔性载体上浸渍含有活性组分的盐溶液，再经干燥、焙烧、还原等步骤而成，活性物质被吸附于载体的微孔中，催化反应就在这些微孔中进行，使用载体可使催化剂的催化表面积加大，机械强度增加，活性组分用量减少。载体对催化剂性能影响很大，应根据需要对载体的比表面、孔结构、耐热性及形状等加以选择。氧化铝、二氧化硅、活性炭等都可作为载体。

催化剂使一个反应的速率显著改变的能力称为催化剂的活性。这种活性来源于催化剂活性表面结构。因此，催化剂的制备方法、活化处理条件对催化剂活性影响很大。例如，一种金属氧化物催化剂既可以直接用其硝酸盐、碳酸盐、有机酸盐干法灼烧分解来制备，也可以将其溶液沉淀成氢氧化物再加热分解而成，还可以将其沉积在惰性载体上得到负载型催化剂。各种方法制得的金属氧化物催化剂用经典化学分析法一般无法区别其异同，但其催化活性却可能相差很大。同样，制得的催化剂需在特定温度下进行焙烧处理，使其处于活性的中间过渡态，不同的焙烧温度效果也是不同的。总之，催化剂的活性与其表面状态有关，并且只能由实验来确定。

催化剂活性的表示方法很多，严格地讲，催化剂活性的大小就是在催化剂存在时反应速率增加的程度。对于多相催化反应，由于反应在固体催化剂表面进行，因此催化剂的比表面大小往往又起着主要作用，催化剂活性用单位表面上的反应速率常数来表示。在工业上，常用单位质量或单位体积的催化剂对反应物的转化百分数来表示，这种表示活性的方法虽然不太确切，但较方便、直观，故常采用。应指出的是，催化活性是对在某一确定条件下所进行的具体反应而言，离开了具体的反应条件任何定量的活性比较都是毫无意义的。

本实验用流动法测量氧化锌催化剂对甲醇分解反应的催化活性。反应式如下：

$$CH_3OH \xrightarrow[\triangle]{ZnO} CO+2H_2$$

流动法是指反应物连续稳定地流过反应器，在催化剂上发生反应，反应后得到含有产物的混合物。本实验是气-固相反应，甲醇由惰性载气(N_2)带入反应器中，要定量计算催化剂的活性，必须控制气体压力和保持稳定流速。此外，流速选择要适中，以使反应物在催化剂床层中有一定的停留时间，但又不至于太小，以免扩散影响显著。

本实验中催化剂活性以单位质量催化剂在特定条件下使 100 g 甲醇分解的质量来表示。催化剂活性越大，分解的甲醇越多，即生成的氢气和一氧化碳气体越多。因此，只要测量甲醇蒸气经过装有催化剂的反应器之后的体积增量，即可知道催化剂活性大小。实验装置如图 3-8 所示。

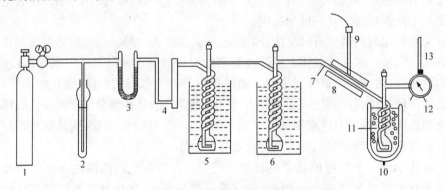

图 3-8　流动法测氧化锌催化活性实验装置

1. 氮气钢瓶；2. 稳压管；3. 干燥管；4. 流量计；5. 预饱和器(内储甲醇)；6. 饱和器(内储甲醇)；7. 反应管；8. 管式电炉；9. 热电偶；10. 杜瓦瓶；11. 捕集器；12. 湿式流量计；13. 温度计

反应在如图 3-8 所示的实验装置中进行，氮气的流量由毛细管流速计监测，氮气流经预饱和器和饱和器，在饱和器温度下达到甲醇蒸气的吸收平衡。混合气进入管式炉中的反应管与催化剂接触而发生反应，流出反应器的混合物中有氮气和未分解的甲醇、产物一氧化碳及氢气。流出气前进时为冰盐冷却剂致冷，甲醇蒸气被冷凝截留在捕集器中，最后由湿式流量计测得的是氮气、一氧化碳、氢气的流量。如反应管中无催化剂，则测得的是氮气的流量。根据这两个流量便可计算出反应产物一氧化碳及氢气的体积。据此可算出催化剂的活性大小。

三、仪器与试剂

实验装置；秒表。甲醇(分析纯)；ZnO 催化剂；纯氮气。

四、实验步骤

(1) 氧化锌催化剂的制备:称取 40 g $ZnCO_3$ 放入直径约 12 cm 的瓷蒸发器中,按质量比 1∶1 加入 40 g 蒸馏水,调成糊状,挤条,切成 2 mm×3 mm 颗粒,放入烘箱中于110~120 ℃温度下烘 1 h,取出并冷却后分成两份,分别放入 300 ℃和 500 ℃的马弗炉中灼烧 2 h 进行活化。取出使其自然冷却至室温,放入真空干燥器中待用。

(2) 按图 3-8 安装反应装置,检查系统是否漏气。检查时,用夹子夹住湿式流量计与捕集器之间的导管,此时如果转子流量计的转子缓缓下降,直至为零,表明系统不漏气。否则需按此法分段检查,直至系统不漏气。

经上述检查确定无误后,调节预饱和器、饱和器及反应管的温度至预定位。预饱和器的温度为(43.0±0.1)℃,以保证得到对 40 ℃已过饱和的甲醇蒸气;饱和器的温度为(40.0±0.1)℃,使 N_2 通过其中时带出 40 ℃的饱和甲醇蒸气,送入反应管发生反应;反应管的温度为 300 ℃,由管式电炉的温度控制器调控。

杜瓦瓶中加入冰和食盐,制成冰盐冷剂,一般可冷至−15 ℃。这样可在反应产物混合物进入湿式流量计之前,将未反应的甲醇冷凝在捕集器中。调节 N_2 流量稳定在约 90 mL·min^{-1},准确记录此时转子流量计读数,且在整个实验过程中保持该读数不变,即保持 N_2 流量稳定。

(3) 测空白曲线。反应管不放催化剂,N_2 流量按前面读数稳定数分钟后,即可读取湿式流量计读数,每隔 5 min 记录一次。以流量 V_{N_2} 对时间 t 作图,可得图 3-9 中直线Ⅰ,重复测量两次,以确保测量结果准确。

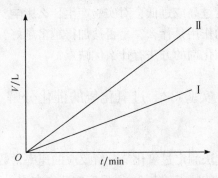

图 3-9 流量与时间的关系曲线

(4) 测 ZnO 催化活性。称取经 300 ℃灼烧的 ZnO 催化剂 2.0 g,不可研细,以免造成气流阻塞而使实验无法进行。从系统中取下反应管,放入少量玻璃纤维于反应管中下端位置,以支持催化剂位于管式炉的恒温区。然后沿管壁轻轻倒入催化剂,转动反应管以使催化剂装填均匀,再塞入少量玻璃纤维,使催化剂床固定,记下催化剂床长度。将反应管装入管式电炉中。按上法调节 N_2 流量稳定于同一给定值,然后读取湿式流量计读数,每 5 min 一次,共读 10 个数,于图 3-9 中以流量 $V_{N_2+H_2+CO}$ 对时间 t 作图得相应直线 II。更换 300 ℃灼烧的 ZnO,按上法再做一次。然后换上 500 ℃灼烧的 ZnO 催化剂,按上法测定它的催化活性。记录实验时室温和大气压。

五、注意事项

(1) 实验中应确保毛细管流量计的压差在有无催化剂时均相同。

(2) 在体系达到稳定状态后测量值才有意义。

(3) 注意高压钢瓶阀门的操作顺序。

六、数据处理指导

(1) 由图 3-9 直线 I、II 计算催化反应后增加的 H_2 和 CO 总体积量。

(2) 由 H_2 和 CO 总体积量计算催化反应分解掉的甲醇质量。

(3) 根据 N_2 流量和甲醇在 40 ℃时的饱和蒸气压,计算 50 min 内通入反应管的甲醇质量。

(4) 以 100 g 甲醇所分解掉的质量表示实验条件下单位质量 ZnO 催化剂的活性,并比较不同焙烧温度下制得的催化剂活性。

七、问题与讨论

(1) 为什么氮气的流量要始终控制不变?

(2) 预饱和器温度过高或过低会对实验产生什么影响?

(3) 冰盐冷却器的作用是什么? 是否盐加得越多越好?

(4) 本实验评价催化剂的方法有什么优缺点?

实验 32　过氧化氢的催化分解

一、实验目的

(1) 学习使用量气法测定过氧化氢分解反应的速率常数、半衰期和活化能。

(2) 熟悉一级反应的特点,测定一级反应的速率方程。

(3) 了解反应物浓度、温度及催化剂等因素对反应速率的影响。

(4) 掌握用积分法、图解法测定该反应在一定条件下的速率常数。

二、实验原理

过氧化氢是一种很不稳定的化合物,在没有催化剂作用时也能分解,但分解速率较慢。当加入催化剂（KI、Ag、Pt、MnO_2、$FeCl_3$）时分解较快，分解反应按下式进行：

$$H_2O_2 \longrightarrow H_2O + \frac{1}{2}O_2 \qquad\qquad (3-29)$$

在催化剂 KI 作用下，H_2O_2 分解反应的机理为

$$H_2O_2 + KI \longrightarrow KIO + H_2O(慢) \qquad\qquad (3-30)$$

$$KIO \longrightarrow KI + \frac{1}{2}O_2(快) \qquad\qquad (3-31)$$

由于 H_2O_2 与 KI 生成中间产物 KIO，改变了反应机理，使反应活化能降低，反应速率大大加快，反应式(3-30)比式(3-31)慢得多，为 H_2O_2 分解反应的控制步骤。

H_2O_2 分解反应的速率方程为

$$-\frac{dc_{H_2O_2}}{dt} = k' c_{H_2O_2} c_{KI} \qquad\qquad (3-32)$$

由于 KI 是催化剂，因此浓度不变，式(3-32)可简化为

$$-\frac{dc_{H_2O_2}}{dt} = k c_{H_2O_2} \qquad\qquad (3-33)$$

式中，$k = k' c_{KI}$，k 与催化剂浓度成正比。

由式(3-33)可知，H_2O_2 催化分解为一级反应，积分式(3-33)得

$$\ln \frac{c_0}{c} = kt \qquad\qquad (3-34)$$

式中，c_0 为 H_2O_2 的初始浓度；c 为 t 时刻 H_2O_2 的浓度。

根据一级反应半衰期公式：

$$t_{1/2} = \frac{\ln 2}{k} \qquad\qquad (3-35)$$

另外，根据阿伦尼乌斯公式：

$$\ln \frac{k_2}{k_1} = \frac{E_a}{R} \left(\frac{1}{T_2} - \frac{1}{T_1} \right) \qquad\qquad (3-36)$$

测定两个温度下的 k 值，由式(3-36)可求得反应的活化能 E_a。

本实验通过量气法测定反应中 H_2O_2 的浓度，从而确定反应速率常数 k。由式(3-29)可知，在一定温度和压力下，反应产生的 O_2 体积与消耗的 H_2O_2 浓度成正比，完全分解后产生的 O_2 体积与 H_2O_2 的初始浓度以 c_0 成正比，其比例系数为定值，则

$$c_0 \propto V_\infty \qquad\qquad c \propto (V_\infty - V_t)$$

代入式(3-34)得

$$\ln \frac{V_\infty - V_t}{V_\infty} = -kt$$

或

$$\ln(V_\infty - V_t) = -kt + \ln V_\infty \qquad (3-37)$$

以 $\ln(V_\infty - V_t)$ 对 t 作图得一条直线,由斜率可求得反应速率常数 k。

V_∞ 可通过 H_2O_2 溶液的初始浓度和体积求得。H_2O_2 的浓度可用高锰酸钾标准溶液在酸性溶液中滴定 H_2O_2 测定,其反应为

$$5H_2O_2 + 2KMnO_4 + 3H_2SO_4 \Longrightarrow 2MnSO_4 + K_2SO_4 + 8H_2O + 5O_2$$

根据滴定结果求算 H_2O_2 初始浓度:

$$c_{0_{H_2O_2}} = \frac{\frac{5}{2} c_{KMnO_4} V_{KMnO_4}}{V_{H_2O_2}} \qquad (3-38)$$

式中,c_{KMnO_4} 为高锰酸钾标准溶液浓度($\mathrm{mol \cdot m^{-3}}$);$V_{KMnO_4}$ 为消耗高锰酸钾溶液体积($\mathrm{m^3}$);$V_{H_2O_2}$ 为所取原始溶液体积($\mathrm{m^3}$)。

由式(3-29)得

$$V_\infty = \frac{c_0 V}{2} \frac{RT}{p - p'}$$

式中,c_0 为 H_2O_2 初始浓度($\mathrm{mol \cdot m^{-3}}$);$V$ 为催化反应中所用溶液体积($\mathrm{m^3}$);p 为大气压(Pa);p' 为室温下水的饱和蒸气压(Pa)。

三、仪器与试剂

超级恒温槽;磁力搅拌器;H_2O_2 分解反应测定仪;秒表;吹风机;移液管(10 mL);容量瓶(100 mL);锥形瓶(150 mL);酸式滴定管(25 mL);洗瓶;洗耳球;镊子。30%(质量分数)H_2O_2 溶液;0.1000 $\mathrm{mol \cdot L^{-1}}$ KI 标准溶液;0.020 00 $\mathrm{mol \cdot L^{-1}}$ $KMnO_4$ 标准溶液;3 $\mathrm{mol \cdot L^{-1}}$ H_2SO_4 溶液。

四、实验步骤

(1) 接通超级恒温槽电源,调节温度(25.0±0.1)℃,将反应器用蒸馏水洗净,倒尽存水,用吸水纸擦干,按装置图 3-10 装好反应测定仪,在 100 mL 锥形瓶中倒入 50 mL H_2O_2 溶液,放入恒温筒内恒温 15 min。

(2) 检查系统气密性:关闭放气活塞,打开弹簧夹,移动水位瓶,使量气管液面下降约 5 mL,关闭弹簧夹。观察压力计液面,数分钟内不变,表明系统不漏气。

(3) 用镊子在反应器内放入搅拌子,准确加入 5 mL 0.1000 $\mathrm{mol \cdot L^{-1}}$ KI 和 5 mL 蒸馏水,开启磁力搅拌器,调节转速至搅拌子转速连续平衡为宜(转速不可太快,而且每次实验尽可能保持一致)。搅拌恒温 10 min。

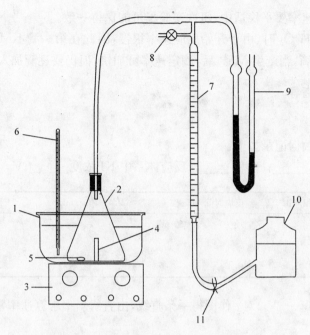

图 3-10　过氧化氢分解速率测定装置图

1. 水浴槽；2. 锥形瓶；3. 磁力搅拌器；4. 小塑料瓶；5. 搅拌子；6. 温度计(0～50 ℃)；
7. 量气管；8. 放气活塞；9. 压力计；10. 水位瓶；11. 弹簧夹

(4) 打开放气活塞通大气：打开弹簧夹,移动水位瓶,使量气管液面处于上部零刻度处,关闭弹簧夹,准确量取恒温好的 10 mL H_2O_2,由反应器加样口迅速加入反应器中,盖好瓶盖,立即关闭放气活塞,打开弹簧夹,移动水位瓶,使量气管液面下降 3 mL 后,关闭弹簧夹。

(5) 观察压力计,待两边液面平齐,立即开启秒表计时,并同时打开弹簧夹,使量气管液面下降 5 mL 后关闭弹簧夹,待压力计两边液面平齐时记下 5 mL O_2 产生所需的时间,立即使量气管液面再下降 5 mL,同时记录再产生 5 mL O_2 产生所需的时间。同法连续测定到产生约 40 mL O_2,打开放气活塞通大气。

(6) 调节恒温槽温度至(30.0±0.1)℃,重复步骤(3)～(5)。

(7) 测定 H_2O_2 溶液的浓度：移取 10 mL H_2O_2 原始液于 100 mL 容量瓶中,加蒸馏水冲稀到刻度,取 10 mL 配制好的溶液于 150 mL 锥形瓶中,加入 5 mL 3 mol·L^{-1} H_2SO_4 溶液,用标准 $KMnO_4$ 溶液滴定,滴至溶液呈淡红色,半分钟不褪色即为终点。

五、注意事项

(1) 水浴温度应保持恒定,反应瓶移入水浴槽中需恒温 10 min 后才能开始实验。

（2）搅拌速率要平稳适中,每次实验尽可能保持一致。

（3）滴定 H_2O_2 时,由于开始反应速率很慢,因此在第一滴 $KMnO_4$ 未褪色前不要加入第二滴,当产生 Mn^{2+} 后,滴定速率可加快,但仍要逐滴加入。

六、数据处理指导

（1）求算 V_∞。

（2）实验数据记录如下：

实验温度_____;$c_{0_{H_2O_2}}$_____;反应体系中KI浓度_____;V_∞_____。

反应产生 O_2 体积/mL	反应时间/min	$(V_\infty - V_t)$ /mL	$\ln(V_\infty - V_t)$

（3）以 $\ln(V_\infty - V_t)$ 对 t 作图得一条直线,由直线斜率求算速率常数,并计算半衰期。

（4）根据两个不同温度下的速率常数,求算反应活化能。

七、问题与讨论

（1）根据实验讨论反应速率常数与哪些因素有关。

（2）搅拌速率对结果有无影响? 为什么每次实验中搅拌速率要尽可能一致?

（3）测定分解的反应速率系数有什么意义?

实验 33　溶液中的离子反应

一、实验目的

（1）学习运用孤立法或过量浓度法测定反应级数及 E_a。

（2）学习用分光光度法测定反应速率常数及反应级数,掌握分光光度计的测量原理。

（3）了解时钟反应及其特点。

（4）了解影响溶液中离子反应速率的各种因素,掌握离子反应的特性。

二、实验原理

在微酸性水溶液中,H_2O_2 及 I^- 的反应如下：

$$H_2O_2 + 2I^- + 2H^+ \longrightarrow I_2 + 2H_2O$$

如果反应在缓冲溶液中进行,则 H^+ 的浓度保持不变,在温度恒定的条件下,反应速率可表示为

$$-\frac{dc_{H_2O_2}}{dt} = kc_{H_2O_2}^x c_{I^-}^y \qquad (3-39)$$

式中,k 为反应速率常数;x 和 y 分别为 H_2O_2 和 I^- 的反应级数;$c_{H_2O_2}$ 和 c_{I^-} 分别为 H_2O_2 和 I^- 的浓度($mol \cdot L^{-1}$)。

当 I^- 的浓度保持不变时,式(3-39)变为

$$-\frac{dc_{H_2O_2}}{dt} = k'c_{H_2O_2}^x \qquad (3-40)$$

式中,$k' = kc_{I^-}$。反应级数 x 就可以利用实验测得,测定时间 t 与 $c_{H_2O_2}$,用积分法或微分法中的任意一种方法可求得。

如用尝试法,当 $x=1$ 时

$$\ln \frac{c_{0_{H_2O_2}}}{c_{H_2O_2}} = k't$$

$x=2$ 时

$$\frac{1}{c_{H_2O_2}} - \frac{1}{c_{0_{H_2O_2}}} = k't$$

分别以 $\ln c_{H_2O_2}$ 对 t,$1/c_{H_2O_2}$ 对 t 作图,若前者为直线,则 $x=1$;若后者为直线,则 $x=2$,由直线的斜率可以求出 k'。

k 和 y 的求算方法与上述方法类似:

$$k' = kc_{I^-}^y \qquad (3-41)$$

配制一系列不同浓度的碘离子溶液 c_{I^-}',c_{I^-}'',$\cdots$,然后分别与 H_2O_2 反应。在反应过程中,保持每种溶液的 c_{I^-} 不变,观察 H_2O_2 随时间变化的情况。将实验结果作图,每种碘离子的浓度由各自的直线斜率求出 k',k'',$\cdots$。由式(3-41)可得

$$k = \frac{k'}{c_{I^-}'^{~y}} = \frac{k''}{c_{I^-}''^{~y}} = \cdots \qquad (3-42)$$

用尝试法将 $y=1,2,3$ 分别代入式(3-42),直到求出的 k 值为常数。

保持 c_{I^-} 不变的方法:若 H_2O_2 和 I^- 的反应溶液中存在硫代硫酸钠,则反应所生成的 I_2 立即与它作用,又被还原成 I^-,反应如下:

$$2S_2O_3^{2-} + I_2 = S_4O_6^{2-} + 2I^-$$

因此,只要在溶液中始终有硫代硫酸钠存在,c_{I^-} 就可始终保持不变。

反应速率的测定:在反应容器中加入反应溶液 H_2O_2、KI、缓冲溶液、少量淀粉及一定量的标准硫代硫酸钠溶液,放入分光光度计的反应池中。当少量的硫

代硫酸钠溶液消耗完后,产生的 I_2 与淀粉作用溶液立即呈蓝色。记下此时蓝色出现的时间,并立即加入一份相同量的标准硫代硫酸钠溶液,c_{I^-} 又维持原状,蓝色立刻消褪。当蓝色再次出现时,记录时间,再加入相同量的标准硫代硫酸钠溶液。如此进行下去,c_{I^-} 可以始终维持不变,由硫代硫酸钠溶液的用量及浓度作图求出 x 的值(在实验条件下 $S_2O_3^{2-}$ 与 H_2O_2 之间直接反应极其缓慢,可忽略不计)。

三、仪器与试剂

超级恒温槽;DZ-1 型滴定装置;751 型分光光度计;台式记录仪;电动搅拌机;玻璃反应器;容量瓶(100 mL);秒表;移液管(5 mL、10 mL、20 mL、25 mL、50 mL)。0.025 mol·L^{-1} KI 溶液、0.1 mol·L^{-1} KI 溶液、0.05 mol·L^{-1} H_2O_2 溶液、2.5 mol·L^{-1} NaAc 溶液、0.2 mol·L^{-1} HAc 溶液、0.5%(质量分数)淀粉溶液。

四、实验步骤

(1) 溶液的配制。

在 100 mL 容量瓶中配制下列浓度的溶液:

溶液①:NaAc 0.5 mol·L^{-1},HAc 0.02 mol·L^{-1},KI 0.02 mol·L^{-1},加淀粉溶液 2 mL。

溶液②:NaAc 0.5 mol·L^{-1},HAc 0.02 mol·L^{-1},KI 0.035 mol·L^{-1},加淀粉溶液 2 mL。

溶液③:NaAc 0.5 mol·L^{-1},HAc 0.02 mol·L^{-1},KI 0.05 mol·L^{-1},加淀粉溶液 2 mL。

(2) 调节恒温槽温度至(25.0±0.1)℃。

(3) 连接仪器之间的线路。

(4) 将溶液倒入分光光度计反应池内的反应器中,接通恒温水,中速搅拌,恒温5 min左右。

(5) 在进行每一组反应时,先把溶液①混合均匀,在恒温槽中恒温至反应温度,然后加入恒温到反应温度的 0.2 mL Na$_2$S$_2$O$_3$ 溶液,用 5 mL 移液管吸取 0.05 mol·L^{-1} H_2O_2 溶液,加入约一半时开动秒表计时,得到反应开始到反应体系刚呈蓝色所需的时间。用同样的方法测定溶液②、③所需时间。

(6) 改变反应温度,重复以上实验。

五、注意事项

(1) 淀粉溶液不稳定,应当天配制。

（2）每次加入硫代硫酸钠溶液的量要尽量准确。

（3）为了保持被测溶液中碘离子浓度始终维持不变,硫代硫酸钠必须及时加入。

六、数据处理指导

（1）计算 $c_{H_2O_2}$。

（2）分别以 $\ln c_{H_2O_2}$ 对 t、$1/c_{H_2O_2}$ 对 t 作图,观察哪个图形为直线,得到 x 值。

（3）从上述三条直线的图形上,分别求出直线斜率,得到 k'、k''、$\cdots$。

（4）根据式（3-42）求出 y 及 k 的值。

（5）根据阿伦尼乌斯及实验测得的不同温度下的 k 值,求算反应的 E_a。

七、问题与讨论

（1）如果硫代硫酸钠溶液不小心多加了,对实验结果有什么影响?

（2）在什么条件下本实验可以当作一级反应来处理?

（3）实验测得的反应级数与反应方程式的计量系数是否相同? 能否推断本反应是简单反应还是复杂反应?

实验 34 核磁共振法测定水合反应的速率常数

一、实验目的

（1）了解准一级反应速率公式及动力学特征,学习利用测定数据计算反应的速率常数和平衡常数计算正、逆反应的表观活化能。

（2）了解核磁共振仪的基本原理、构造及其操作,学习利用核磁共振仪测定水合反应的速率常数和平衡常数的原理。

二、实验原理

在不同的结构环境下,质子核交换速率的研究可以揭示交换反应过程的动力学,这只是核磁共振(NMR)谱作为化学研究的实验室工具的许多用处之一。NMR 技术还广泛地应用于包括分子结构和化学分析的领域里。用 NMR 技术研究分子结构和化学过程依赖于某些核的磁性。例如,^{13}C 和 ^1H 在磁场中用一个外加射频信号引起一个可检测和记录的共振响应。一般说来,不同元素的核和相同元素化学上不同的核可以在恒定射频、不同磁场强度或在恒定磁场强度、不同射频频率条件下共振。它们的差别反映在所记录的 NMR 谱上是共振峰有不同的位置。

虽然一切磁性上活泼物的 NMR 谱都是有意义的,但最常见的是氢质子的 NMR 谱,氢质子引起一个较强的 NMR 信号。含氢化合物的 NMR 谱显示了氢周围环境的特征及其化学状态。在任一给定的分子中,只要化学环境不同,不同质子核的共振频率是不同的,而质子 NMR 峰的相对强度直接与引起峰的质子核的数目成正比,可以看出在不同化合物中相似的质子核将以相似的频率共振。

质子核 NMR 峰的出现、消失、位移和形状的改变,提供由体系的物理和化学活性引起分子周围和结构变化的根据。因此,一个合适的化学式可以从相应得到的 NMR 谱来推断,而且这样的信息还常作为从其他物理化学方法推断的结构和化学过程的证据。

在酸性水溶液中,丙酮酸可发生水合反应生成 2,2-二羟基丙酸:

$$\underset{\displaystyle O}{H_3C-\overset{\displaystyle \|}{C}-COOH} + H_2O \underset{k_{逆}}{\overset{k_{正}}{\rightleftharpoons}} \underset{\displaystyle OH}{H_3C-\overset{\displaystyle OH}{\underset{}{C}}-COOH}$$

实验证明,该反应是一个酸催化的可逆反应,正、逆反应的反应速率可分别表示为

$$r = kc_{酮}\, c_{H^+} = k' c_{酮} \tag{3-43}$$

$$r_{-1} = k_{-1} c_{酮}\, c_{H^+} = k'_{-1} c_{醇} \tag{3-44}$$

式中,k'、k'_{-1} 分别为正、逆反应表观速率常数;$k_{正}$、$k_{逆}$ 分别为正、逆反应速率常数;$c_{酮}$、$c_{醇}$ 分别为丙酮酸和二羟基丙酸的浓度;c_{H^+} 为 H^+ 浓度。$k_{正}\, c_{H^+}$ 和 $k_{逆}\, c_{H^+}$ 的单位都是时间$^{-1}$。该反应的平衡常数为

$$K = \frac{c_{酮}}{c_{醇}} = \frac{k}{k_{-1}} \tag{3-45}$$

丙酮酸的核磁共振谱中有 $\delta = 2.60$ ppm 的—CH_3 质子峰和 $\delta = 8.55$ ppm 的—OH峰。发生水合反应后则有 $\delta = 2.60$ ppm 的丙酮酸—CH_3 质子峰,$\delta = 1.75$ ppm 的 2,2-二羟基丙酸—CH_3 质子峰、$\delta = 5.48$ ppm 的羟基、羧基和水构成的混合质子峰(图 3-11)。

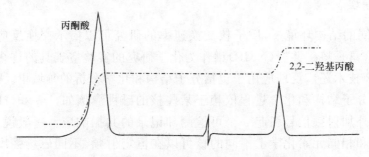

图 3-11　两种化合物的甲基质子峰及其积分线

两种化合物的—CH$_3$质子峰和峰宽随着溶液氢离子浓度的增大而加宽,但峰面积会减小。这是因为快速反应时核磁共振能级是一个不确定值,可用测不准关系表示:

$$\Delta(\Delta E)\Delta t \cong \hbar \qquad (3-46)$$

在较宽的外磁场强度范围内都可能发生能级跃迁,从而使吸收峰加宽。另外,反应越快则能级跃迁概率可能越小,峰面积随之减小。

由核磁共振的表观能量 $\Delta E = h\nu$ 可推出:

$$\Delta(\Delta E) = h\Delta\nu = h\left(\frac{\Delta W}{2\pi}\right) = \hbar\Delta W \qquad (3-47)$$

式中,h 为普朗克常量;ν 为发生共振吸收的外磁场强度;H_0 为折算的频率;ΔW 为半峰宽。

$$\Delta W = 2\pi\Delta\nu \qquad (3-48)$$

由于核磁共振存在弛豫现象,因此即使不存在任何化学反应吸收峰也有其固有的峰宽 $1/T$。该体系的正、逆反应方向分别有

$$\frac{\Delta W}{2} = \frac{1}{T} + kc_{H^+}$$
$$\frac{\Delta W_{-1}}{2} = \frac{1}{T_{-1}} + k_{-1}c_{H^+} \qquad (3-49)$$

由式(3-48)知 $\Delta\nu$ 和 $\Delta\nu_{-1}$ 可由图谱上两化合物的甲基质子峰的半峰宽直接读出。以 $\frac{\Delta W}{2}$ 和 $\frac{\Delta W_{-1}}{2}$ 对 c_{H^+} 作图可求出 $\frac{1}{T}$、$\frac{1}{T_{-1}}$ 和 k、k_{-1},也可求出 k'、k'_{-1}。

另外,将图上 2,2-二羟基丙酸和丙酮酸所形成的两个—CH$_3$质子峰加以积分,所得面积 S 分别与体系中这两个化合物的浓度成正比。因此,反应平衡常数则为

$$K = \frac{c_{醇}}{c_{酮}} = \frac{S_{醇}}{S_{酮}} \qquad (3-50)$$

三、仪器与试剂

核磁共振波谱仪;容量瓶(10 mL)。四甲基硅烷(TMS);丙酮酸(分析纯);盐酸(分析纯)。

四、实验步骤

(1) 丙酮酸溶液的配制:在 6 个 10 mL 容量瓶中配制一系列溶液,丙酮酸浓度为 4.20 mol·L^{-1},盐酸浓度分别为 0、0.25 mol·L^{-1}、0.50 mol·L^{-1}、0.75 mol·L^{-1}、1.00 mol·L^{-1}、1.25 mol·L^{-1},溶液保存于 5 ℃冷藏箱中备用。

（2）调节核磁共振仪进入工作状态,调好零点和分辨率,有关操作参见仪器核磁共振波谱法。

（3）测定丙酮酸的 NMR 谱图。谱图条件设定：

① 扫描宽度：$0\sim600$ Hz；

② 扫描时间：250 s；

③ 高频场强：1；

④ 滤波：20；

⑤ 波幅：粗×1,细×5；

⑥ 谱图条件 2 设定：扫描宽度：$0\sim180$ Hz；

⑦ 扫描时间：50 s。

五、注意事项

（1）本实验重要的是要学生了解 NMR 谱的特性,学生通过阅读相关内容并由实验室指导教师讲述,加深对 NMR 谱基本原理的了解。最好由一位熟练使用该仪器的教师来操作,不需要学生亲自动手。

（2）注意实验条件的控制。

六、数据处理指导

（1）从扫描宽度为 $0\sim180$ Hz 的谱图中测得 $\delta=2.60$ ppm 和 $\delta=1.75$ ppm 的—CH_3 质子峰半峰宽 $\Delta\nu$,算出 $\dfrac{\Delta W}{2}$。

（2）以两种甲基质子峰的半峰宽分别对溶液的氢离子浓度作图,根据式 $(3-49)$,由直线的斜率和截距可以求得 $\dfrac{1}{T}$、$\dfrac{1}{T_{-1}}$ 和 k、k_{-1}。

（3）计算不同浓度下的 k'、k'_{-1}。

（4）通过谱图上两个—CH_3 质子峰的面积积分强度,按式 $(3-50)$ 求算平衡常数,并与由 k'/k'_{-1} 所对应的数值进行比较。

七、问题与讨论

（1）本实验所配溶液中,若丙酮酸浓度不同,是否对实验有影响？为什么？

（2）本实验研究的是常温下的动力学问题。利用这种核磁共振仪,能否研究其他温度下的动力学问题？

【附注】 核磁共振光谱法简介

NMR 是研究原子核对射频辐射(radio-frequency radiation)的吸收,它是对各种有机物和无机物的成分、结构进行定性分析的最强有力的工具之一,有时也可进行定量分析(测定有机化合物的结构,¹H-NMR:氢原子的位置、环境以及官能团和 C 骨架上的 H 原子相对数目)。

在强磁场中,原子核发生能级分裂(能级极小:在 1.41 T 磁场中,磁能级差约为 25×10^{-3} J),当吸收外来电磁辐射($10^{-10} \sim 10^{-9}$ nm,$4 \sim 900$ MHz)时,将发生核能级的跃迁,从而产生 NMR 现象。

1. 核磁共振基本原理

1) 原子核能级的分裂及描述

(1) 原子核的量子力学模型。

带电原子核自旋 ——→ 磁场磁矩 ——→ μ(沿自旋轴方向)

磁矩 μ 的大小与磁场方向的角动量 P 有关:

$$\mu = \gamma P$$

式中,γ 为磁旋比,每种核有其固定值。并且

$$P = m \frac{h}{2\pi} \quad (m = I, I-1, \cdots, 1)$$

式中,h 为普朗克常量;m 为磁量子数,其大小由自旋量子数 I 决定,m 共有 $2I+1$ 个取值。对氢核来说,$I = 1/2$,其 m 值只能有 2 个取向:$+1/2$ 和 $-1/2$。也即表示 H 核在磁场中,自旋轴只有两种取向,两个能级的能量差为

$$\Delta E = 2\mu B_0 = \frac{\gamma h}{2\pi} B_0$$

因为 $\Delta E = h\nu_0$,所以 $\frac{\gamma h}{2\pi} B_0 = h\nu_0$,即 $\nu_0 = \frac{\gamma}{2\pi} B_0$。也就是说,当外来射频辐射的频率满足上式时,就会引起能级跃迁并产生吸收。

(2) 原子核的经典力学模型。当带正电荷并具有自旋量子数的核产生磁场时,该自旋磁场与外加磁场相互作用,会产生回旋,称为进动(procession)。进动频率与自旋核角速度及外加磁场的关系可用拉莫尔(Larmor)方程表示:

$$\omega_0 = 2\pi\nu_0 = \gamma B_0 \text{ 或 } \nu_0 = \frac{\gamma}{2\pi} B_0$$

式中,ν_0 为进动频率。在磁场中的进动核有两个相反方向的取向,可通过吸收或发射能量发生翻转。

(3) 几点说明:

(a) 并非所有的核都有自旋,或者说,并非所有的核会在外加磁场中发生能级分裂。当核的质子数 Z 和中子数 N 均为偶数时,$I = 0$ 或 $P = 0$,该原子核将没有自旋现象发生,如 ^{12}C、^{16}O、^{32}S 等核没有自旋。

（b）当 Z 和 N 均为奇数时，$I=$ 整数，$P\neq0$，该类核有自旋，但 NMR 复杂，通常不用于 NMR 分析，如 ^2H、^{14}N 等。

（c）当 Z 和 N 互为奇偶时，$I=$ 半整数，$P\neq0$，可以用于 NMR 分析，如 ^1H、^{13}C。

2）能级分布与弛豫过程

（1）核能级分布。在一定温度且无外加射频辐射条件下，原子核处在高、低能级的数目达到热力学平衡，原子核在两种能级上的分布应满足玻耳兹曼分布：

$$\frac{N_i}{N_j} = e^{-\Delta E/kT} = e^{-h\nu/kT}$$

在常温下，^1H 处于 B_0 为 2.3488 T 的磁场中，位于高、低能级上的 ^1H 核数目之比为 0.999 984。可见，处于低能级的核数目仅比高能级的核数目多出 16/1 000 000，当低能级的核吸收了射频辐射后，被激发至高能态，同时给出共振吸收信号。随着实验进行，只占微弱多数的低能级核越来越少，最后高、低能级上的核数目相等。

（2）弛豫。处于高能级的核通过非辐射途径释放能量而及时返回低能级的过程称为弛豫。弛豫现象的发生使处于低能级的核数目总是维持多数，从而保证共振信号不会中止。弛豫越易发生，消除"磁饱和"能力越强。

据海森堡（Heisenberg）测不准原理，激发能量 ΔE 与体系处于激发态的平均时间（寿命）成反比，与谱线变宽 $\Delta\nu$ 成正比，即

$$\Delta E = h\Delta\nu = \frac{1}{\Delta\tau}$$

可见，弛豫决定处于高能级的核寿命。弛豫时间越长，核磁共振信号越窄；反之，谱线越宽。

2．核磁共振波谱仪

仪器组成如图 3-12 所示。

1）磁体

磁铁产生一个恒定、均匀的磁场。磁场强度增加，灵敏度增加。

（1）永久磁铁：提供 0.7046 T（30 MHz）或 1.4092 T（60 MHz）的场强。特点是稳定，耗电少，不需冷却，但对室温的变化敏感，因此必须将其置于恒温槽内，再置于金属箱内进行磁屏蔽。

（2）电磁铁：提供 2.3 T 的场强，由软磁铁外绕上激磁线圈做成，通电产生磁场。它对外界温度不敏感，达到稳定状态快，但耗电量大，需要水冷。

（3）超导磁铁：提供 5.8 T 的场强，最高可达 12 T，由金属（如 Nb、Ta 合金）丝在低温下（液氦、液氮）的超导特性而形成的。在极低温度下，导线电阻约为零，通电闭合后，电流可循环不止，产生强磁场。特点是场强大、稳定性好，但仪器价格昂贵。

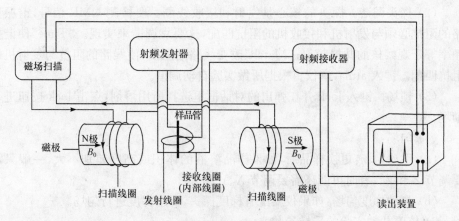

图 3-12 连续波 NMR 谱仪框图

2) 探头

探头由样品管、扫描线圈和接收线圈组成。样品管要在磁场中以数十赫兹的速率旋转,使磁场的不均匀平均化。扫描线圈与接收线圈垂直放置,以防相互干扰。在 CW-NMR 中,扫描线圈提供 10^{-5} T 的磁场变化来进行磁场扫描。

3) 主机

主机包括射频发射、接收,信号放大,样品温度控制,样品升降,锁场、匀场等一系列装置。

4) 工作站

工作站主要通过人机对话进行各种参数的设置、数据的保存及处理。

3. BRUKER AVANCE500 核磁共振波谱仪的使用方法

BRUKER AVANCE500 核磁共振波谱仪包括超导超屏蔽磁体、前置放大器、主机、探头、工作站以及 BCU-05 变温单元、空气压缩机等。

1) 测试前的准备

(1) 样品的配制。

(a) 使用干净和干燥的样品管以免污染样品。

(b) 使用高质量的样品管,避免匀场困难。

(c) 避免样品溶液有悬浊物。

(d) 为了更好地匀场,尽量使相同样品溶液在相同体积或相同高度。

(e) 使用量高器来确定样品的放置高度。

(f) 样品管在放入磁体前一定擦拭干净。

(g) 应保证转子特别是反射面的干净。

点击 BSMS 键盘的 lift on/off 弹出或放入样品。

（2）探头调谐。探头的核心是发射和接收线圈。要检测 NMR 信号,谐振回路的阻抗必须与发射机和接收机的阻抗匹配,这要靠调谐来实现。"Tune"使谐振频率等于观察核的共振频率;"Match"改变线路的阻抗,使线路的阻抗与发射机的阻抗匹配。键入 atma,谱仪将根据所做实验自动调谐。

（3）锁场。键入 lock 并在弹出的对话框里选择所用溶剂,点击 lock 按钮进行锁场。

（4）匀场:

（a）手动匀场:更换样品后,如果样品溶液的体积或高度差别不大,一般只需要调节 Z 和 Z^2,有时可能还需要调节 X、Y 和 Z^3。

（b）自动梯度匀场:如果仪器配有梯度探头,可用梯度进行匀场。

2）核磁共振实验的采样参数

采样参数可以在键入 eda 命令后得到的窗口中选择和设置,而窗口中出现的参数种类和顺序可以通过编辑文件而改变。

eda 窗口中的参数大致可以分成以下三类:

（1）与谱仪有关的参数。绝大多数的参数在仪器安装过程中,执行 expinstall 命令时会根据仪器的状况而设置,通常不需要再改变。其中参数 AQ_mod 设置为 qsim。

（2）与样品和谱图有关的参数。

（a）采样谱宽 SW。用 ppm 表示,也可用 Hz 表示（SWH）。

（b）采样数据点 TD。确定了上述两个参数,同时也确定了其他一些采样参数的数值。

（c）采样次数 NS。该参数的设置既要考虑样品的浓度,也要考虑脉冲程序中相循环的要求。

（d）空采次数 DS。设置为 16 次。

（e）接受增益 RG。设置的数值使第一次采样的 FID 占屏幕高度的 1/3 左右。

（f）自旋核 NUC1,基础共振频率 BF1,绝对照射频率 SFO1、频率偏置 O1。

（3）与脉冲程序有关的采样参数。脉冲程序通常是由一组脉冲和一些不同的时间延迟组合而成的,因此这类参数主要是用来设置这些脉冲和时间延迟。每一个脉冲需要脉冲宽度（作用时间）和发射功率两个参数确定。这类参数主要有以下几种:

（a）PULPROG 设置成实验所需的脉冲程序的名字。

（b）D0～D31 描述不同的时间延迟。Xwinnmr 程序允许在一个脉冲序列中最多有 32 个互不相同的时间延迟。其中 D1 专门用来设置弛豫延迟;而 D0 和 D10 固定用来设置 2D 和 3D 谱间接采样的时间变量。

（c）P0～P31 用来设置脉冲程序中各个脉冲的宽度（作用时间）。

(d) PL0~PL31 用来设置脉冲程序中各个脉冲所对应的发射功率。

(e) CPDPRG1~CPDPRG8 用来选择和设置组合脉冲(CPD)的方式(程序名字)

除此之外,这类参数还包括一些确定梯度场脉冲(或形状脉冲)的形状和作用时间的参数和一些不同的列表,后者用来设置实验中所需的变量。

3) 数据处理

核磁共振数据处理的各种参数都可以在键入 edp 命令后出现的对话框中进行设置和选择,而该对话框中参数种类的多少可以根据需要进行编辑。

数据处理主要分成以下几个部分:

(1) 窗函数处理。

(a) 在数据窗口的上端菜单中点击 process,然后在其下拉的菜单中再选择 Manual window adjust ,此时数据窗口将变成上下两部分,上面为窗函数曲线和经该窗函数处理后的 FID 信号;下面为该 FID 经 FT 变换后的谱图。

(b) 在新出现的窗口的左端命令菜单中选择需要的窗函数,然后用鼠标选择和改变与该窗口函数相关的参数数值,就可以同时看到窗函数的曲线、FID 形状以及谱图上峰形随之变化的过程。

(2) 充零、线性预测和 FT 变换。为了提高谱图的数字分辨率,图谱处理中,如果参数 SI>TD/2 时,在 FID 后面会多出 2 * SI-TD 个数值为零的数据点,称为充零。

作线性预测处理时,处理参数中的 ME-mod 设置成 Lpfr 或 Lpfc,NCOEF 设置为 100~200。另有两个参数,TDeff 和 LPBIN,与线性预测有关,如果它们的设置都为零时,表示所有采样点(TD)都用来做线性预测的计算,而通过预测得到的数据点则为 2 * SI-TD。当 0<TDeff<TD 时,表示只是其中的 TDeff 个数据点用来做线性预测的计算。当 TD<LPBIN<2SI 时,表示原始的 FID 后面多出的数据点,并不都是由线性预测得到的,其中,LPBIN 以后的数据点(2 * SI-LPBIN)则是由充零得到的。

通常 FT 变换得到的是全谱,即采样时定的谱宽 SW。Xwinnmr 程序也提供了一种局部的 FT 变换(strip transform)的功能,即得到不是全谱,而是感兴趣的一部分图谱。这个范围的设置是与两个处理参数(STRT 和 STSI)有关,这两个参数的单位是数据点而不是 ppm 或 Hz,STRT 的数值表示感兴趣的范围是从该数据点开始的,STSI 的数值表示该范围一共由多少数据点组成。

(3) 相位校正。对 FT 变换后得到的图谱进行相位校正时有手动和自动两种,通常使用手动的相位校正。

(4) 基线校正。基线校正分为自动和手动两种。

(a) 自动基线校正是计算出一条与谱图基线相匹配的多项式曲线完成的。多项式的程度由参数 ABSG 的设置决定,(最大值为 6,通常设置为 5)。有三个命令可以作自动基线校正:abs 和 absd 两个命令都是对全谱的基线进行校正,而 absf 命令则是对局部的谱图进行基线校正。这个范围是由 ABSF1 和 ABSF2 两个参数确定,表示从多少 ppm 起到多少 ppm 止(ABSF1>ABSF2)。

(b) 手动基线校正的过程是选择某种函数,如多项式,正弦函数或指数函数等,人为地改变该函数中的各项系数,使得该函数曲线与图谱的基线重叠,用图谱的基线减去该函数的曲线,使基线变得平整。具体的操作如下:从菜单选择 process→special processing→baseline→correction basl,此时数据窗口会随之改变,然后在左边菜单里选择所需要的函数,用鼠标轮流改变与该函数相关的系数(A、B、C、D、E 中的几个或全部),使随之改变的函数曲线与图谱的基线重叠,再按 diff,使基线平整,最后按 return,选择 save & return 即可。

(5) 谱图定标。在谱图上找到一个相关峰,其化学位移值是已知的(如溶剂峰),或者采用定标试剂(如 TMS),点击命令菜单上的 calibrate,用出现的十字光标的中心对准该相关峰,按鼠标中键,在程序显示化学位移值的框内输入该相关峰正确的化学位移值即可。

(6) ^{1}H 积分。在主界面上点击 integrate,点击鼠标左键,这时鼠标变为向下箭头,移到被积分峰的左侧点击中间键,再移到被积分峰右侧点击中间键,完成一次积分。积分完毕返回时点击保存即可。

4) 谱图打印

已经处理好的谱图可在主窗口点击 DP1 定义谱图范围,并可键入 view 预览谱图,结果满意键入 plot 输出到打印机。

实验 35　水溶性表面活性剂的临界胶束浓度测定

一、实验目的

(1) 掌握电导法测定表面活性剂溶液的临界胶束浓度的原理与方法。
(2) 了解水溶性表面活性剂的性质特点。

二、实验原理

十二烷基硫酸钠是一种阴离子型表面活性剂,电导法测定表面活性物质的临界胶束浓度(CMC)实验多采用其为测定对象。该法的原理是基于对表面活性剂水溶液电导的测定,由电导率和浓度关系图上的转折点确定 CMC 值。

对于一般电解质溶液,其导电能力由电导 G,即电阻的倒数 $(1/R)$ 来衡量。

$$G = \frac{1}{R} = \kappa \frac{a}{l} \tag{3-51}$$

式中,κ 为 $a=1\ m^2$、$l=1\ m$ 时的电导,称为比电导或电导率($\Omega^{-1}\cdot m^{-1}$);l/a 称为电导池常数。电导率 κ 与摩尔电导 λ_m 有下列关系:

$$\lambda_m = \frac{\kappa}{c} \qquad (3-52)$$

式中,λ_m 为 1 mol 电解质溶液的导电能力;c 为电解质溶液的摩尔浓度。λ_m 随电解质浓度而变,对强电解质的稀溶液,有

$$\lambda_m = \lambda_m^{\infty} - A\sqrt{c} \qquad (3-53)$$

式中,λ_m^{∞} 为浓度无限稀时的摩尔电导;A 为常数。

对于离子型表面活性剂,当溶液浓度很稀时,电导的变化规律也和强电解质一样;但当溶液浓度达到临界胶束浓度时,随着胶束的生成,电导率发生改变,摩尔电导急剧下降,这就是电导法测定 CMC 的依据。

三、仪器与试剂

恒温槽;电导率仪;电导池;电导电极;容量瓶(25 mL);移液管(5 mL、10 mL);烧杯。氯化钾(分析纯);十二烷基硫酸钠(分析纯);电导水。

四、实验步骤

(1) 调节恒温槽温度为(25.0±0.1)℃。

(2) 测定电导池常数。用电导水将电导池冲洗干净,再用已配好的 0.02 mol·L^{-1} 氯化钾溶液荡洗 2 次,恒温 10 min 后测定其电导率,以确定电导池常数。

(3) 十二烷基硫酸钠经 80 ℃烘干 3 h 后,用电导水准确配制浓度为 0.020 mol·L^{-1} 的溶液。然后在 25 mL 容量瓶中分别配制浓度为 0.002 mol·L^{-1}、0.004 mol·L^{-1}、0.006 mol·L^{-1}、0.007 mol·L^{-1}、0.008 mol·L^{-1}、0.009 mol·L^{-1}、0.010 mol·L^{-1}、0.012 mol·L^{-1}、0.014 mol·L^{-1}、0.016 mol·L^{-1}、0.018 mol·L^{-1}、0.020 mol·L^{-1} 的十二烷基硫酸钠溶液。按浓度从小到大的顺序,用电导率仪测定各溶液电导率值。读取电导率仪上的稳定数据,并记录数据。

五、注意事项

(1) 测定前必须将电导电极和电导池洗涤干净,以免影响测定结果。

(2) 电导池不用时,应把两铂黑电极浸在蒸馏水中,以免干燥致使表面发生改变。

(3) 烘过的样品在称量过程中应注意保持清洁干燥。

(4) 配制溶液定容过程中,应将溶液静置片刻,再将其稀释刻度。

六、数据处理指导

（1）由 $0.02\ mol \cdot L^{-1}$ 氯化钾水溶液在 25 ℃时的电导率（见附录 19）及实验测定值求出电导池常数。

（2）计算各浓度的十二烷基硫酸钠水溶液的电导率和摩尔电导。

（3）将数据列表，作 κ-c 图与 λ_m-$\sqrt{c}$ 图，由曲线转折点确定临界胶束浓度 CMC 值。

七、问题与讨论

（1）除电导法外，还有哪些方法可以测定表面活性剂的临界胶束浓度？

（2）电导法测定 CMC 的依据是什么？

（3）CMC 是一个什么值？它是一个固定的数值吗？

（4）是否任何一种表面活性剂都有 CMC 值？

第四章 设计实验

实验 36 计算机量子化学计算

一、实验目的

(1) 熟悉用 Gaussian03 进行化学计算的简单流程。
(2) 计算简单等构反应中物质的生成焓。

二、实验原理

计算机的发展为人们提供了解、认识微观世界的除实验与理论研究之外的"第三种手段",是化学、物理、生物、材料研究中的有力工具。利用计算机和相应软件,可以计算化学反应的许多参数,如化学键能、反应能量、焓变等。本实验研究的是等构反应的焓变。等构反应是指反应前后各种键的数量不变的反应。以 $H_2O + H^+ \longrightarrow H_3O^+$ 为例,反应前后各种价键的数量都没有变化。该化学反应的焓变可简略表示为

$$dH_{298} = dE_{298} + d(pV)$$

而 $dE_{298} = dE_{e0} + dE_{e298} + dE_{v0} + dE_{v298} + dE_{r298} + dE_{t298}$,其中 dE_{e0} 为 0K 时产物与反应物的能量差;dE_{e298} 为 0~298K 电子能量的变化,这一项可以忽略;dE_{v0} 为 0K 时反应物和产物的零点能之差;dE_{v298} 为 0~298K 振动能量的变化;dE_{r298} 为产物和反应物的旋转能之差;dE_{t298} 为产物和反应物的平动能之差;$d(pV)$ 为由于有 1 mol 分子消失,$pV = -RT$。dE_{e0} 由单点能得到。其他的各项都要考虑热力学能校正,通过频率分析得到。

选取以下反应之一进行计算:

(1) $CO_2 + CH_4 \longrightarrow 2H_2CO$,计算二氧化碳分子的生成焓[先计算出焓变,而 $dH_f(CO_2) = -dH_{298} - dH_f(CH_4) + 2dH_f(H_2CO)$,$CH_4$ 和 H_2CO 的生成焓为实验数据,下同]。

(2) $C_2H_4O(乙醛) + C_2H_6 \longrightarrow C_3H_6O(丙酮) + CH_4$,计算甲烷的生成焓。

(3) $C_3H_8 + H_2 \longrightarrow C_2H_6 + CH_4$,计算乙烷的生成焓。

(4) $C_2H_6 + H_2 \longrightarrow 2CH_4$,计算甲烷的生成焓。

(5) $SiH_4 + F_2 \longrightarrow 2H_2 + SiF_4$,计算四氟化硅的生成焓。

(6) $SiH_4 + 4HF \longrightarrow 4H_2 + SiF_4$,计算四氟化硅的生成焓。

(7) $SiF_3H + HF \longrightarrow SiF_4$,计算四氟化硅的生成焓。

(8) $SiF_2H_2 + 2HF \longrightarrow 2H_2 + SiF_4$，计算四氟化硅的生成焓。

(9) $SiFH_3 + 3HF \longrightarrow 3H_2 + SiF_4$，计算四氟化硅的生成焓。

(10) $SiH_4 + 4F_2 \longrightarrow SiF_4 + 4HF$，计算四氟化硅的生成焓。

三、实验步骤

以水解反应 $H_2O + H^+ \longrightarrow H_3O^+$ 为例。

(1) 在 Gaussview 软件中利用建模工具（View→Builder→6C，在周期表中选择 O（自动加 H），绘制出一个水分子和一个氢原子，把图形保存成 gif 文件（File→Save，取名 h2oh.gif，注意文件名和路径都不能包含中文字符）。

(2) 对所绘制两个分子（反应物）共同进行几何优化（寻找体系的稳定结构，使之更接近实际情况），所用方法及关键词为 ♯B3LYP/6-31G(d) opt（打开保存好的 gif 文件，清除 Route section 行内容，修改为以上数据，下同）。

(3) 用 Gaussview 打开生成的 out 文件，保存为 gif 文件。对水（反应物之一）进行单点能的计算。所用方法及关键词为 ♯B3LYP/6-31G(d)。

(4) 对水（反应物之一）及优化好的结构（H_3O^+）（产物）进行频率分析，得到所需能量数值：零点能、振动能、转动能和平动能。所用方法及关键词为 ♯B3LYP/6-31G(d) opt freq。

四、数据处理指导

(1) 绘制表格，记录 out 文件中的各个能量数值，单点算输出文件最后格言段。在计算概述中寻找 HF＝＊＊＊＊＊＊，记录下来，读取的能量单位是 hartree。（1 hartree＝2.61×10^3 kJ·mol^{-1}），比较产物与反应物各项总能量的差异。在频率分析 out 文件中寻找"electronic and zero-point Energies，Translational，Rotational，Vibrational"关键词，记录各项能量的数值（注意单位的差异）。

(2) 查阅所要计算物质生成焓的实验数据，计算生成焓的数值。

(3) 记录描述下面性质的参数：总能量（HF energy）、密立根电荷（Mulliken charges）、偶极矩（dipole moment）和计算时间（CPU-time）。

【附注】

(1) 该反应不用计算 H^+，由于没有电子，它的电子能量显然是零；由于只有一个原子，其振动和转动能显然也是零。这样，它只有平动能，其值为 $1.5 RT$＝3.72 kJ·mol^{-1}（详见统计热力学）。因此，反应物中只对水进行了单点能计算，获取能量数值（优化同样可得到能量数值，但如果结构确定，单点能计算更为方便快捷）。

(2) 该水解反应的特殊性在于，对反应物进行优化时，H^+ 自动靠近水分子生成产物，这样就不再需要绘制产物构型图了。而其他待选体系则需要绘制，以生成输入 gif 文件。

（3）实验步骤可概述如下：对反应物和产物分别进行单点能计算，得到 HF(Hartree-Fock)能量 E_{e0}；再对反应物和产物分别进行频率分析，得到零点能 dE_{v0}、振动能 dE_{v298}、转动能 dE_{r298} 和平动能 dE_{t298}；另存几个 out 文件到 U 盘上待分析，实验结束。

实验 37　差热-热重法筛选锰源

一、实验目的

（1）掌握差热-热重分析的基本原理和方法，了解综合热分析仪的工作原理及使用方法。

（2）了解固相法合成尖晶石型 $LiMn_2O_4$ 的过程。

（3）根据差热-热重曲线解析样品的反应过程，并筛选出最佳锰源。

二、实验原理

物质在受热或冷却过程中，当达到某一温度时，往往会发生熔化、凝固、晶形转变、分解、化合、吸附、脱附等物理或化学变化，并伴随有焓的改变，因而产生热效应，表现为物质与环境（样品与参比物）之间有温度差。差热分析就是通过温差测量来确定物质的物理化学性质的一种热分析方法。选择一种对热稳定的物质作为参比物，将其与样品一起置于可按设定速率升温的电炉中，分别记录参比物的温度以及样品与参比物间的温度差。以温差对温度作图就可以得到一条差热分析曲线，或称差热图，如图 4-1 所示。从差热图上可清晰地看到差热峰的数目、位置、方向、宽度、高度、对称性以及峰面积等。峰的数目表示物质发生物理、化学变化的次数；峰的位置表示物质发生变化的转化温度；峰的方向表明体

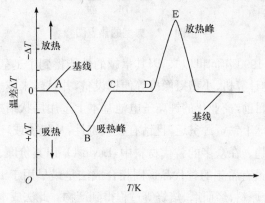

图 4-1　典型的差热图

系发生热效应的正、负性;峰面积说明热效应的大小,相同条件下,峰面积大的表示热效应也大。在相同的测定条件下,许多物质的差热图具有特征性,即一定的物质就有一定的差热峰的数目、位置、方向、峰温等,所以可通过与已知差热图比较来鉴别样品的种类、相变温度、热效应等物理化学性质。因此,差热分析广泛应用于化学、化工、冶金、陶瓷、地质和金属材料等领域的科研和生产部门。理论上讲,通过峰面积的测量还可以对物质进行定量分析。

　　物质受热时发生化学反应,质量也就随之改变,测定物质质量的变化就可研究其变化过程。热重法是在程序控制温度下,测量物质质量与温度关系的一种技术。热重法实验得到的曲线称为热重(thermogravimetry,TG)曲线,如图4-2所示。TG曲线以质量作纵坐标,从上向下表示质量减少;以温度(或时间)为横坐标,自左至右表示温度(或时间)增加。热重法的主要特点是定量性强,能准确地测量物质的质量变化及变化的速率。热重法的实验结果与实验条件有关,但在相同的实验条件下,同种样品的热重数据是重现的。可以说,只要物质受热时发生质量的变化,就可用热重法来研究其变化过程。因此,热重法在冶金学、漆料及油墨科学、制陶学、食品工艺学、无机化学、有机化学、生物化学及地球化学等学科中发挥重要的作用。

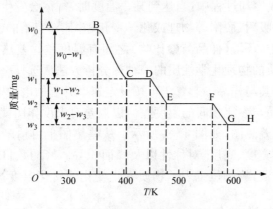

图 4-2　典型的热重图

　　锂离子电池自1990年问世以来,因其卓越的性能得到了迅猛的发展,广泛应用于移动电话、笔记本计算机、小型摄像机等便携设备,并且越来越多的国家将该电池应用于军事用途。目前,商业化的锂离子电池基本上选用层状结构的$LiCoO_2$作为正极材料。但由于地球上钴资源贫乏,且钴有较大毒性,从经济或环保的角度,$LiCoO_2$被取代都是大势所趋。在众多的替代材料中,$LiMn_2O_4$以其价廉、无毒、安全性好等优点,成为$LiCoO_2$最有希望的替代品。固相合成法是最早用于$LiMn_2O_4$合成的方法:按一定比例混合原料,经研磨、焙烧等过程得到产物。此法成本较低,易于实现工业化生产,但反应温度和工艺条件对产品电化学性能有较大影响。

三、仪器与试剂

差热-热重分析仪。LiOH·H_2O、$MnCO_3$、$Mn(NO_3)_2$、电解 MnO_2（EMD）、Mn_3O_4，均为分析纯。

四、实验步骤

（1）开机预热和调整参数。接通仪器的各个控制单元电源,调温控单元处于暂停状态,仪器预热 30 min。调整仪器各单元面板上的参数。开启计算机,进入应用软件窗口,相应仪器参数输入计算机。

（2）样品准备。以 LiOH·H_2O 作为锂源,电解 MnO_2 作为锰源,按 $LiMn_2O_4$ 的化学计量比精确称量原料,在玛瑙研钵中充分研磨,混合均匀。

（3）天平调零和样品称量。打开炉子上端螺栓,松开炉子固定螺钉,双手托住炉体垂直往下降,然后把托盘放在炉子瓷管端口,轻轻托住支持器。用镊子轻取出样品坩埚(参比物坩埚不用取出),再放上一个空坩埚。取走托盘,双手托起炉体到顶端,先旋上炉体固定螺钉,再旋上炉子顶端螺栓。通过调动天平单元上的电减码,使天平读数至零。在计算机中点按"调零结束"。

如前操作放下炉体并托起支持器,取出空坩埚,加入约 0.2 mg 样品,再放回样品支架。待天平稳定后,称量。将计算机中的天平读数输入样品质量栏内。

（4）温控编程及采样。在温控单元编制采样的起始温度、终止温度、升温速率及保留时间等参数,并在计算机中相应输入。检查计算机输入的参数,单击"确认",计算机开始采样。待计算机采样完成后,单击"存盘返回",输入文件名。单击"保存"。

（5）分别以 Mn_3O_4、$MnCO_3$ 和 $Mn(NO_3)_2$ 为锰源,重复以上步骤(1)～(4)。

（6）关闭仪器。关闭电炉电源开关;待数据处理结束后,依次关闭计算机和综合热处理仪各单元的电源开关;关闭气源。

五、注意事项

（1）坩埚一定要清理干净,否则埚垢不仅影响导热,杂质在受热过程中也会发生物理化学变化,影响实验结果的准确性。

（2）样品必须研磨成与参比物粒度相仿(约 200 目),且两者装填在坩埚中的紧密程度应尽量相同。

（3）通电加热电炉前须先打开冷却水源。

（4）样品取量要适当,样品量太大会使 TG 曲线偏离。

（5）坩埚轻拿轻放,以减少天平摆动。取放时一定要托起支持器。

（6）使用温度在 500 ℃以上,一定要使用气氛,以减少天平误差。实验过程中,气流要保持稳定。

六、数据处理指导

(1) 调入所存文件,分别进行热重数据处理和差热数据处理。

(2) 由所测样品的差热曲线,选定各个反应阶段的开始温度、峰顶温度、结束温度,将各峰的峰面积、起始温度和峰温数据列表记录。

(3) 由所测样品的热重曲线,求出各个反应阶段的失重百分数,失重始温、终温,失重速率最大点温度。

(4) 根据 DTA-TG 曲线,分别确定四组不同原料的最佳反应温度。

(5) 分析比较不同锰源的四组 DTA-TG 曲线,选择固相法合成 $LiMn_2O_4$ 的最佳锰源,并说明理由。

七、问题与讨论

(1) 差热实验中如何选择参比物? 常用的参比物有哪些?

(2) 差热曲线的形状与哪些因素有关? 影响差热分析结果的主要因素是什么?

(3) 依据失重百分数,推断反应方程式。

实验 38　可充放模拟锂电池的充、放电曲线的测定

一、实验目的

(1) 了解锂离子电池的构造。

(2) 掌握扣式模拟电池的装配过程。

(3) 学习根据充、放电曲线分析电极材料的性能。

二、实验原理

锂离子蓄电池采用含锂的金属氧化物作为正极活性物质,一般采用氧化钴锂($LiCoO_2$)、氧化镍锂($LiNiO_2$)和氧化锰锂($LiMn_2O_4$)等。采用特别的碳素材料作负极,一般常用石油焦炭(PC)、中间相碳微球(MCMB)、碳纤维(CF)和石墨等。所用的电解液为锂盐的有机溶剂溶液,一般用六氟磷酸锂($LiPF_6$)的碳酸乙烯酯(EC)和碳酸二乙酯(DEC)的混合溶液。隔膜通常使用微孔聚丙烯(PP)和微孔聚乙烯(PE)或两者的复合膜(PE-PP-PE)。电极制作的后期需在干燥空气中操作,以防止外界水蒸气侵入电池体系。组装完毕的电池必须先经过充电处理,使正极活性物质中的部分 Li^+ 脱离 $LiCoO_2$ 晶格,由电解液迁入负极活性物质碳的晶格之中(嵌入或插入),生成 Li_xC 化合物(一般 $x<0.17$)。放电时,Li_xC 中的 Li 脱嵌,再充电时又重复上述过程。这种利用 Li^+ 在正、负极材料中的嵌入与脱嵌,从而完

成充、放电的过程称为摇椅式(rocking chair)机理。图 4 - 3 为锂离子电池的工作原理示意图。

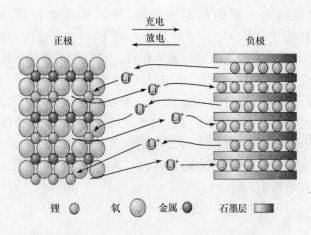

图 4 - 3 锂离子电池充、放电反应示意图

开路电压是指外电路没有电流流过时,两电极之间的电位差。电池的开路电压小于电池的可逆电动势。工作电压又称放电电压或负荷电压,是指外电路有电流流过时,电池两电极之间的电位差。电池的工作电压总是小于开路电压。因为电流流过时,在电池的内电阻(包括欧姆电阻和极化电阻)上将产生一定的电压降,而且这个电压降随放电电流的增加而增大。电池的工作电压与放电电流、放电方法、工作温度和终止电压等因素有关。电池的放电分为恒流放电、恒阻放电和连续放电、间歇放电等。其中恒流放电是固定放电电流(电流密度),考察电池工作电压与放电时间的关系。在给定充电或放电条件下(恒流或恒阻),所测得的电池充电(或放电)电压随充电时间(或放电时间)的变化称为电池的充电(或放电)曲线,如图 4 - 4 所示。

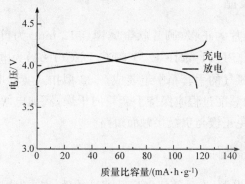

图 4 - 4 锂离子电池充、放电曲线

电池容量是指在一定的放电条件下可从电池中获得的电能,即电池可以释放的电能。为了比较不同电池的性能,引入了比容量的概念。比容量是指单位质量或单位体积的电池所能给出的能量,称为质量比容量($C'_{质量}$,单位为 A·h·g^{-1})或体积比容量($C'_{体积}$,单位为 A·h·L^{-1})。电池的容量与放电条件有关,通常用放电率表示恒流放电的放电条件。放电率是指电池放电时的速率,常用时率和倍率表示。时率是指以放电时间(h)表示的放电速率,或以一定放电电流放完额定容量所需的时间(h)。如某一电池的额定容量(C)为 30 A·h,若以 2 A 电流放电,则放电时率为 10 h。倍率是指电池在规定的时间内放出其额定容量时所输出的电流值,数值上等于额定容量的倍数。如 2 倍率的放电表示放电电流是容量数值的 2 倍,若电池容量为 3 A·h,则放电电流为 6 A,换算成时率为 0.5 小时率放电。

三、仪器与试剂

计算机控制的四电极电池测试仪;手套箱;封口机。乙炔黑;60%(质量分数)聚四氟乙烯(PTFE)乳液;电解液;隔膜;锂片;铝箔;电池壳。

四、实验步骤

1. 正极片的制备

将正极材料、导电剂乙炔黑和黏结剂聚四氟乙烯按 80∶12∶8 的质量比混合,加少量乙醇作为分散剂,超声振荡 10 min。然后反复搅拌、碾压使之成为薄膜。从薄膜上冲出直径为 8 mm 的圆片,稍干燥后用油压机将其压在集流体铝箔(Φ10 mm)上(压力为 0.4 MPa,1 min),得到正极片。将做好的正极片在 120 ℃下真空干燥 12 h 备用。

2. 实验电池的装配

以步骤 1 所得极片为正极,圆片状金属锂(Φ12 mm)为负极,Celgard2400 聚丙烯微孔膜为隔膜,LiPF$_6$(1 mol·L^{-1})+EC/DEC(1∶1)为电解液,按图 4-5 所示顺序,在充满干燥氮气的手套箱中组装成 2032 型扣式实验电池,用封口机封口后移出手套箱。电池装配过程应保持手套箱内干燥,滴加电解液时应注意清除隔膜下的气泡,还应避免正极与负极接触而短路。

3. 充、放电曲线的测试

(1) 打开测试仪电源,在计算机上启动测试软件,点击"联机"。

(2) 将电池正、负极与测试仪连接,确保连接紧密牢固,注意防止正、负极接触

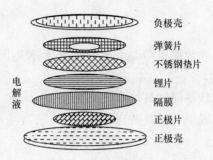

图 4-5 实验电池装配示意图

而造成电池短路。

(3) 按下式计算 0.2C 倍率恒流充、放电的设定电流：

活性物质的质量(g)： $m_0 = (m_{极片} - m_{铝箔}) \times 80\%$ (4-1)

恒流充、放电电流(mA)： $i = 0.2 \times 20 \times m_0$ (4-2)

(4) 按照下列条件设定测试程序(表 4-1)，分别测定不同正极材料的充、放电曲线。

电压量程：5 V；电流量程：5 mA。

记录条件：时间间隔 $\Delta t = 60$ s；电压间隔 $\Delta V = 5$ mV。

表 4-1   充放电曲线测试工序表

工步序号	工作模式	参 数	限制条件
01	静置	2 min	
02	恒流充电	i	电压上限：4.30 V
03	恒压充电	4.30 V	15 min
04	静置	2 min	
05	恒流放电	i	电压下限：3.00 V
06	跳转	(GOTO)01	循环 10 次
07	恒流充电	i	15 min
08	停止		

五、注意事项

(1) 极片制作过程中各物质的称量要准确并做好记录，根据式(4-1)计算活性物质质量时应以实际的质量百分数为准。

(2) 极片制作过程中应使各组分充分混合均匀。

(3) 应对不同电极材料和电池编号区分，避免混淆。

六、数据处理指导

（1）将计算机采集的数据用 Origin 软件作图，比较不同材料充、放电曲线的电压平台和充、放电时间。

（2）计算并分析比较不同材料的质量比容量。

（3）计算并分析比较不同材料的充、放电效率。

七、问题与讨论

（1）写出实验所测电池的电池表达式。

（2）影响电池容量的因素有哪些？

实验 39　溶胶-凝胶法制备二氧化钛胶体

一、实验目的

（1）初步掌握溶胶-凝胶法制备溶胶的原理和方法。

（2）了解影响溶胶形成的因素。

（3）了解二氧化钛光催化原理。

二、实验原理

溶胶-凝胶法是制备纳米粒子的一种湿化学方法。基本原理是将金属无机盐或金属醇盐溶于适当的溶剂中，使溶质发生水解或醇解反应，形成的产物再经聚集后生成 1 nm 左右的粒子而成为溶胶。

该方法通常要求反应物在液相条件下均匀混合、均匀反应，生成物是稳定的溶胶体系，并且在这段反应过程中不应有沉淀生成。经过长时间放置或干燥处理后，溶胶可以转化为凝胶。

在凝胶中通常还含有大量的液相，需要借助萃取或蒸发除去液体介质，并在远低于传统的烧结温度下进行热处理，最后形成相应物质的微粒。

用溶胶-凝胶法制备纳米粒子的过程中，依次要发生水解反应和缩聚反应。以醇-金属醇盐形成的体系为例，其化学通式为 $M(OR)_n$，M^{n+} 是金属离子（如钛、锆等），也包括硅等非金属离子。$M(OR)_n$ 可与醇、羰基化合物、水等亲核试剂反应。$M(OR)_n$ 的溶胶-凝胶过程通常是往金属醇盐-醇体系中加入微量水，促使醇盐体系发生水解，进而产生脱水缩合反应。典型的反应过程为

（1）水解反应。

$$M(OR)_n + xH_2O \longrightarrow M(OR)_{n-x}(OH)_x + xR(OH) \qquad (4-3)$$

式中，M 为钛等；R 为有机基团。反应可连续进行，直至生成 $M(OH)_n$。

（2）缩聚反应。氢氧化物一旦形成,缩聚反应就会发生。它可分为

失水缩聚：$—M—OH+HO—M \longrightarrow —M—O—M—+H_2O$ (4-4)

失醇缩聚：$—M—OR+HO—M \longrightarrow —M—O—M—+ROH$ (4-5)

（3）溶剂化反应。

$$M(OR)_n+xR'OH \Longleftrightarrow M(OR)_{n-x}(OR')_x+xROH \quad (4-6)$$

式中,R 与 R′差别越大,转化率越高。

控制溶胶-凝胶化的参数很多,也比较复杂。目前多数认为四个主要参数对溶胶-凝胶化过程有重要影响,即溶液的 pH、溶液的浓度、反应温度和反应时间。溶胶-凝胶过程中的前驱体既有无机化合物,又有有机化合物,它们的水解反应有所不同。对于金属无机盐在水溶液中的水解,相应的水解行为常受到金属离子半径大小、电负性、配位数等因素的影响。对于金属醇盐的水解反应,影响因素较多,如有无催化剂和催化剂的种类,水与醇盐的物质的量比、醇盐的种类、溶剂的种类及用量、水解温度等。缩聚反应通常与水解反应相伴发生,一般也受溶液 pH 及盐类性质的影响。

溶胶-凝胶技术的主要优点有：① 可通过简单的设备在体积较大、形状复杂的基体表面形成涂层;② 可获得高度均匀的多组分氧化物涂层;③ 热处理过程所需温度低;④ 可制备其他方法不能制备的材料,如有机-无机复合涂层;⑤ 可获得纳米级的粒子尺寸以及狭窄的粒径分布;⑥ 很容易均匀定量地掺入一些微量元素,实现分子水平上的均匀掺杂;⑦ 可通过多种方法改变薄膜的表面结构和性能。

二氧化钛胶体可以制成纳米二氧化钛粉末,也可以负载在各种基体材料表面,通过焙烧制成二氧化钛薄膜。二氧化钛是典型的半导体材料,半导体材料由于其自身的光电特性决定了它可以作光催化剂。半导体材料具有能带结构,一般由一个充满电子的价带(VB,低能量)和一个空的导带(CB,高能量)构成,它们之间为禁带。当半导体受到能量等于或大于禁带宽度的光照射时,其价带上的电子(e^-)受激发,穿过禁带进入导带,同时在价带上产生相应的空穴(h^+)。半导体受光激发后产生的电子-空穴对,在能量的作用下分离并迁移到粒子表面的不同位置,与吸附在 TiO_2 表面的物质发生氧化还原反应。光生空穴和·OH 自由基有很强的氧化能力,可夺取吸附在 TiO_2 颗粒表面有机物的电子,从而使有机物得以氧化分解。光生电子具有强还原性,可与溶解在水中的氧发生反应,生成 O_2^-,O_2^- 再与 H^+ 发生一系列反应,最终生成·OH。活泼的·OH 可以将许多难降解的有机物氧化为 CO_2 和水等无机物。

本实验通过制备二氧化钛溶胶,让学生自主设计实验,探讨影响溶胶-凝胶化过程的重要因素,重点考察溶液 pH 及溶液浓度等的影响。

三、仪器与试剂

磁力搅拌器;酸式滴定管(50 mL);烧杯(50 mL、250 mL);手电筒;干燥箱。无水乙醇(分析纯);浓硝酸(分析纯);钛酸四丁酯(化学纯);蒸馏水。

四、实验步骤

(1) 室温下,在磁力搅拌器的搅拌下将 1 mL 钛酸四丁酯缓慢滴加到 20 mL 无水乙醇中,经过 10 min 左右的搅拌,得到均匀透明的溶液。

(2) 将 20 mL 0.2 mol·L^{-1} 稀硝酸在剧烈搅拌下缓慢滴加到该溶液中(约 5 s 滴 1 滴),得到透明溶胶(注意:由于钛的醇盐水解速率非常快,有可能在水解-缩聚过程中形成絮状或颗粒状的白色沉淀,可以通过长时间搅拌,一般约30 min得到透明溶胶)。

(3) 将制得的溶胶密封,陈化一定时间后即得到所需的胶体。

(4) 二氧化钛薄膜的制备及其光催化性能研究。

五、注意事项

制备二氧化钛溶胶对实验条件的要求较高,实验中除了控制溶液 pH 及溶液浓度等因素外,一定注意所用玻璃仪器要清洗干净,尽量避免空气中灰尘等的影响。

六、数据处理指导

通过上面的实验操作,要求学生改变溶液 pH 及溶液浓度等,做一系列条件下二氧化钛溶胶的形成实验,并找出最佳条件。注意观察实验现象,并记录相应的实验条件。

七、问题与讨论

(1) 试述溶胶-凝胶法制备溶胶的原理。

(2) 实验中影响溶胶形成的主要因素有哪些?

实验 40 微胶囊的制备及应用

一、实验目的

(1) 掌握复合凝聚法制备微胶囊的原理和方法。

(2) 了解复合凝聚法制备微胶囊的过程。

(3) 确定壳聚糖与阿拉伯胶凝聚的最佳用量。

(4) 制备形貌粒径符合要求的微胶囊。

二、实验原理

两种或多种带有相反电荷的线形无规则聚合物材料作囊壁材料,将囊芯物分散在囊壁材料水溶液中,在适当条件下(如 pH 的改变、温度的改变、稀释、无机盐电解质的加入)使带相反电荷的高分子材料间发生静电作用,互相吸引,溶解度降低并产生相分离,体系分离出的两相分别为稀释胶体相(又称为稀相或贫相)和凝聚胶体相(又称为富相或浓相),胶体自溶液中凝聚出来。这种凝聚现象称为复合凝聚。自溶液中凝聚出来的胶体可以用作微胶囊的壳。在该法中,由于微胶囊化是在水溶液中进行的,故芯材必须是非水溶性的固体粉末或液体。

实现复合凝聚的必要条件是:两种聚合物离子的电荷相反,且混合物中离子数量在电学上恰好相等。除此以外,还须调节体系的温度和盐含量,以促进复合凝聚产物的形成。性质和用量不同的无机盐将在不同程度上起到抑制复合凝聚的作用,这是因为平衡离子的优先缔合减少了聚离子上的有效静电荷。

复合凝聚制备微胶囊的工艺由以下三个步骤组成。

1. 芯材在聚电解质水溶液中的分散

将油性芯材和带一种电荷的囊壁材料按照一定比例混合,可加入少量乳化分散剂,蒸馏水稀释后乳化分散。要注意分散时体系的温度。

2. 复合凝聚

加入带相反电荷的另一种聚电解质水溶液,在适当条件下,两种囊壁材料发生静电作用,互相吸引,在芯材周围形成沉析。

3. 凝聚层的凝胶和交联

凝聚层从溶液中分离出来,降低温度后会发生凝胶化现象。这是一个可逆的过程。如果可逆平衡被破坏,凝聚相就会消失。为了使囊芯周围凝聚的凝胶不再溶解,需进行交联处理。

壳聚糖是甲壳素脱乙酰化的产物,分子链中含有大量氨基,在酸性溶液中,氨基被质子化,成为阳离子聚胺,因而属于阳离子型高分子电解质,也属天然高分子电解质,在体内可被吞噬并被溶菌酶降解,最终生成葡萄糖而被吸收。从技术角度来看,它的阳离子特征和在溶液中的高电荷密度使其在液态介质中可与带聚阴离子电解质以及小分子阴离子相互作用,形成聚电解质复合物;从材料特性来看,它是天然多糖中唯一的碱性多糖,具有良好的生物相容性和生物可降解性,且具有多种生物活性与药理活性。故近年来,壳聚糖-聚阴离子聚电解质复合物在药物控释领域的研究中受到广泛重视。

阿拉伯胶是糖及半纤维素的复杂的聚集体,主要成分为阿拉伯酸的钙盐、镁盐、钾盐,是一种带负电荷多糖混合物,在溶液中可以与带正电荷的壳聚糖复合凝聚。

三、仪器与试剂

分析天平;浊度仪;ζ 电位仪;粒度分布仪;均质乳化机;光学显微镜。壳聚糖;阿拉伯胶;维生素 E;吐温-80;戊二醛;乙酸;氢氧化钠。

四、实验步骤

1. 壳聚糖与阿拉伯胶最佳用量的确定

(1) 准确称取一定质量的壳聚糖,溶于 1‰乙酸溶液中,配制一定浓度的壳聚糖乙酸溶液。准确称取一定质量的阿拉伯胶溶于水中,配制一定浓度的阿拉伯胶溶液。

(2) 向壳聚糖溶液中加入一定体积的配制好的阿拉伯胶溶液,搅拌一定时间,使其充分凝聚,用浊度仪测定混合体系的浊度,根据浊度值确定壳聚糖与阿拉伯胶的最佳用量。或用 ζ 电位仪测定其电位,由此确定壳聚糖与阿拉伯胶的最佳用量比。

2. 微胶囊的制备

(1) 将一定质量的壳聚糖溶于 1‰乙酸溶液中,配制一定浓度的壳聚糖乙酸溶液。

(2) 取一定量的阿拉伯胶粉溶于蒸馏水中,加入一定量吐温-80 搅拌溶解,取一定量维生素 E 加入阿拉伯胶溶液,然后将其放入均质乳化机乳化。

(3) 将乳化好的阿拉伯胶溶液转入三口瓶中,边搅拌边向其中滴加壳聚糖溶液,加完壳聚糖溶液后用 10‰氢氧化钠溶液调体系 pH=4.5,于 60 ℃下搅拌(转速一定)0.5 h,再加入与阿拉伯胶溶液和壳聚糖溶液体积之和相等的 60 ℃蒸馏水稀释。

(4) 移开水浴,冷却至室温;加入一定量 25‰戊二醛固化 1 h,然后调 pH=9,继续搅拌 0.5 h。

(5) 停止搅拌,将复合物转入烧杯中,沉降,弃去上层液,用蒸馏水洗涤,至上层液澄清为止;过滤,真空干燥得干燥微胶囊(后处理)。

五、注意事项

(1) 维生素 E 黏度较大且不稳定,可先将其溶于有机溶剂中(如无水乙醇),这样便于取用和保持维生素 E 的稳定。

(2) 微胶囊易粘连,不可长久放置。

六、数据处理指导

(1) 计算微胶囊的载药量和包封率。

(2) 采用激光粒度分析仪测定微胶囊的粒径和粒度分布。

(3) 运用光学显微镜对微胶囊进行形貌观察。

七、问题与讨论

(1) 影响微胶囊制备的因素有哪些?

(2) 微胶囊的评价指标有哪些?

实验 41　药物有效期的测定

一、实验目的

(1) 了解药物水解反应的特征。

(2) 掌握硫酸链霉素水解反应速率常数测定方法,求出硫酸链霉素水溶液的有效期。

二、实验原理

链霉素是由放线菌属的灰色链丝菌产生的抗菌素,硫酸链霉素是分子中的三个碱性中心与硫酸成的盐,分子式为 $(C_{21}H_{39}N_7O_{12})_2 \cdot 3H_2SO_4$,它在临床上用于治疗各种结核病。本实验通过比色分析方法测定硫酸链霉素水溶液的有效期。

硫酸链霉素水溶液在 pH4.0~4.5 时最为稳定,在较强碱性条件下易水解失效,在碱性条件下水解生成麦芽酚(α-甲基-β-羟基-γ-吡喃酮),反应如下:

$(C_{21}H_{39}N_7O_{12})_2 \cdot 3H_2SO_4 + H_2O \longrightarrow$ 麦芽酚+硫酸链霉素其他降解物

该反应为准一级反应,其反应速率服从一级反应的动力学方程:

$$\ln(c_0 - x) = -kt + \ln c_0 \qquad (4-7)$$

式中,c_0 为硫酸链霉素水溶液的初始浓度;x 为 t 时刻链霉素水解掉的浓度;t 为水解时间;k 为水解反应速率常数。以 $\ln(c_0 - x)$ 对 t 作图应为直线,由直线的斜率可求出反应速率常数 k。

硫酸链霉素在碱性条件下水解得麦芽酚。而麦芽酚在酸性条件下与 Fe^{3+} 作用生成稳定的紫红色螯合物,故可用比色分析的方法进行测定。

由于硫酸链霉素水溶液的初始浓度 c_0 正比于全部水解后产生的麦芽酚的浓度,也正比于全部水解测得的消光值 E^∞,即 $c_0 \propto E^\infty$;在任意时刻 t,硫酸链霉菌素水解掉的浓度 x 应于该时刻测得的消光值 E_t 成正比,即 $x \propto E_t$,将上述关系代入速率方程中得

$$\ln(E^\infty - E_t) = -kt + \ln E^\infty \tag{4-8}$$

通过测定不同时刻 t 的消光值 E_t,可以研究硫酸链霉素水溶液的水解反应规律,以 $\ln(E^\infty - E_t)$ 对 t 作图得一直线,由直线斜率求出反应速率常数 k。

药物的有效期一般是指当药物分解掉原含量的 10% 时所需要的时间 $t_{0.9}$,即

$$t_{0.9} = \frac{\ln \dfrac{100}{90}}{k} = \frac{0.105}{k} \tag{4-9}$$

三、仪器与试剂

722 型或 752 型分光光度计;超级恒温槽;磨口锥形瓶(100 mL);移液管(1 mL,20 mL);磨口锥形瓶(50 mL);吸量管(5 mL);量筒(50 mL);水浴锅;秒表。0.4% 硫酸链霉素溶液;1.12~1.18 mol·L^{-1} 硫酸溶液;2.0 mol·L^{-1} 氢氧化钠溶液;0.5% 铁试剂。

四、实验步骤

(1) 调整超级恒温槽温度为 (40.0±0.2)℃。

(2) 用量筒取 50 mL 0.4% 硫酸链霉素溶液置于 100 mL 磨口锥形瓶中,并置于 40 ℃ 的恒温槽中恒温。用移液管吸取 0.5 mL 2.0 mol·L^{-1} 氢氧化钠溶液,迅速加入硫酸链霉素溶液中,当碱量加入一半时,打开秒表,开始计时。

(3) 取 5 个干燥的 50 mL 磨口锥形瓶,编号,分别用移液管准确加入 20 mL 0.5% 铁试剂,再加入 5 滴 1.12~1.18 mol·L^{-1} 硫酸溶液,每隔 10 min,准确取 5 mL 反应液于上述锥形瓶中,摇匀呈紫红色,放置 5 min,然后在波长为 520 nm 下用 722 型分光光度计测定消光值 E_t,记录实验数据。

(4) 将剩余反应液放入沸水浴中 10 min,然后放至室温,再吸取 2.5 mL 反应液于干燥的 50 mL 磨口锥形瓶中,加入 2.5 mL 蒸馏水,再加入 20 mL 0.5% 铁试剂和 5 滴硫酸溶液,摇匀至紫红色,测其消光值,此数值乘 2 即为全部水解时的消光值 E^∞。

(5) 调节恒温槽,升温至 50 ℃,按上述操作每隔 5 min 取样分析一次,共测 5 次,记录实验数据。

五、数据处理指导

(1) 实验记录如下:

温度:_____　　　　　$E^\infty = $_____

t/min	10	20	30	40	50
E_t					
$E^\infty - E_t$					
$\ln(E^\infty - E_t)$					

(2) 以 $\ln(E^\infty - E_t)$ 对 t 作图,求出不同温度时的反应速率及活化能。

(3) 求出 25 ℃时的反应速率常数和该温度下的药物有效期。

六、问题与讨论

(1) 使用的 50 mL 磨口锥形瓶为什么要事先干燥?

(2) 取样分析时,为什么要先加入铁试剂和硫酸溶液,然后对反应液进行比色分析?

实验 42 导电聚合物膜修饰电极的制备及表征

一、实验目的

(1) 了解制备聚合物膜修饰电极的一般方法。

(2) 掌握循环伏安法的基本原理。

(3) 学习根据循环伏安图分析电极过程的可逆性。

二、实验原理

化学修饰电极(chemically modified electrode,CME)的研究始于 20 世纪 70 年代中期,是当前电化学和电分析化学中比较活跃的研究领域。化学修饰电极是指通过物理或化学方法,将具有某种功能的化学基团连接在导电性电极表面上,对电极表面进行修饰,在电极表面造成某种微结构,赋予电极特定的功能。根据所用电极材料的不同可分为玻碳修饰电极、石墨碳修饰电极、碳糊修饰电极等;根据修饰剂和电极表面结合方式的不同可分为吸附型修饰电极、共价键合型修饰电极等。制备聚合物膜修饰电极的方法主要有氧化或还原沉积法、有机硅烷缩合法、等离子体聚合法、电化学聚合法等。电化学聚合法是通过单体在电极上电解氧化或电解还原,产生正离子自由基或负离子自由基,进一步进行缩合反应制成薄膜。通常电解的方法有电位扫描法、恒电位电解法、恒电流电解法、矩形波电解法和交流电解法等。

　　本实验采用循环伏安法(cyclic voltammetry,CV)。循环伏安法就是采用线性扫描实验装置,使电极电势在一定范围内以恒定的速率扫描,通常采用三角波电势扫描信号,如图 4-6 所示。电极电势和时间满足关系式:

$$E = E_i + vt \qquad (4-10)$$

式中,E 和 E_i 分别为电极电势和扫描起始电势(V 或 mV);v 为电势扫描速率(V · s^{-1}或 mV · s^{-1})。图 4-6 为电极电势随时间变化的曲线图。电极电流随电势变化的曲线图称为循环伏安图,简称 CV 图,如图 4-7 所示。采用循环伏安方法能较快地观测较宽的电势范围内发生的电极过程,为电极过程研究提供丰富的信息,另外又能根据循环伏安曲线推断反应机理。这一方法已成为研究物质电化学性质广泛采用的常规实验手段。

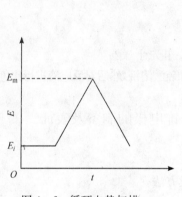

图 4-6　循环电势扫描

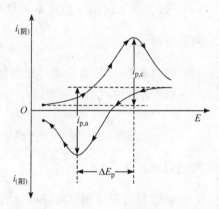

图 4-7　循环伏安图

　　循环伏安法可用于判断电极过程的可逆性。对于可逆电极反应来说,其阴极峰与阳极峰的峰电位存在如下关系:

$$E_{p,c} = E_{1/2} - 1.1\frac{RT}{nF} = E_{p,c} - \frac{0.028}{n} \qquad (25\ ℃) \qquad (4-11)$$

$$E_{p,a} = E_{1/2} + 1.1\frac{RT}{nF} = E_{p,a} + \frac{0.028}{n} \qquad (25\ ℃) \qquad (4-12)$$

$$\Delta E = E_{p,a} - E_{p,c} = 2.22\frac{RT}{nF} = \frac{56.5}{n} \qquad (25\ ℃) \qquad (4-13)$$

式中,$E_{p,c}$、$E_{p,a}$ 分别为阴极峰电位、阳极峰电位(mV);$E_{1/2}$ 为半波电位,且 $E_{1/2} = \frac{E_{p,a} + E_{p,c}}{2}$。$E_{p,c}$、$E_{p,a}$ 与扫描速率无关,ΔE 与实验条件有关,其值为($55/n\sim 65/n$)mV 时,电极过程认为是可逆过程;否则为不可逆过程。

　　阴极峰电流与阳极峰电流近似相等,即 $i_{p,c} \approx i_{p,a}$,且峰电流与扫描速率的平方根成正比,即

$$i_p = 269n^{\frac{3}{2}}AD^{\frac{1}{2}}v^{\frac{1}{2}}c \qquad (4-14)$$

式中,i_p 为峰电流(μA);n 为电子转移数;A 为电极的表面积(cm^2);D 为扩散系数($cm^2 \cdot s^{-1}$);v 为扫描速率($V \cdot s^{-1}$);c 为溶液中电活性物质浓度($mol \cdot L^{-1}$)。

对于不可逆电极过程,除峰电位的差值偏离规定范围外,阴、阳极电流相差很大,甚至阴极电流或者阳极电流为零。

本实验采用的三电极系统由指示电极或工作电极(work electrode)、对电极或辅助电极(auxiliary electrode)和参比电极(reference electrode)组成,如图 4-8 所示。电流 i 容易从工作电极 W 和辅助电极 C 构成的回路中测得;工作电极 W 和参比电极 R 构成高阻抗的回路,没有电流通过,因而不会产生极化,工作电极电势可由高阻抗回路 WR 中获得,即可通过此监测回路显示。

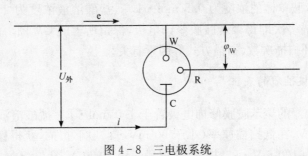

图 4-8 三电极系统

三、仪器与试剂

电化学工作站 LK2005;工作电极(玻碳电极,石墨碳电极);参比电极(饱和甘汞电极);辅助电极(Pt 电极);电化学池;超声振荡器。苯胺;铁氰化钾/亚铁氰化钾;氯化钾;盐酸;硫酸;三氧化铝抛光粉;金相砂纸等。

四、实验步骤

1. 电极的制备及预处理

(1) 石墨碳电极:将碳棒置于熔融的石蜡中浸泡 3~4 h 后取出,用金相砂纸把横截面磨光,用聚四氟乙烯密封带封好侧面,使表面积一定。每次使用前将电极表面用 1200$^{\#}$ 以上的金相砂纸擦净,并用二次水冲洗干净。

(2) GC 电极:每次使用前以 0.3 μm 三氧化铝抛光粉抛光后,用二次水冲洗干净,超声振荡 5 min。工作电极在使用前均须浸入 0.5 $mol \cdot L^{-1}$ 硫酸中,在 -1.0~1.6 V 循环伏安扫描 5~10 min,将电极活化。

(3) 辅助铂电极:使用前后都要清洗干净。

(4) 参比电极(SCE):每次使用前用二次水冲洗干净,使用后置于饱和氯化钾溶液中。

(5) 将处理好的电极置于盛有 $1.0\ mol\cdot L^{-1}$ 盐酸溶液的电解池中,在 $0\sim1.0\ V$ 以低扫描速率(小于 $60\ mV\cdot s^{-1}$)扫描至稳定,获得稳定的 CV 图。

(6) 配制总浓度为 $1\times10^{-3}mol\cdot L^{-1}$、物质的量比为 $1\colon1$ 的铁氰化钾和亚铁氰化钾溶液,并向溶液中加入 $0.1\ mol\cdot L^{-1}$ 氯化钾溶液,已知铁氰化钾的扩散系数 $D=7.6\times10^{-6}\ cm^2\cdot s^{-1}$,在较低扫描速率($5\sim20\ mV\cdot s^{-1}$)下进行循环伏安扫描,获得可逆的 CV 图,通过式(4-14)可求得电极的真实表面积。

2. 修饰电极的制备

电聚合的条件:控制循环扫描上限电位 $0.95\ V$、下限电位 $-0.2\ V$,扫描速率 $50\ mV\cdot s^{-1}$,苯胺单体的浓度为 $0.5\ mol\cdot L^{-1}$、盐酸溶液浓度为 $2.0\ mol\cdot L^{-1}$,电聚合循环扫描多次即得聚苯胺膜修饰电极,保留所得的 CV 图。聚苯胺膜的性能与电聚合循环扫描次数、扫描方式等因素有关。

3. 修饰电极性质的表征

(1) 将修饰好的聚苯胺膜修饰电极置于 $1.0\ mol\cdot L^{-1}$ 盐酸溶液中,调整电位区间为 $0\sim1.0\ V$,在低扫描速率(小于 $60\ mV\cdot s^{-1}$)下扫描,获得稳定的 CV 图。改变扫描速率为 $100\ mV\cdot s^{-1}$ 扫描,获得另一稳定的 CV 图。

(2) 根据获得的膜修饰电极的 CV 图,读出其氧化还原峰电位及氧化还原峰电流。比较不同扫描速率对 CV 图峰电位的影响。

(3) 根据以上数据判断电极过程的可逆性。

(4) 按步骤 1 中(6)可求得膜修饰电极的表面积,修饰电极的表面积与未修饰电极的表面积的比值即为修饰电极的粗糙度。

五、注意事项

(1) 电势扫描过程中,设定的扫描电位不宜过高,也不宜过低,防止吸氧或析氢,影响电极过程。

(2) 应认真检查三电极系统的连接情况,防止短路或断路。

(3) 实验进行过程中,不要触碰电解池或移取电极。

(4) 进行对照实验时,实验因素要尽量一致(如相同的扫描区间、扫描速率、和电解质溶液等)。

六、数据处理指导

(1) 采集 CV 图的数据,用 Origin 软件作图,比较修饰前后电极的 CV 图的差异。

（2）计算可逆条件下膜修饰电极的电子转移数 n。

（3）计算电极修饰前后的真实表面积，并分析修饰后电极表面的变化。

七、问题与讨论

（1）修饰前电极为什么要进行活化处理？如何进行？

（2）实验中为什么要采用三电极体系？

（3）如何从 CV 图上读取峰电流？如何判断电极过程的可逆性？

（4）如何获得电极的真实值？

主要参考文献

北京大学. 2002. 物理化学实验. 第四版. 北京:北京大学出版社

戴维. P. 休梅尔等. 1990. 物理化学实验. 第四版. 北京:化学工业出版社

复旦大学等编,蔡显鄂,项一非,刘衍光等修订. 1993. 物理化学实验. 第二版. 北京:高等教育出版社

复旦大学等编,庄继华等修订. 2004. 物理化学实验. 第三版. 北京:高等教育出版社

傅献彩,沈文霞,姚天扬等. 2006. 物理化学. 第五版. 北京:高等教育出版社

怀特 J M. 1982. 物理化学实验. 钱三鸿等译. 北京:人民教育出版社

金丽萍,邬时清,陈大勇. 2005. 物理化学实验. 第二版. 上海:华东理工大学出版社

罗澄源,向明礼. 2005. 物理化学实验. 第四版. 北京:高等教育出版社

山东大学等校合编. 2004. 基础化学实验Ⅲ——物理化学实验. 北京:化学工业出版社

孙尔康,吴琴媛等. 1991. 化学实验基础. 南京:南京大学出版社

谢有畅,邵美成. 1980. 结构化学. 北京:人民教育出版社

印永嘉,奚正楷,张树永等. 2007. 物理化学简明教程. 第四版. 北京:高等教育出版社

附　　录

附录 1　国际单位制(SI)

SI 的基本单位

量		单 位	
名　称	符　号	名　称	符　号
长度	l	米	m
质量	m	千克	kg
时间	t	秒	s
电流	I	安[培]	A
热力学温度	T	开[尔文]	K
物质的量	n	摩[尔]	mol
发光强度	I_v	坎[德拉]	cd

SI 的一些导出单位

量		单 位		
名　称	符　号	名　称	符　号	定义式
频率	ν	赫[兹]	Hz	s^{-1}
能量	E	焦[耳]	J	$kg \cdot m^2 \cdot s^{-2}$
力	F	牛[顿]	N	$kg \cdot m \cdot s^{-2} = J \cdot m^{-1}$
压强	p	帕[斯卡]	Pa	$kg \cdot m^{-1} \cdot s^{-2} = N \cdot m^{-2}$
功率	P	瓦[特]	W	$kg \cdot m^2 \cdot s^{-3} = J \cdot s^{-1}$
电量,电荷	Q	库[仑]	C	$A \cdot s$
电位,电压,电动势	U	伏[特]	V	$kg \cdot m^2 \cdot s^{-3} \cdot A^{-1} = J \cdot A^{-1} \cdot s^{-1}$
电阻	R	欧[姆]	Ω	$kg \cdot m^2 \cdot s^{-3} \cdot A^{-2} = V \cdot A^{-1}$
电导	G	西[门子]	S	$s^3 \cdot A^2 \cdot kg^{-1} \cdot m^{-2} = \Omega^{-1}$
电容	C	法[拉]	F	$A^2 \cdot S^4 \cdot kg^{-1} \cdot m^{-2} = A \cdot s \cdot V^{-1}$
磁通量密度(磁感应强度)	B	特[斯拉]	T	$kg \cdot s^{-2} \cdot A^{-1} = V \cdot s \cdot m^{-2}$

续表

量		单 位		
名 称	符 号	名 称	符 号	定义式
电场强度	E	伏特每米	$V \cdot m^{-1}$	$m \cdot kg \cdot s^{-3} \cdot A^{-1}$
黏度	η	帕斯卡秒	$Pa \cdot s$	$kg \cdot m^{-1} \cdot s^{-1}$
表面张力	σ	牛顿每米	$N \cdot m^{-1}$	$kg \cdot s^{-2}$
密度	ρ	千克每立方米	$kg \cdot m^{-3}$	$kg \cdot m^{-3}$
比热容	c	焦耳每千克每开	$J \cdot kg^{-1} \cdot K^{-1}$	$m^2 \cdot s^{-2} \cdot K^{-1}$
热容量,熵	S	焦耳每开	$J \cdot K^{-1}$	$kg \cdot m^2 \cdot s^{-2} \cdot K^{-1}$

附录 2　一些物理、化学基本常数（1986 年国际推荐制）

量	符 号	数 值	单 位	相对不确定度 (1×10^6)
光速	c	299 792 458	$m \cdot s^{-1}$	定义值
真空导磁率	μ_0	4π	$10^{-7} N \cdot A^{-2}$	定义值
真空电容率,$1/(\mu_0 C^2)$	ε_0	$8.854\ 187\ 817\cdots$	$10^{-12} F \cdot m^{-1}$	定义值
牛顿引力常量	G	6.672 59(85)	$10^{-11} m^3 \cdot kg^{-1} \cdot s^{-2}$	128
普朗克常量	h	6.626 075 5(40)	$10^{-34} J \cdot s$	0.60
$h/2\pi$	$\hbar$	1.054 572 66(63)	$10^{-34} J \cdot s$	0.60
基本电荷	e	1.602 177 33(49)	$10^{-19} C$	0.30
电子质量	m_e	0.910 938 97(54)	$10^{-30} kg$	0.59
质子质量	m_p	1.672 623 1(10)	$10^{-27} kg$	0.59
质子-电子质量比	m_p/m_e	1836.152 701(37)		0.020
精细结构常数	α	7.297 353 08(33)	10^{-3}	0.045
精细结构常数的倒数	α^{-1}	137.035 989 5(61)		0.045
里德堡常量	R_∞	10 973 731.534(13)	m^{-1}	0.0012
阿伏伽德罗常量	L, N_A	6.022 136 7(36)	$10^{23} mol^{-1}$	0.59
法拉第常量	F	96 485.309(29)	$C \cdot mol^{-1}$	0.30
摩尔气体常量	R	8.314 510(70)	$J \cdot mol^{-1} \cdot K^{-1}$	8.4
玻耳兹曼常量,R/L_A	k	1.380 658(12)	$10^{-23} J \cdot K^{-1}$	8.5
斯式藩-玻耳兹曼常量,$\pi^2 k^4/60h^3 c^2$	σ	5.670 51(12)	$10^{-8} W \cdot m^{-2} \cdot K^{-4}$	34
电子伏特	eV	1.602 177 33(49)	$10^{-19} J$	0.30
原子质量常数,$1/12m(^{12}C)$	u	1.660 540 2(10)	$10^{-27} kg$	0.59

附录3　常用单位换算

单位名称	符　号	折合 SI
力的单位		
千克力	kgf	9. 806 65 N
达因	dyn	10^{-5} N
黏度单位		
泊	P	0. 1 N · s · m^{-2}
厘泊	cP	10^{-3} N · s · m^{-2}
压力单位		
毫巴	mbar	100 N · m^{-2}(Pa)
达因 · 厘米$^{-2}$	dyn · cm^{-2}	0. 1 N · m^{-2}(Pa)
千克力 · 厘米$^{-2}$	kgf · cm^{-2}	98 066. 5 N · m^{-2}(Pa)
工程大气压	af	98 066. 5 N · m^{-2}(Pa)
标准大气压	atm	101 324. 7 N · m^{-2}(Pa)
毫米水高	mmH$_2$O	9. 806 65 N · m^{-2}(Pa)
毫米汞高	mmHg	133. 322 N · m^{-2}(Pa)
比热容单位		
卡 · 克$^{-1}$ · 度$^{-1}$	cal · g^{-1} · ℃$^{-1}$	4186. 8 J · kg^{-1} · ℃$^{-1}$
尔格 · 克$^{-1}$ · 度$^{-1}$	erg · g^{-1} · ℃$^{-1}$	10^{-4} J · kg^{-1} · ℃$^{-1}$
功、能单位		
千克力 · 米	kgf · m	9. 806 65 J
尔格	erg	10^{-7} J
升 · 大气压	L · atm	101. 328 J
瓦特 · 小时	W · h	3600 J
卡	cal	4. 1868 J
功率单位		
千克力 · 米 · 秒$^{-1}$	kgf · m · s^{-1}	9. 806 65 W
尔格 · 秒$^{-1}$	erg · s^{-1}	10^{-7} W
大卡 · 小时$^{-1}$	kcal · h^{-1}	1. 163 W
卡 · 秒$^{-1}$	cal · s^{-1}	4. 1868 W
电磁单位		
伏 · 秒	V · s	1 Wb
安 · 小时	A · h	3600 C
德拜	D	3. 334×10^{-30} C · m
高斯	G	10^{-4} T
奥斯特	Oe	79. 5775 A · m^{-1}

附录 4　不同温度下水的蒸气压(p/Pa)

t/℃	0.0	0.2	0.4	0.6	0.8	t/℃	0.0	0.2	0.4	0.6	0.8
−13	225.45	221.98	218.25	214.78	211.32	16	1817.71	1841.04	1864.77	1888.64	1912.77
−12	244.51	240.51	236.78	233.05	229.31	17	1937.17	1961.83	1986.90	2012.10	2037.69
−11	264.91	260.64	256.51	252.38	248.38	18	2063.42	2089.56	2115.95	2142.62	2169.42
−10	286.51	282.11	277.84	273.31	269.04	19	2196.75	2224.48	2252.34	2280.47	2309.00
−9	310.11	305.17	300.51	295.84	291.18	20	2337.80	2366.87	2396.33	2426.06	2456.06
−8	335.17	329.97	324.91	319.84	314.91	21	2486.46	2517.12	2548.18	2579.65	2611.38
−7	361.97	356.50	351.04	345.70	340.37	22	2643.38	2675.77	2708.57	2741.77	2775.10
−6	390.77	384.90	379.03	373.30	367.57	23	2808.83	2842.96	2877.49	2912.42	2947.75
−5	421.70	415.30	409.17	402.90	396.77	24	2983.35	3019.48	3056.01	3092.80	3129.37
−4	454.63	447.83	441.16	434.50	428.10	25	3167.20	3204.93	3243.19	3281.99	3321.32
−3	489.69	482.63	475.56	468.49	461.43	26	3360.91	3400.91	3441.31	3481.97	3523.27
−2	527.42	519.69	512.09	504.62	497.29	27	2564.90	3607.03	3649.56	3629.49	3735.82
−1	567.69	559.42	551.29	543.29	535.42	28	3779.55	3823.67	3868.34	3913.53	3959.26
−0	610.48	601.68	593.02	584.62	575.95	29	4005.39	4051.92	4098.98	4146.58	4194.44
0	610.48	619.35	628.61	637.95	647.28	30	4242.84	4291.77	4341.10	4390.83	4441.22
1	656.74	666.34	675.94	685.81	685.81	31	4492.28	4544.28	4595.74	4648.14	4701.07
2	705.81	716.94	726.20	736.60	747.27	32	4754.66	4808.66	4863.19	4918.38	4973.98
3	757.94	768.73	779.67	790.73	801.93	33	5030.11	5086.90	5144.10	5201.96	5260.49
4	713.40	824.86	836.46	848.33	860.33	34	5319.28	5378.74	5439.00	5499.67	5560.86
5	872.33	884.59	896.99	909.52	922.19	35	5622.86	5685.38	5748.44	5812.17	5876.57
6	934.99	948.05	961.12	974.45	988.05	36	5941.23	6006.69	6072.68	6139.48	6206.94
7	1001.65	1015.51	1029.51	1043.64	1058.04	37	6275.07	6343.73	6413.05	6483.05	6553.71
8	1072.58	1087.24	1102.17	1117.24	1132.44	38	6625.04	6696.90	6769.29	6842.49	6916.61
9	1147.77	1163.50	1179.23	1195.23	1211.36	39	6991.67	7067.22	7143.39	7220.19	7297.65
10	1227.76	1244.29	1260.96	1277.89	1295.09	40	7375.91	7454.0	7534.0	7614.0	7695.3
11	1312.42	1330.02	1347.75	1365.75	1383.88	41	7778.0	7860.7	7943.3	8028.7	8114.0
12	1402.28	1420.95	1439.74	1458.68	1477.87	42	8199.3	8284.6	8372.6	8460.6	8548.6
13	1497.34	1517.07	1536.94	1557.20	1577.60	43	8639.3	8729.9	8820.6	8913.9	9007.2
14	1598.13	1619.06	1640.13	1661.46	1683.06	44	9100.6	9195.2	9291.2	9387.2	9484.5
15	1704.92	1726.92	1749.32	1771.85	1794.65	45	9583.2	9681.8	9780.5	9881.8	9983.2

续表

$t/℃$	0.0	0.2	0.4	0.6	0.8	$t/℃$	0.0	0.2	0.4	0.6	0.8
46	10 085.8	10 189.8	10 293.8	10 399.1	10 505.8	74	36 956.9	37 250.2	37 570.1	37 890.1	38 210.1
47	10 612.4	10 720.4	10 829.7	10 939.1	11 048.4	75	38 543.4	38 863.4	39 196.7	39 516.6	39 836.6
48	11 160.4	11 273.7	11 388.4	11 503.0	11 617.7	76	40 183.3	40 503.2	40 849.9	41 183.2	41 516.5
49	11 735.0	11 852.3	11 971.0	12 091.0	12 211.0	77	41 876.4	42 209.7	42 556.4	42 929.7	43 276.3
50	12 333.6	12 465.6	12 585.6	12 705.6	12 838.9	78	43 636.3	43 996.3	44 369.0	44 742.9	45 089.5
51	12 958.9	13 092.2	13 212.2	13 345.5	13 478.9	79	45 462.8	45 836.1	46 209.4	46 582.7	46 956.0
52	13 610.8	13 745.5	13 878.8	14 012.1	14 158.8	80	47 342.6	47 729.5	48 129.2	48 502.5	48 902.5
53	14 292.1	14 425.4	14 572.1	14 718.7	14 852.1	81	49 289.1	49 675.8	50 075.7	50 502.4	50 902.3
54	15 000.1	15 145.4	15 292.0	15 438.7	15 585.3	82	51 315.6	51 728.9	52 155.6	52 582.2	52 982.2
55	15 737.3	15 878.7	16 038.6	16 198.6	16 345.3	83	53 408.8	53 835.4	54 262.1	54 688.7	55 142.0
56	16 505.3	16 665.3	16 825.2	16 985.2	17 145.2	84	55 568.6	56 021.9	56 475.2	56 901.8	57 355.1
57	17 307.9	17 465.2	17 638.5	17 798.5	17 958.5	85	57 808.4	58 261.7	58 715.0	59 195.0	59 661.6
58	18 142.5	18 305.1	18 465.1	18 651.7	18 825.1	86	60 114.9	60 581.5	61 061.5	61 541.4	62 021.4
59	19 011.7	19 185.0	19 358.4	19 545.0	19 731.7	87	62 488.0	62 981.3	63 461.3	63 967.9	64 447.9
60	19 915.6	20 091.6	20 278.3	20 464.9	20 664.9	88	64 941.1	65 461.1	65 954.4	66 461.0	66 954.3
61	20 855.6	21 038.2	21 238.2	21 438.2	21 638.2	89	67 474.3	67 994.2	68 514.2	69 034.1	69 567.4
62	21 834.1	22 024.8	22 238.1	22 438.1	22 638.1	90	70 095.4	70 630.0	71 167.3	71 708.0	72 253.9
63	22 848.7	23 051.4	23 264.7	23 478.0	23 691.3	91	72 800.5	73 351.1	73 907.1	74 464.3	75 027.0
64	23 906.0	24 117.9	24 331.3	24 557.9	24 771.2	92	75 592.2	76 161.5	76 733.5	77 309.4	77 889.4
65	25 003.2	25 224.5	25 451.2	25 677.8	25 904.5	93	78 473.3	79 059.9	79 650.6	80 245.2	80 843.8
66	26 143.1	26 371.1	26 597.7	26 837.7	27 077.7	94	81 446.4	82 051.7	82 661.0	83 274.3	83 891.5
67	27 325.7	27 571.0	27 811.0	28 064.3	28 304.3	95	84 512.8	85 138.1	85 766.0	86 399.3	87 035.3
68	28 553.6	28 797.6	29 064.2	29 317.5	29 570.8	96	87 675.2	88 319.2	88 967.1	89 619.0	90 275.0
69	29 328.1	30 090.8	30 357.4	30 624.1	30 890.7	97	90 934.9	91 597.5	92 265.5	92 938.8	93 614.7
70	31 157.4	31 424.0	31 690.6	31 957.3	32 237.3	98	94 294.7	94 978.6	95 666.9	96 358.5	97 055.7
71	32 517.2	32 797.2	33 090.5	33 370.5	33 650.5	99	97 757.0	98 462.3	99 171.6	99 884.8	100 602.1
72	33 943.8	34 237.1	34 580.4	34 823.7	35 117.0	100	101 324.7	102 051.3	102 781.9	103 516.5	104 257.8
73	35 423.7	35 730.3	36 023.6	36 343.6	36 636.9	101	105 000.4	105 748.3	106 500.3	107 257.5	108 018.8

摘自:印永嘉.1988.物理化学简明手册.北京:高等教育出版社。

附录 5　有机化合物的蒸气压*

化合物	分子式	温度范围/℃	A	B	C
四氯化碳	CCl_4	—	6.879 26	1212.021	226.41
氯仿	$CHCl_3$	$-30\sim150$	6.903 28	1163.03	227.4
甲醇	CH_4O	$-14\sim65$	7.897 50	1474.08	229.13
1,2-二氯乙烷	$C_2H_4Cl_2$	$-31\sim99$	7.025 3	1271.3	222.9
乙酸	$C_2H_4O_2$	$0\sim36$	7.803 07	1651.2	225
		$36\sim170$	7.188 07	1416.7	211
乙醇	C_2H_6O	$-2\sim100$	8.321 09	1718.10	237.52
丙酮	C_3H_6O	$-30\sim150$	7.024 47	1161.0	224
异丙醇	C_3H_8O	$0\sim101$	8.117 78	1580.92	219.61
乙酸乙酯	$C_4H_8O_2$	$-20\sim150$	7.098 08	1238.71	217.0
正丁醇	$C_4H_{10}O$	$15\sim131$	7.476 80	1362.39	178.77
苯	C_6H_6	$-20\sim150$	6.905 61	1211.033	220.790
环己烷	C_6H_{12}	$20\sim81$	6.841 30	1201.53	222.65
甲苯	C_7H_8	$-20\sim150$	6.954 64	1344.80	219.482
乙苯	C_8H_{10}	$26\sim164$	6.957 19	1424.255	213.21

　*表中各化合物的蒸气压 p 可用 $\lg p=A-\dfrac{B}{C+t}+D$ 计算。式中，A、B、C 为三常数；t 为温度（℃）；D 为压力单位的换算因子，其值为 2.1249。蒸气压单位为 Pa。

　摘自：Dean J A. 1979. Lange's Handbook of Chemistry. New York：McGraw-Hill Book Company Inc.。

附录 6　有机化合物的密度*

化合物	ρ_0	α	β	γ	温度范围/℃
四氯化碳	1.632 55	-1.9110	-0.690		$0\sim40$
氯仿	1.526 43	-1.8563	-0.5309	-8.81	$-53\sim55$
乙醚	0.736 29	-1.1138	-1.237		$0\sim70$
乙醇	0.785 06 ($t_0=25℃$)	-0.8591	-0.56	-5	
乙酸	1.0724	-1.1229	0.0058	-2.0	$9\sim100$
丙酮	0.812 48	-1.100	-0.858		$0\sim50$
异丙醇	0.8014	-0.809	-0.27		$0\sim25$
正丁醇	0.823 90	-0.699	-0.32		$0\sim47$

续表

化合物	ρ_0	α	β	γ	温度范围/℃
乙酸甲酯	0.959 32	-1.2710	-0.405	-6.00	$0\sim100$
乙酸乙酯	0.924 54	-1.168	-1.95	20	$0\sim40$
环己烷	0.797 07	-0.8879	-0.972	1.55	$0\sim65$
苯	0.900 05	-1.0638	-0.0376	-2.213	$11\sim72$

* 表中有机化合物的密度可用公式 $\rho_t=\rho_0+10^{-3}\alpha(t-t_0)+10^{-6}\beta(t-t_0)^2+10^{-9}\gamma(t-t_0)^3$ 计算。式中，ρ_0 为 $t=0$ ℃时的密度。密度单位为 $g\cdot cm^{-3}$，$1\ g\cdot cm^{-3}=10^3\ kg\cdot m^{-3}$。

摘自：International Critical Tables of Numerical Data, Physics, Chemistry and Technology. New York：McGraw-Hill Book Company Inc. ,1928.

附录 7　水 的 密 度

t/℃	$10^{-3}\rho/(kg\cdot m^{-3})$	t/℃	$10^{-3}\rho/(kg\cdot m^{-3})$	t/℃	$10^{-3}\rho/(kg\cdot m^{-3})$
0	0.999 87	20	0.998 23	40	0.992 24
1	0.999 93	21	0.998 02	41	0.991 86
2	0.999 97	22	0.997 80	42	0.991 47
3	0.999 99	23	0.997 56	43	0.991 07
4	1.000 00	24	0.997 32	44	0.990 66
5	0.999 99	25	0.997 07	45	0.990 25
6	0.999 97	26	0.996 81	46	0.989 82
7	0.999 97	27	0.996 54	47	0.989 40
8	0.999 88	28	0.996 26	48	0.988 96
9	0.999 78	29	0.995 97	49	0.988 52
10	0.999 73	30	0.995 67	50	0.988 07
11	0.999 63	31	0.995 37	51	0.987 62
12	0.999 52	32	0.995 05	52	0.987 15
13	0.999 40	33	0.994 73	53	0.986 69
14	0.999 27	34	0.994 40	54	0.986 21
15	0.999 13	35	0.994 06	55	0.985 73
16	0.998 97	36	0.993 71	60	0.983 24
17	0.998 80	37	0.993 36	65	0.980 59
18	0.998 62	38	0.992 99	70	0.977 81
19	0.998 43	39	0.992 62	75	0.974 89

摘自：International Critical Tables of Numerical Data, Physics, Chemistry and Technology. New York：McGraw-Hill Book Company Inc. ,1928.

附录 8　乙醇水溶液的混合体积与浓度的关系 *

乙醇的质量分数/%	$V_混$/mL	乙醇的质量分数/%	$V_混$/mL
20	103.24	60	112.22
30	104.84	70	115.25
40	106.93	80	118.56
50	109.43		

* 温度为 20 ℃,混合物的质量为 100g。

摘自:傅献彩等.1979. 物理化学(上册).第三版.北京:高等教育出版社。

附录 9　某些液体的折射率(25 ℃)

化合物	n_D^{25}	化合物	n_D^{25}
甲醇	1.326	四氯化碳	1.459
乙醚	1.352	乙苯	1.493
丙酮	1.357	甲苯	1.494
乙醇	1.359	苯	1.498
乙酸	1.370	苯乙烯	1.545
乙酸乙酯	1.370	溴苯	1.557
正己烷	1.372	苯胺	1.583
1-丁醇	1.397	溴仿	1.587
氯仿	1.444		

摘自:Weast R C. 1982~1983. CRC Handbook of Chemistry and Physics. 66th. Boca Raton:CRC Press, Inc.。

附录 10　水在不同温度下的折射率、黏度和介电常数

t/℃	n_D	$10^3 \eta/(\mathrm{kg} \cdot \mathrm{m}^{-1} \cdot \mathrm{s}^{-1})$ *	ε
0	1.333 95	1.7702	87.74
5	1.333 88	1.5108	85.76
10	1.333 69	1.3039	83.83
15	1.333 39	1.1374	81.95
17	1.333 24	1.0828	
19	1.333 07	1.0299	

$t/℃$	n_D	$10^3\eta/(\text{kg}\cdot\text{m}^{-1}\cdot\text{s}^{-1})$ *	ε
20	1.333 00	1.0019	80.10
21	1.332 90	0.9764	79.73
22	1.332 80	0.9532	79.38
23	1.332 71	0.9310	79.02
24	1.332 61	0.9100	78.65
25	1.332 50	0.8903	78.30
26	1.332 40	0.8703	77.94
27	1.332 29	0.8512	77.60
28	1.332 17	0.8328	77.24
29	1.332 06	0.8145	76.90
30	1.331 94	0.7973	76.55
35	1.331 31	0.7190	74.83
40	1.330 61	0.6526	73.15
45	1.329 85	0.5972	71.51
50	1.329 04	0.5468	69.91

* 黏度单位为牛顿秒每平方米，即 N·s·m^{-2}或 kg·m^{-1}·s^{-1}或 Pa·s。

摘自：Dean J A. 1985. Lange's Handbook of Chemistry. New York：McGraw-Hill Book Company Inc.。

附录 11　不同温度下水的表面张力

$t/℃$	$10^3\sigma/(\text{N}\cdot\text{m}^{-1})$	$t/℃$	$10^3\sigma/(\text{N}\cdot\text{m}^{-1})$	$t/℃$	$10^3\sigma/(\text{N}\cdot\text{m}^{-1})$	$t/℃$	$10^3\sigma/(\text{N}\cdot\text{m}^{-1})$
0	75.64	17	73.19	26	71.82	60	66.18
5	74.92	18	73.05	27	71.66	70	64.42
10	74.22	19	72.90	28	71.50	80	62.61
11	74.07	20	72.75	29	71.35	90	60.75
12	73.93	21	72.59	30	71.18	100	58.85
13	73.78	22	72.44	35	70.38	110	56.89
14	73.64	23	72.28	40	69.56	120	54.89
15	73.59	24	72.13	45	68.74	130	52.84
16	73.34	25	71.97	50	67.91		

摘自：Dean J A. 1973. Lange's Handbook of Chemistry. New York：McGraw-Hill Book Company Inc.。

附录12　几种溶剂的凝固点下降常数

溶　剂	纯溶剂的凝固点/℃	K_f^*
水	0	1.853
乙酸	16.6	3.90
苯	5.533	5.12
对二氧六环	11.7	4.71
环己烷	6.54	20.0

* K_f 指 1mol 溶质，溶解在 1000g 溶剂中的凝固点下降常数。

摘自：Dean J A. 1985. Lange's Handbook of Chemistry. New York：McGraw-Hill Book Company Inc. 。

附录13　无机化合物的脱水温度

无机化合物	脱　水	$t/℃$
$CuSO_4 \cdot 5H_2O$	$-2H_2O$	85
	$-4H_2O$	115
	$-5H_2O$	230
$CaCl_2 \cdot 6H_2O$	$-4H_2O$	30
	$-6H_2O$	200
$CaSO_4 \cdot 2H_2O$	$-1.5H_2O$	128
	$-2H_2O$	163
	$-8H_2O$	60
$Na_2B_4O_7 \cdot 10H_2O$	$-10H_2O$	320

摘自：印永嘉. 1985. 大学化学手册. 济南：山东科学技术出版社。

附录 14　常压下共沸物的沸点和组成

共沸物		各组分的沸点/℃		共沸物的性质	
甲组分	乙组分	甲组分	乙组分	沸点/℃	组成(组分甲的质量分数)/%
苯	乙醇	80.1	78.3	67.9	68.3
环己烷	乙醇	80.8	78.3	64.8	70.8
正己烷	乙醇	68.9	78.3	58.7	79.0
乙酸乙酯	乙醇	77.1	78.3	71.8	69.0
乙酸乙酯	环己烷	77.1	80.7	71.6	56.0
异丙醇	环己烷	82.4	80.7	69.4	32.0

摘自：Weast R C. 1985～1986. CRC Handbook of Chemistry and Physics. 66th. Boca Raton：CRC Press，Inc.。

附录 15　难溶化合物的溶度积(18～25 ℃)

化合物	K_{sp}	化合物	K_{sp}
AgBr	4.95×10^{-13}	$BaSO_4$	1.1×10^{-10}
AgCl	1.77×10^{-10}	CaF_2	2.7×10^{-11}
AgI	8.3×10^{-17}	$Fe(OH)_3$	4×10^{-38}
Ag_2S	6.3×10^{-52}	$PbSO_4$	1.6×10^{-8}
$BaCO_3$	5.1×10^{-9}		

摘自：顾庆超等. 1979. 化学用表. 南京：江苏科学技术出版社。

附录 16　有机化合物的标准摩尔燃烧焓

化合物	化学式	t/℃	$-\Delta_c H_m^\ominus$/(kJ·mol^{-1})
甲醇	$CH_3OH(l)$	25	726.51
乙醇	$C_2H_5OH(l)$	25	1366.8
甘油	$(CH_2OH)_2CHOH(l)$	20	1661.0
苯	$C_6H_6(l)$	20	3267.5
己烷	$C_6H_{14}(l)$	25	4163.1
苯甲酸	$C_6H_5COOH(s)$	20	3226.9
樟脑	$C_{10}H_{16}O(s)$	20	5903.6
萘	$C_{10}H_8(s)$	25	5153.8
尿素	$NH_2CONH_2(s)$	25	631.7

摘自：Weast R C. 1985～1986. CRC Handbook of Chemistry and Physics. 66th. Boca Raton：CRC Press，Inc.。

附录 17　均相热反应的速率常数

(1) 蔗糖水解的速率常数

$c_{HCl}/(mol \cdot L^{-1})$	$10^3\,k/min^{-1}$		
	298.2 K	308.2 K	318.2 K
0.4137	4.043	17.00	60.62
0.9000	11.16	46.76	148.8
1.214	17.455	75.97	

(2) 乙酸乙酯皂化反应的速率常数与温度的关系 $\lg k = -1780\,T^{-1} + 0.007\,54\,T + 4.53$($k$ 的单位为 $L \cdot mol^{-1} \cdot min^{-1}$)。

(3) 丙酮碘化反应的速率常数 $k(25\,℃) = 1.71 \times 10^{-3}\,L \cdot mol^{-1} \cdot min^{-1}$;$k(35\,℃) = 5.284 \times 10^{-3}\,L \cdot mol^{-1} \cdot min^{-1}$。

摘自:International Critical Tables of Numerical Data, Physics, Chemistry and Technology. New York: McGraw-Hill Book Company Inc. ,1928。

附录 18　乙酸在水溶液中的电离度和离解常数(25 ℃)

$c/(mol \cdot m^{-3})$	α	$10^2 K_c/(mol \cdot m^{-3})$
0.2184	0.2477	1.751
1.028	0.1238	1.751
2.414	0.0829	1.750
3.441	0.0702	1.750
5.912	0.054 01	1.749
9.842	0.042 23	1.747
12.83	0.037 10	1.743
20.00	0.029 87	1.738
50.00	0.019 05	1.721
100.00	0.013 50	1.695
200.00	0.009 49	1.645

摘自:陶坤译. 1963. 苏联化学手册(第三册). 北京:科学出版社。

附录 19　氯化钾溶液的电导率

t/℃	$10^2\kappa/(\text{S}\cdot\text{m}^{-1})$			
	1.000 mol·L^{-1}	0.1000 mol·L^{-1}	0.0200 mol·L^{-1}	0.0100 mol·L^{-1}
0	0.065 41	0.007 15	0.001 521	0.000 776
5	0.074 14	0.008 22	0.001 752	0.000 896
10	0.083 19	0.009 33	0.001 994	0.001 020
15	0.092 52	0.010 48	0.002 243	0.001 147
20	0.102 07	0.011 67	0.002 501	0.001 278
25	0.111 80	0.012 88	0.002 765	0.001 413
26	0.113 77	0.013 13	0.002 819	0.001 441
27	0.115 74	0.013 37	0.002 873	0.001 468
28		0.013 62	0.002 927	0.001 496
29		0.013 87	0.002 981	0.001 524
30		0.014 12	0.003 036	0.001 552
35		0.015 39	0.003 312	

摘自：复旦大学等.1993.物理化学实验.第二版.北京：高等教育出版社。

附录 20　高分子化合物特性黏度与相对分子质量关系式中的参数表

高聚物	溶　剂	t/℃	$10^3K/(\text{L}\cdot\text{kg}^{-1})$	α	相对分子质量范围 $M\times10^{-4}$
聚丙烯酰胺	水	30	6.31	0.80	2~50
	水	30	68	0.66	1~20
	1 mol·L^{-1}NaNO$_3$	30	37.3	0.66	
聚丙烯腈	二甲基甲酰胺	25	16.6	0.81	5~27
聚甲基丙烯酸甲酯	丙酮	25	7.5	0.70	3~93
聚乙烯醇	水	25	20	0.76	0.6~2.1
	水	30	66.6	0.64	0.6~16
聚己内酰胺	40%H$_2$SO$_4$	25	59.2	0.69	0.3~1.3
聚乙酸乙烯酯	丙酮	25	10.8	0.72	0.9~2.5

摘自：印永嘉.1985.大学化学手册.济南：山东科学技术出版社。

附录 21　几种胶体的 ζ 电势

水溶胶				有机溶胶		
分散相	ζ/V	分散相	ζ/V	分散相	分散介质	ζ/V
As_2S_3	-0.032	Bi	0.016	Cd	$CH_3COOC_2H_5$	-0.047
Au	-0.032	Pb	0.018	Zn	CH_3COOCH_3	-0.064
Ag	-0.034	Fe	0.028	Zn	$CH_3COOC_2H_5$	-0.087
SiO_2	-0.044	$Fe(OH)_3$	0.044	Bi	$CH_3COOC_2H_5$	-0.091

摘自:天津大学物理化学教研室.1979. 物理化学(下册).北京:人民教育出版社。

附录 22　标准电极电势及温度系数(25 ℃)

电　极	电极反应	$\varphi^{\ominus}/V$	$\dfrac{d\varphi^{\ominus}}{dT}/(mV \cdot K^{-1})$
Ag^+,Ag	$Ag^+ + e = Ag$	0.7991	-1.000
$AgCl,Ag,Cl^-$	$AgCl + e = Ag + Cl^-$	0.2224	-0.658
AgI,Ag,I^-	$AgI + e = Ag + I^-$	-0.151	-0.284
Cd^{2+},Cd	$Cd^{2+} + 2e = Cd$	-0.403	-0.093
Cl_2,Cl^-	$Cl_2 + 2e = 2Cl^-$	1.3595	-1.260
Cu^{2+},Cu	$Cu^{2+} + 2e = Cu$	0.337	0.008
Fe^{2+},Fe	$Fe^{2+} + 2e = Fe$	-0.440	0.052
Mg^{2+},Mg	$Mg^{2+} + 2e = Mg$	-2.37	0.103
Pb^{2+},Pb	$Pb^{2+} + 2e = Pb$	-0.126	-0.451
$PbO_2,PbSO_4,SO_4^{2-},H^+$	$PbO_2 + SO_4^{2-} + 4H^+ + 2e = PbSO_4 + 2H_2O$	1.685	-0.326
OH^-,O_2	$O_2 + 2H_2O + 4e = 4OH^-$	0.401	-1.680
Zn^{2+},Zn	$Zn^{2+} + 2e = Zn$	-0.7628	0.091

摘自:印永嘉.1988. 物理化学简明手册.北京:高等教育出版社。

附录 23　不同质量摩尔浓度的一些强电解质的活度系数(25 ℃)

电解质	$m/(\text{mol} \cdot \text{kg}^{-1})$					电解质	$m/(\text{mol} \cdot \text{kg}^{-1})$				
	0.01	0.1	0.2	0.5	1.0		0.01	0.1	0.2	0.5	1.0
$AgNO_3$	0.90	0.734	0.657	0.536	0.429	KOH		0.798	0.760	0.732	0.756
$CaCl_2$	0.732	0.518	0.472	0.448	0.500	NH_4Cl		0.770	0.718	0.649	0.603
$CuCl_2$		0.508	0.455	0.411	0.417	NH_4NO_3		0.740	0.677	0.582	0.504
$CuSO_4$	0.40	0.150	0.104	0.0620	0.0423	NaCl	0.9032	0.778	0.735	0.681	0.657
HCl	0.906	0.796	0.767	0.757	0.809	$NaNO_3$		0.762	0.703	0.617	0.548
HNO_3		0.791	0.754	0.720	0.724	NaOH		0.766	0.727	0.690	0.678
H_2SO_4	0.545	0.2655	0.2090	0.1557	0.1316	$ZnCl_2$	0.708	0.515	0.462	0.394	0.339
KCl	0.732	0.770	0.718	0.649	0.604	$Zn(NO_3)_2$		0.531	0.489	0.474	0.535
KNO_3		0.739	0.663	0.545	0.443	$ZnSO_4$	0.387	0.150	0.140	0.0630	0.0435

摘自:复旦大学等. 1993. 物理化学实验. 第二版. 北京:高等教育出版社。

附录 24　盐酸溶液的摩尔电导和电导率与浓度的关系(25 ℃)

$c/(\text{mol} \cdot \text{L}^{-1})$	0.0005	0.001	0.002	0.005	0.01	0.02	0.05	0.1	0.2
$\Lambda_m/(\text{S} \cdot \text{cm}^2 \cdot \text{mol}^{-1})$	423.0	421.4	419.2	415.1	411.4	406.1	397.8	389.8	379.6
$10^3\kappa/(\text{S} \cdot \text{cm}^{-1})$	—	0.4212	0.8384	2.076	4.114	8.112	19.89	39.98	75.92

摘自:印永嘉. 1988. 物理化学简明手册. 北京:高等教育出版社。

附录 25　几种化合物的磁化率

化合物	T/K	质量磁化率 $10^9\chi_m/(\text{m}^3 \cdot \text{kg}^{-1})$	摩尔磁化率 $10^9\chi_M/(\text{m}^3 \cdot \text{mol}^{-1})$
$CuBr_2$	292.7	38.6	8.614
$CuCl_2$	289	100.9	13.57
CuF_2	293	129	13.19
$Cu(NO_3)_2 \cdot 3H_2O$	293	81.7	19.73
$CuSO_4 \cdot 5H_2O$	293	73.5(74.4)	18.35
$FeCl_2 \cdot 4H_2O$	293	816	162.1
$FeSO_4 \cdot 7H_2O$	293.5	506.2	140.7
H_2O	293	-9.50	-0.163
$Hg[Co(CNS)_4]$	293	206.6	—

化合物	T/K	质量磁化率 $10^9\chi_m/(m^3 \cdot kg^{-1})$	摩尔磁化率 $10^9\chi_M/(m^3 \cdot mol^{-1})$
$K_3Fe(CN)_6$	297	87.5	28.78
$K_4Fe(CN)_6$	室温	4.699	−1.634
$K_4Fe(CN)_6 \cdot 3H_2O$	室温		−2.165
$NH_4Fe(SO_4)_2 \cdot 12H_2O$	293	378	182.2
$(NH_4)_2Fe(SO_2)_2 \cdot 6H_2O$	293	397(406)	155.8

摘自:复旦大学等. 1993. 物理化学实验. 第二版. 北京:高等教育出版社。

附录 26　正己烷和环己烷的某些热力学数据

邻苯二甲酸二壬酯无限稀释溶液中

		正己烷	环己烷
沸点/℃		68.95	80.75
$\Delta_V H_m/(kJ \cdot mol^{-1})$		31.91	32.76
$\gamma_2^\infty(30\ ℃)$		1.203	0.932
$\Delta_s H_{2,m}/(kJ \cdot mol^{-1})$		−29.10	−30.07
$\Delta_s S_{2,m}/(J \cdot mol^{-1} \cdot K^{-1})$		−86.08	−83.56
$\Delta_s G_{2,m}/(kJ \cdot mol^{-1})$	50.6 ℃	−1.229	−3.020
	59.6 ℃	−0.460	−2.271
	70.9 ℃	−0.450	−1.387
	79.9 ℃	1.294	−0.566
	90.0 ℃	2.158	−0.275
$\Delta_s H^E/(kJ \cdot mol^{-1})$		1.403	1.579
$\Delta_s S^E/(J \cdot mol^{-1} \cdot K^{-1})$		3.12	6.07
$\Delta_s S^E/(J \cdot mol^{-1} \cdot K^{-1})$	50.6 ℃	0.402	−0.301
	59.6 ℃	0.355	−0.382
	70.0 ℃	0.336	−0.434
	79.9 ℃	0.301	−0.494
	90.0 ℃	0.277	−0.548

摘自:① Weast R C. 1985～1986. CRC Handbook of Chemistry and Physics. 66th. Boca Raton: CRC Press Inc.。

② Laub R J, Pecsok R L. 1987. Physicochemical Applications of Gas Chromatography. New York:John Wiley and Sons.。

③ 李民,刘衍光,傅伟康等. 1988. 化学通报,4:54。